"十三五"国家重点出版物出版规划项目

卓越工程能力培养与工程教育专业认证系列规划教材（电气工程及其自动化、自动化专业）

微机原理与单片微机系统及应用
——基于 Proteus 仿真

主　编　谢维成　杨加国

副主编　丁　健　乔建华

参　编　杨　帆　陈　斌

机械工业出版社

本书将传统的微机原理内容和单片机内容相整合，先讲述了微机原理的基本知识，再利用单片机芯片讲述微型计算机系统及应用。微机原理理论部分相比传统的微机原理进行了适当的改动。单片机芯片采用结构简单的 51 系列单片机，同时介绍了与 51 系列单片机连接的常用功能芯片，并在此基础上实现典型的 51 系列单片机应用系统设计。

本书的内容分三个部分：微型计算机基本原理、51 系列单片机原理及应用和软件工具。微型计算机基本原理部分介绍微型计算机基础知识、微处理器的基本组成和工作原理、存储器的结构和访问方法、输入/输出接口的基本结构和传送方式、串行通信及接口标准等内容。51 系列单片机原理及应用部分对 51 系列单片机芯片和一些功能接口部件和芯片进行详细的介绍，结合实际应用，组建完整的单片机硬件和软件系统。软件工具部分介绍本书内容涉及的两个软件（Keil C51 和 Proteus）的基本使用方法。

本书可作为普通高校自动化、电气、电子信息等专业的教材，也适合学习单片机原理及应用开发的工程技术人员。

本书配有电子课件，选用本书作教材的老师可登录 www.cmpedu.com 注册下载，或发邮件至 jinacmp@163.com 索取。

图书在版编目（CIP）数据

微机原理与单片微机系统及应用：基于 Proteus 仿真/
谢维成，杨加国主编. —北京：机械工业出版社，2019.9
（2024.8 重印）
"十三五"国家重点出版物出版规划项目　卓越工程能力培养与工程教育专业认证系列规划教材（电气工程及其自动化、自动化专业）
ISBN 978-7-111-63575-8

Ⅰ. ①微…　Ⅱ. ①谢…　②杨…　Ⅲ. ①单片微型计算机—基础理论—高等学校—教材　Ⅳ. ①TP368.1

中国版本图书馆 CIP 数据核字（2019）第 188757 号

机械工业出版社（北京市百万庄大街 22 号　邮政编码 100037）
策划编辑：吉　玲　责任编辑：吉　玲　侯　颖　王小东
责任校对：王　欣　张　征　封面设计：鞠　杨
责任印制：邓　博
北京盛通数码印刷有限公司印刷
2024 年 8 月第 1 版第 4 次印刷
184mm×260mm · 19.25 印张 · 477 千字
标准书号：ISBN 978-7-111-63575-8
定价：48.50 元

电话服务　　　　　　　　　　网络服务
客服电话：010-88361066　　　机　工　官　网：www.cmpbook.com
　　　　　010-88379833　　　机　工　官　博：weibo.com/cmp1952
　　　　　010-68326294　　　金　书　网：www.golden-book.com
封底无防伪标均为盗版　　机工教育服务网：www.cmpedu.com

"十三五" 国家重点出版物出版规划项目

卓越工程能力培养与工程教育专业认证系列规划教材

（电气工程及其自动化、自动化专业）

编审委员会

主任委员

郑南宁　中国工程院 院士，西安交通大学 教授，中国工程教育专业认证协会电子信息与电气工程类专业认证分委员会 主任委员

副主任委员

汪槱生　中国工程院 院士，浙江大学 教授

胡敏强　东南大学 教授，教育部高等学校电气类专业教学指导委员会 主任委员

周东华　清华大学 教授，教育部高等学校自动化类专业教学指导委员会 主任委员

赵光宙　浙江大学 教授，中国机械工业教育协会自动化学科教学委员会 主任委员

章　兢　湖南大学 教授，中国工程教育专业认证协会电子信息与电气工程类专业认证分委员会 副主任委员

刘进军　西安交通大学 教授，教育部高等学校电气类专业教学指导委员会 副主任委员

戈宝军　哈尔滨理工大学 教授，教育部高等学校电气类专业教学指导委员会 副主任委员

吴晓蓓　南京理工大学 教授，教育部高等学校自动化类专业教学指导委员会 副主任委员

刘　丁　西安理工大学 教授，教育部高等学校自动化类专业教学指导委员会 副主任委员

廖瑞金　重庆大学 教授，教育部高等学校电气类专业教学指导委员会 副主任委员

尹项根　华中科技大学 教授，教育部高等学校电气类专业教学指导委员会 副主任委员

李少远　上海交通大学 教授，教育部高等学校自动化类专业教学指导委员会 副主任委员

林　松　机械工业出版社 编审 副社长

委员（按姓氏笔画排序）

于海生	青岛大学 教授	王　平	重庆邮电大学 教授
王　超	天津大学 教授	王再英	西安科技大学 教授
王志华	中国电工技术学会 教授级高级工程师	王明彦	哈尔滨工业大学 教授
		王保家	机械工业出版社 编审
王美玲	北京理工大学 教授	韦　钢	上海电力学院 教授
艾　欣	华北电力大学 教授	李　炜	兰州理工大学 教授
吴在军	东南大学 教授	吴成东	东北大学 教授
吴美平	国防科技大学 教授	谷　宇	北京科技大学 教授
汪贵平	长安大学 教授	宋建成	太原理工大学 教授
张　涛	清华大学 教授	张卫平	北方工业大学 教授
张恒旭	山东大学 教授	张晓华	大连理工大学 教授
黄云志	合肥工业大学 教授	蔡述庭	广东工业大学 教授
穆　钢	东北电力大学 教授	鞠　平	河海大学 教授

序

　　工程教育在我国高等教育中占有重要地位，高素质工程科技人才是支撑产业转型升级、实施国家重大发展战略的重要保障。当前，世界范围内新一轮科技革命和产业变革加速进行，以新技术、新业态、新产业、新模式为特点的新经济蓬勃发展，迫切需要培养、造就一大批多样化、创新型卓越工程科技人才。目前，我国高等工程教育规模世界第一。我国工科本科在校生约占我国本科在校生总数的 1/3，近年来我国每年工科本科毕业生约占世界总数的 1/3 以上。如何保证和提高高等工程教育质量，如何适应国家战略需求和企业需要，一直受到教育界、工程界和社会各方面的关注。多年以来，我国一直致力于提高高等教育的质量，组织并实施了多项重大工程，包括卓越工程师教育培养计划（以下简称卓越计划）、工程教育专业认证和新工科建设等。

　　卓越计划的主要任务是探索建立高校与行业企业联合培养人才的新机制，创新工程教育人才培养模式，建设高水平工程教育教师队伍，扩大工程教育的对外开放。计划实施以来，各相关部门建立了协同育人机制。卓越计划要求试点专业要大力改革课程体系和教学形式，依据卓越计划培养标准，遵循工程的集成与创新特征，以强化工程实践能力、工程设计能力与工程创新能力为核心，重构课程体系和教学内容；加强跨专业、跨学科的复合型人才培养；着力推动基于问题的学习、基于项目的学习、基于案例的学习等多种研究性学习方法，加强学生创新能力训练，"真刀真枪"做毕业设计。卓越计划实施以来，培养了一批获得行业认可、具备很好的国际视野和创新能力、适应经济社会发展需要的各类型高质量人才，教育培养模式改革创新取得突破，教师队伍建设初见成效，为卓越计划的后续实施和最终目标的达成奠定了坚实基础。各高校以卓越计划为突破口，逐渐形成各具特色的人才培养模式。

　　2016 年 6 月 2 日，我国正式成为工程教育"华盛顿协议"第 18 个成员，这标志着我国工程教育真正融入世界工程教育，人才培养质量开始与其他成员达到了实质等效，同时，也为以后我国参加国际工程师认证奠定了基础，为我国工程师走向世界创造了条件。专业认证把以学生为中心、以产出为导向和持续改进作为三大基本理念，与传统的内容驱动、重视投入的教育形成了鲜明对比，是一种教育范式的革新。通过专业认证，把先进的教育理念引入了我国工程教育，有力地推动了我国工程教育专业教学改革，逐步引导我国高等工程教育实现从课程导向向产出导向转变、从以教师为中心向以学生为中心转变、从质量监控向持续改进转变。

　　在实施卓越计划和开展工程教育专业认证的过程中，许多高校的电气工程及其自动化、自动化专业结合自身的办学特色，引入先进的教育理念，在专业建设、人才培养模式、教学内容、教学方法、课程建设等方面积极开展教学改革，取得了较好的效果，建设了一大批优质课程。为了将这些优秀的教学改革经验和教学内容推广给广大高校，中国工程教育专业认证协会电子信息与电气工程类专业认证分委员会、教育部高等学校电气类专业教学指导委员会、教育部高等学校自动化类专业教学指导委员会、中国机械工业教育协会自动化学科教学委员会、中国机械工业教育协会电气工程及其自动化学科教学委员会联合组织规划了"卓越工程能力培养与工程教育专业认证系列规划教材（电气工程及其自动化、自动化专业）"。本套教材通过国家新闻出版广电总局的评审，入选了"十三五"国家重点图书。本套教材密切联系行业和市场需求，以学生工程能力培养为主线，以教育培养优秀工程师为目标，突出学生工程理念、工程思维和工程能力的培养。本套教材在广泛吸纳相关学校在"卓越工程师教育培养计划"实施和工程教育专业认证过程中的经验和成果的基础上，针对目前同类教材存在的内容滞后、与工程脱节等问题，紧密结合工程应用和行业企业需求，突出实际工程案例，强化学生工程能力的教育培养，积极进行教材内容、结构、体系和展现形式的改革。

　　经过全体教材编审委员会委员和编者的努力，本套教材陆续跟读者见面了。由于时间紧迫，各校相关专业教学改革推进的程度不同，本套教材还存在许多问题。希望各位老师对本套教材多提宝贵意见，以使教材内容不断完善提高。也希望通过本套教材在高校的推广使用，促进我国高等工程教育教学质量的提高，为实现高等教育的内涵式发展贡献一份力量。

卓越工程能力培养与工程教育专业认证系列规划教材
（电气工程及其自动化、自动化专业）
编审委员会

前　言

微机原理是高等院校工科电类、机械自动化类等相关专业学生必修的一门重要的专业基础课程，要求学生从理论和实践上掌握微型计算机的工作原理、基本组成、各类接口功能部件及其与系统的连接，建立微型计算机系统的整机概念，并在此基础上使学生具备一定的微型计算机系统软件、硬件开发的能力。

随着计算机技术的发展和社会各行业的需要，微型计算机形成了两大分支，即通用微型计算机和嵌入式计算机（以嵌入式微处理器为基础的硬件电路和相应软件结合的系统），它们已经完全渗透到人们生活和工作的各个方面，特别是近年来手持式设备的发展和使用，极大地影响了我们的生活、学习和工作。对于现代大学生来说，这两大分支都是最基本、必须学习的知识，现在很多高校工科电类、机械自动化类等相关专业，都开设了微机原理和嵌入式系统课程。

传统的微机原理课程主要以 Intel 8086/8088 CPU 和 IBM PC 系统为基础介绍原理，辅之以并行接口 8255、定时器/计数器接口 8253、中断接口 8259、串行接口 8251、DMA 接口 8237等芯片学习接口技术，适当介绍 32 位、64 位 CPU 及系统。这种传统微机原理课程内容在嵌入式系统飞速发展的今天，不足之处越来越明显。这种课程的教材重点在于讲解微机原理的理论，应用性不强，实验比较简单，讲解的芯片现在已不再使用。除了基本原理部分外，所学的内容在后续的嵌入式和其他课程中应用很少。因此，很多学校在开设了这样的微机原理课程后，往往还要再开设单片机相关课程，然后再进行嵌入式系统的学习，这样又加大了教学工作量和专业总学时数，不能满足各专业的要求。

单片机是嵌入式系统的一个分支，嵌入式系统可以看成是在单片机基础上发展起来的，而单片机又是在通用微型计算机基础上发展而来的，其基本组成结构、工作原理与微型计算机相同，同时又集成了大量的功能部件，这些功能部件在现在很多嵌入式芯片中都能够找到。以它作微机原理教材的切入点，一方面可以学习微型计算机的基本原理，另一方面又可以为嵌入式系统学习打下基础，它应用性强，学生在学习时容易理解和体会。

本书的内容分三个部分：微型计算机基本原理、51 系列单片机原理及应用和软件工具。微型计算机基本原理部分介绍微型计算机基础知识、微处理器的基本组成和工作原理、存储器的结构和访问方法、输入/输出接口的基本结构和传送方式、串行通信及接口标准等内容。51 系列单片机原理及应用部分对 51 系列单片机芯片和一些功能接口部件进行了详细的介绍，结合实际应用，组建完整的单片微型计算机硬件和软件系统。软件工具部分介绍本书内容涉及的两个软件（Keil C51 和 Proteus）的基本使用方法。

与其他微机原理教材相比，本书特色如下：

1）将传统的微机原理内容和单片机内容整合在一起，减少了专业总学时数，满足了各相关专业对计算机硬件内容的学习需求。

2）在内容安排上，先介绍微机原理的基本知识，然后用单片机详细介绍单片机系统和应用，知识连贯，内容紧凑。

3）很多章的后面都有与日常生活应用相关的例子，具有工程应用价值，学习中认识和理解相对容易，易于提高学生的兴趣和积极性。有些章节还介绍了现在单片机应用中经常使用的功能芯片和应用实例，并给出了详细的硬件和软件设计，使学生对单片机系统设计具有完整的认识，也为后续的相关课程设计和实践制作提供了极大的方便。

4）对于微机原理的基本理论知识，根据时代发展和实际应用情况做了调整和改进，删减了传统微机原理的部分内容，并适当地引入一些新知识：第 2 章微型计算机的基本工作原理中介绍了微型计算机和单片机；在第 3 章微型计算机中的存储器中介绍了微型计算机存储器的组织；在第 4 章输入/输出设备与中断中引入了异常的概念、外设接口的专用寄存器访问方式，以及中断的两种处理方法。既考虑了微型计算机，又兼顾了单片机，还为后续嵌入式系统的学习储备一定的知识。

5）单片机部分，选择了结构简单的 51 系列单片机芯片进行介绍，特别适合初学者学习。为方便原理的学习和应用，编程部分采用汇编语言和 C 语言两种语言同时介绍的方法。原理用汇编语言来介绍，便于理解；应用用 C 语言介绍，编程方便容易。教学过程中教师可根据情况进行选择。

6）第 13、14 章介绍了 Keil C51 和 Proteus 软件，51 系列单片机实例的程序都在 Keil C51 中调试通过，涉及硬件系统的实例都在 Proteus 软件中仿真实现，理解更容易，认识更直观，方便学生自学和课后学习验证。

7）图文并茂，实用性强，为便于读者练习和自学，各章均配有丰富的习题。

VII

本书由西华大学谢维成、杨帆，成都大学杨加国、陈斌，合肥学院丁健，太原科技大学乔建华共同编写，谢维成和杨加国担任主编，丁健、乔建华担任副主编。

本书第 1、2、3 章和附录 B 由丁健编写，第 4、5 章和附录 A 由乔建华编写，第 6、7、11 章由杨加国编写，第 8、9 章由陈斌编写，第 10、13、14 章由谢维成编写，第 12 章由杨帆编写。谢维成和杨加国统稿。另外，王胜、郑海春、王孝平、陈永强、李茜、赵华颖、宋玉忠参与了本书部分图形的绘制及仿真调试工作，在此一并表示感谢。同时，感谢参考文献的作者们，本书借鉴了他们的部分成果，他们的工作给了我们很大的帮助和启发。

限于自身水平，虽然我们全体参编人员已尽心尽力，但书中仍难免出现疏漏和错误，希望广大读者不吝指正。

编　者

目　　录

XI

XIV

第1章　计算机基础知识

导读

基本内容：本章是全书内容的基础。首先，介绍了计算机的发展历程、计算机硬件的基本结构和软件的基本组成；其次，对计算机中的信息及表示进行了阐述，从计算机直接识别的二进制入手，介绍了各种计数制及其之间的转换，以及数在计算机中的原码、反码、补码表示，字符在计算机中的 ASCII 码表示。

学习要点：掌握计算机和微型计算机的基本概念及组成。重点掌握十进制和二进制之间、二进制和十六进制之间的转换，以及有符号数的补码表示及补码运算。

1.1　概述

计算机是 20 世纪最重要的科技成果之一，自它发明以来，在短短的几十年间以不可阻挡的势头迅速发展起来。当前，以微型计算机为代表的计算机日益普及，已深入应用到社会的各个方面，极大地改变了人们的工作、学习和生活方式，对整个社会和科学技术影响深远，已成为信息、人工智能等技术发展的主要工具。

1.1.1　计算机发展历程

世界上第一台电子计算机诞生于 1946 年 2 月，由美国宾夕法尼亚大学莫克利（J.Mauchly）教授及其同事们研究成功，取名为 ENIAC（Electronic Numerical Integrator and Calculator），这台计算机使用了约 18000 个电子管、1500 个继电器，耗电量达 150kW，占地面积 167m^2，重约 30t，计算速度达每秒 5000 次加法，采用字长 10 位的十进制计数方式，价值 40 多万美元。

第一台计算机诞生后，在其后的 70 多年来，随着电子技术和计算机技术的发展，计算机发展迅猛，经历了多个阶段。现在，通常按照电子计算机采用的电子器件将电子计算机的发展分为 4 个阶段，习惯上称为 4 代：

第 1 代：电子管计算机时代（1945—1957）。计算机的逻辑元件采用电子管，主存储器采用磁心、磁鼓，外存储器已开始采用磁带；前期采用机器语言编程，后期采用汇编语言编程；运算速度达每秒几千次到几万次。主要用于科学计算和军事研究方面。

第 2 代：晶体管计算机时代（1958—1964）。晶体管代替电子管作为计算机的逻辑元件，主存储器仍然采用磁心，外存储器开始采用磁盘。计算机软件有了很大的发展，普遍采用高级语言和编译程序。运算速度可达每秒几万到几十万次。输入/输出设备有了较大改进，体积显著减小、可靠性提高。计算机开始被广泛应用于以管理为目的的信息处理，并开始被用于工业控制。

第 3 代：集成电路计算机时代（1965—1970）。采用中、小规模集成电路，运算速度达每秒千万次，可靠性大大提高，体积进一步缩小，价格大大降低。软件方面进步很大，有了操作系统，计算机语言标准化，并提出了结构化程序设计方法，出现了计算机网络。计算机应用开始向社会化发展，其应用领域和普及程度迅速扩大。

第 4 代：大规模和超大规模集成电路计算机时代（1971 年至今）。这一时期的计算机采用大规模和超大规模集成电路作为基本器件，芯片集成度和工作速度以摩尔定律发展，即其性能平均每一年半到两年提高 1 倍；半导体存储器取代磁心存储器，并不断向大容量、高速度发展；各种系统软件、应用软件大量推出，功能配置空前完善。微型机和计算机网络的产生和发展，使计算机的应用更加普及，并深入到社会生活各方面。

目前，正在向第 5 代人工智能计算机方向发展，其主要目标是希望实现更高程度上模拟人脑的思维功能。

现在，人们广泛使用的是第 4 代计算机。20 世纪 70 年代初，随着大规模集成电路的出现，能够将计算机的运算器和控制器集成在一块半导体芯片上，这块芯片我们把它称为中央处理单元（Central Processing Unit，CPU），又称微处理器单元 MPU（Micro-Processor）。以 CPU 为核心，加上存储器、输入/输出设备与接口，通过总线方式连接起来形成的计算机称为微型计算机，简称微机。微型计算机的出现，是计算机技术发展史上一个新的里程碑，为计算机技术的发展和普及开辟了崭新的途径。微机的发展是以微处理器的发展为基础的，微处理器的更新速度很快，从 1971 年美国英特尔（Intel）公司设计了世界上第一个微处理器芯片 Intel 4004 开始，几乎每两年集成度翻一番，每 2～4 年更新换代一次。按照微型计算机的微处理器字长和功能，微处理器、微型计算机的发展经历了 6 代：

第 1 代（1971—1973）：4 位和低档 8 位微处理器时代。这一时期典型的微处理器产品为 Intel 4004 和 Intel 8008。

4004 是一种 4 位微处理器，可进行 4 位二进制的并行运算，45 条指令，速度为 0.05MIPS（Million Instructions Per Second，每秒百万条指令）。8008 是第一种 8 位微处理器，与 4004 比较，它可一次处理 8 位二进制数据，基本指令达到 48 条，有 16KB 的寻址空间。基本特点是采用 PMOS 工艺，集成度低（1200～2000 晶体管/片），系统结构和指令简单，速度慢，采用机器语言编程。主要应用于家用电器和简单控制场合。

第 2 代（1974—1977）：8 位中高档微处理器时代。代表的微处理器产品有 Intel 公司的 8080 和 8085、Motorola 公司的 6800、Zilog 公司的 Z80 等。8080 是 Intel 公司在 8008 基础上推出的另一种 8 位微处理器，它是第一个真正实用的微处理器，寻址空间增加到 64KB，扩充了指令集，指令执行速度达到了 0.5MIPS，比 8008 快了 10 倍。

第 3 代（1978—1984）：16 位微处理器时代。典型的微处理器产品有 Intel 公司的 8086/8088/80286、Motorola 公司的 68000、Zilog 公司的 Z8000，典型的微型计算机为 IBM PC 系列。

1981 年 8 月 12 日，IBM 正式推出 IBM 5150，它的 CPU 采用 Intel 8088，IBM 将 5150 称为 Personal Computer（个人计算机），不久，个人计算机的缩写 PC 成为所有个人计算机的代名词。

第 4 代（1985—1992）：32 位微处理器时代。代表产品是 Intel 80386 和 Intel 80486。

第 5 代（1993—1999）：超级 32 位 Pentium（奔腾）微处理器时代。代表产品为 Intel

Pentium/Pentium II/Pentium III/Pentium 4，32 位 PC、Macintosh、PS/2。

第 6 代（2000 年以后）：64 位高档微处理器时代。代表产品：Itanium、64 位 RISC 微处理器芯片，微机服务器、工程工作站、图形工作站。

目前，Intel 公司生产的 CPU 一直占据市场的统治地位，也确立了 x86 架构的行业标准。AMD 是 CPU 厂商中的后起之秀，与 Intel 的竞争一直没有停歇，此起彼伏。

1.1.2　计算机硬件系统

讲到计算机硬件系统，我们不得不提到科学家冯·诺依曼（Von Neumann）。冯·诺依曼，原籍匈牙利，后入美国籍。他是著名数学家，也是著名的计算机专家。他提出了计算机采用二进制计算、存储程序并在程序控制下自动执行的思想。按照这一思想，计算机由运算器、控制器、存储器、输入设备和输出设备 5 大部件组成，它们相互配合来实现信息处理。后来，人们把根据冯·诺依曼思想制造的计算机称为"冯·诺依曼机"。半个多世纪以来，虽然计算机结构经历了重大的变化，性能也有了惊人的提高，但就其体系结构和工作原理来说，占有主流地位的仍是以**"存储程序，程序控制"**原理为基础的冯·诺依曼机。冯·诺依曼也因此被称为"计算机之父"，"冯·诺依曼结构"也成为计算机的经典结构。

根据冯·诺依曼思想构成的计算机由运算器、控制器、存储器、输入设备和输出设备 5 大部件组成，其结构如图 1-1 所示。

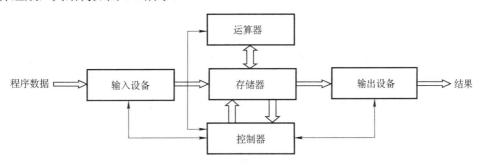

图 1-1　计算机的基本组成结构图

1. 运算器

运算器是一个用于信息加工的部件，其最基本的工作是对二进制数进行算术运算和逻辑运算。运算器中最核心的部件是"算术逻辑运算单元"（Arithmetic Logic Unit，ALU），另外还包括一些寄存器和门电路。计算机的绝大部分信息处理都通过运算器来实现的。

2. 控制器

控制器（Control Unit，CU）是计算机中负责对指令读取、译码并产生相应控制信号，控制计算机各个部件协调工作的管理机构和指挥中心。通过控制器从存储器中取出指令，并对指令进行译码、解释，有条不紊地向运算器、存储器、输入和输出设备发送相关的操作命令，控制计算机各部分自动协调的工作，完成程序的执行。控制器主要由指令寄存器、译码器、程序计数器、操作控制器等组成。

3. 存储器

存储器（Memory Unit）是计算机中存放数据和程序的部件。计算机中的全部信息，包括原始的输入数据、经过初步加工的中间数据以及最后处理完成的有用信息都存放在存储器中。

3

此外，控制计算机工作的指令、指挥计算机完成各种任务的程序也都存放在存储器中。存储器分为内部存储器（内存或主存）和外部存储器（外存或辅存）两种。计算机 5 大部件中的存储器指的是内部存储器。

4．输入设备

输入设备（Input Device）是用来向计算机输入程序和数据的设备，如键盘、鼠标、开关、扫描仪等。它是重要的人机接口，负责将输入的信息（包括数据和指令）转换成计算机能识别的二进制代码送入计算机。在计算机中它是一种可选配的设备。

5．输出设备

输出设备（Output Device）是用于输出计算机的处理结果，以便于人们认识和识别的部件。例如显示器、打印机、绘图仪、音箱等。它们将计算机处理的信息通过文字、图像、声音等形式输出给用户。

输入设备和输出设备统称为 I/O 设备或外部设备，简称外设。

1.1.3　计算机软件系统

计算机软件系统（Software）是指计算机系统中的程序、数据及其文档。一个完整的计算机必须具有硬件系统和软件系统两部分，硬件系统是计算机的基础，软件系统是计算机的灵魂。软件系统可分为系统软件和应用软件两大类。

1．系统软件

系统软件是管理、监控和维护计算机资源的软件，包括：启动计算机的软件，存储、加载和执行应用程序的软件，对文件进行排序、检索的软件，将程序语言翻译成机器语言的软件等。系统软件可以看作用户与计算机的接口，它为应用软件和用户提供了控制、访问硬件的手段。系统软件通常包括操作系统、语言编译处理系统和一系列服务程序。

操作系统是管理、控制和监督计算机软、硬件资源协调运行的系统程序。它由一系列具有不同控制和管理功能的程序组成，直接运行在计算机硬件上，是系统软件的核心。操作系统的主要目的有两个：一是方便用户使用计算机，是用户和计算机的接口，比如用户输入一条简单的命令就能自动完成复杂的功能，这就是有操作系统帮助的结果；二是统一管理计算机系统的全部资源，合理组织计算机工作流程，以便充分、合理地发挥计算机的效率。操作系统软件包括进程管理、存储管理、设备管理、文件管理和作业管理 5 个部分。目前常用的操作系统有 Windows、UNIX、Linux 等。

语言编译处理系统是把人们用计算机程序设计语言编制的程序翻译、编译成计算机能够识别的机器语言的系统程序。人和计算机之间交换信息必须有一种语言，这种语言就叫作"计算机语言"，或称为程序设计语言。计算机语言根据实际问题的需要并随着计算机科学技术的发展而逐步发展。按照对计算机硬件的依赖程度，计算机语言可分为 3 类，即机器语言、汇编语言和高级语言。

1）机器语言是用二进制形式表示的语言，是最原始的语言，能够直接被计算机硬件识别和执行。机器语言与计算机的硬件系统具体结构紧密相关，不同的计算机系统，机器语言也不相同。

2）汇编语言是将机器语言符号化后产生的语言。机器语言直接由二进制组成，使用起来非常不方便。人们用便于记忆的字母、符号来代替机器语言的二进制编码，从而产生了汇编语言。汇编语言的语句与机器语言指令一一对应，不同的机器语言有不同的汇编语言，汇编语言也与计算机硬件紧密相关。用汇编语言编写的汇编语言源程序，必须经过汇编程序处理系统翻译为机器语言目标程序，才能够被机器执行。汇编语言源程序翻译成机器语言的过程称为"汇编"。

3）高级语言是一种面向用户，与特定计算机硬件相分离的程序设计语言。高级语言与人们日常生活中的语言比较接近，与机器指令之间没有直接的对应关系，可以在各种机型中通用。但用高级语言编写的程序在执行时都要翻译成对应的机器语言程序才能在相应的计算机上执行。翻译的方式通常有两种：解释和编译。解释方式是对源程序的每条指令边解释（翻译为一个等价的机器指令）边执行，这种语言处理程序称为解释程序，如C语言。编译方式是将用户源程序全部翻译成机器语言的指令序列，成为目标程序，执行时，计算机直接执行目标程序，这种语言处理程序称为编译程序。目前，大部分程序设计语言采用编译方式。

服务程序也就是工具软件，是指软件开发、实施和维护过程中使用的程序，如磁盘与文件管理的专用工具软件PC Tools、杀病毒软件、调试程序、故障检测和诊断程序等。

2．应用软件

应用软件是为解决某个应用领域中的具体任务而编制的程序，如各种科学计算软件、数据统计与处理软件、情报检索软件、企业管理软件、生产过程自动控制软件等。由于计算机已被应用到几乎所有的领域，因而应用软件是多种多样的。应用软件是在系统软件的支持下工作的。

1.2 计算机中的信息及表示

1.2.1 计算机中的数制及转换

1．计算机中常用的计数制

计数制也称进位计数制，是指用一组固定的符号和一定的规则进行计数的方法。计数制有多种形式，如日常生活中采用的十进制，计算机内部直接使用的二进制。另外，在使用计算机时通常还用到八进制和十六进制。

任何一种r进制的数N，都可以用下面的多项式展开：

$$N = \sum_{i=-m}^{n} a_i \times r^i = a_{-m}r^{-m} + \cdots + a_{-2}r^{-2} + a_{-1}r^{-1} + a_0r^0 + a_1r^1 + \cdots + a_nr^n$$

在这个多项式中：

1）a_i为数码，数码用进位计数制的相应数字符号来表示。

二进制有2个数码：0,1；

十进制有10个数码：0,1,2,3,4,5,6,7,8,9；

八进制有8个数码：0,1,2,3,4,5,6,7；

十六进制有16个数码：0,1,2,3,4,5,6,7,8,9,A,B,C,D,E,F（字母不区分大小写）。

2）i为数位，数位是指数码在一个数中所处的位置。例如：十进制数34.56从左到右的数位分别为：1、0、-1和-2。

3）r为基或基数，基数等于计数制中所使用数码符号的个数。二进制基数为2，十进制基数为 10，八进制基数为 8，十六进制基数为 16。

4）r^i 为权，是指数位上单位数字的值。权为基数的幂，不同的进位计数制，基数不同权值不同，对于某种进位计数制，不同数位权值也不相同。例如，十进制数个位上的权是 1，十位的权是 10，百位的权是 100 等，即为 10 的整数次幂，小数点左边依次为 $10^0, 10^1, 10^2, \cdots$，小数点右边为 $10^{-1}, 10^{-2}, \cdots$。所以，前面多项式又称为按权多项式。

进位计数制的基本运算规则是：逢 r 进 1，借 1 当 r。即低位到达 r 个单位就向高位进 1 个单位，借高位 1 个单位到低位算 r 个单位。例如，十进制的个位到达 10 个单位就向十位进 1 个单位，十位上 1 个单位借到个位就当 10 个单位。

计数时，可以用各种计数制来表示，为了区分各种计数制的数据，数字通常可以采用以下两种方法来表示：

1）下标法：用括号将数字括起，在括号右下角加数字下标，此种方法比较直观。

例如：二进制的 11010011 可以写成 $(11010011)_2$。

2）字母后缀法：在数字后面加写相应的英文字母后缀作为标识。二进制数后缀字母为 B（Binary），十进制数后缀字母为 D（Decimal）或省略，八进制数后缀字母为 O（Octonary）或 Q，十六进制数后缀字母为 H（Hexadecimal）。

例如：二进制数 10010011 可表示为 10010011B，八进制数 367 表示为 367Q，十六进制数 A1.B7 表示为 0A1.B7H（十六进制数首字符为字母时前面需加 0）。

计算机中常用计数制及特点见表 1-1。

表 1-1　计算机中常用计数制及特点

计数制	基数	数码	运算规则	后缀字母
二进制	2	0, 1	逢 2 进 1，借 1 当 2	B
八进制	8	0, 1, 2, 3, 4, 5, 6, 7	逢 8 进 1，借 1 当 8	O 或 Q
十进制	10	0, 1, 2, 3, 4, 5, 6, 7, 8, 9	逢 10 进 1，借 1 当 10	D 或省略
十六进制	16	0, 1, 2, 3, 4, 5, 6, 7 8, 9, A, B, C, D, E, F	逢 16 进 1，借 1 当 16	H

2．数制之间的转换

（1）其他进制数转换为十进制数

对二进制、八进制和十六进制数转换为十进制数都可采用按权多项式展开式求和实现。

【例 1-1】 将 1010.101B、34.5Q 和 5F6.AH 转换为十进制数。

解：$1010.101B = 1 \times 2^3 + 0 \times 2^2 + 1 \times 2^1 + 0 \times 2^0 + 1 \times 2^{-1} + 0 \times 2^{-2} + 1 \times 2^{-3} = 10.625$

$34.5Q = 3 \times 8^1 + 4 \times 8^0 + 5 \times 8^{-1} = 28.625$

$5F6.AH = 5 \times 16^2 + 15 \times 16^1 + 6 \times 16^0 + 10 \times 16^{-1} = 1526.625$

（2）十进制数转换为其他进制数

十进制数转换为其他进制数的方法很多，通常采用乘除法和降幂法。

1）乘除法。采用乘除法把十进制数转换二进制、八进制和十六进制数，须将十进制数分成整数部分和小数部分分别进行转换。方法如下：整数部分采用"除基数倒取余"法，即将十进制的整数部分除基数取其余数，直到商等于 0 为止，然后余数逆序排列；小数部分采用"乘基数顺取整"法，即将十进制小数部分乘基数，乘积的整数位即为二进制、八进制和十六进制数小数的第 1 位，然后取乘积的小数部分再乘以基数取其结果的整数位作为小数的第 2 位，依此类推，直到乘积的小数部分为 0。若出现乘积的小数部分一直不为 0 的情况，则可以根据计算精度的要求截取一定的位数即可。

【例 1-2】 将十进制数 25.625 分别转换为二进制、八进制和十六进制数。

解：（1）十进制数 25.625 转换为二进制数

过程如下：整数部分除 2 取余倒写，小数部分乘 2 取整顺写。

整数部分：商　　余数			小数部分：积　　整数		
$25 \div 2=$	$12 \rightarrow 1$	低位	$0.625 \times 2=$	$1.25 \rightarrow 1$	高位
$12 \div 2=$	$6 \rightarrow 0$	↑	$0.25 \times 2=$	$0.5 \rightarrow 0$	↓
$6 \div 2=$	$3 \rightarrow 0$		$0.5 \times 2=$	$1.0 \rightarrow 1$	低位
$3 \div 2=$	$1 \rightarrow 1$				
$1 \div 2=$	$0 \rightarrow 1$	高位			

即整数部分 $25=(11001)_2$，小数部分 $0.625=(0.101)_2$。

所以，$25.625=(11001.101)_2=11001.101B$。

（2）十进制数 25.625 转换为八进制数

过程如下：

整数部分：商　　余数			小数部分：积　　整数		
$25 \div 8=$	$3 \rightarrow 1$	低位	$0.625 \times 8=$	$5.0 \rightarrow 5$	
$3 \div 8=$	$0 \rightarrow 3$	高位			

即整数部分 $25=(31)_8$，小数部分 $0.625=(0.5)_8$。

所以，$25.625=(31.5)_8=31.5Q$。

（3）十进制数 25.625 转换为十六进制数

过程如下：

整数部分：商　　余数			小数部分：积　　整数		
$25 \div 16=$	$1 \rightarrow 9$	低位	$0.625 \times 16=$	$10.0 \rightarrow 10$（A）	
$1 \div 16=$	$0 \rightarrow 1$	高位			

即整数部分 $25=(19)_{16}$，小数部分 $0.625=(0.A)_{16}$。

所以，$25.625=(19.A)_{16}=19.AH$。

2）降幂法。 假定要转换的十进制数为 N，降幂法转换过程如下：

① 找出最接近于 N 并小于等于 N 的 r 进制的位权值 r^i。

② 找到满足 $0 \leqslant C < r$ 的最大数 C，使得 $N-C \times r^i < r^i$，C 即为转换结果（r 进制数）第 i 位的数码 a_i。

③ 计算 $N-C \times r^i$，并用它作为新的 N 值，即 $N \leftarrow N-C \times r^i$。

④ $i \leftarrow i-1$，转第②步求取下一位的数码。

⑤ 重复第②～④步，②直到 N 为 0 或转换结果达到所需要的精度。转换中如果某位的位权值小于当前的 N 值，则该位的数码取值为 0。

【例 1-3】 将十进制数 117.375 分别转换为二进制数。

解：小于 117.375 的位权值有：64（2^6），32（2^5），16（2^4），8（2^3），4（2^2），2（2^1），1（2^0），0.5（2^{-1}），0.25（2^{-2}），0.125（2^{-3}）等。转换过程如下：

N	C	r^i		a_i
117.375	−1	×64	= 53.375	(2^6=1)
53.375	−1	×32	= 21.375	(2^5=1)
21.375	−1	×16	= 5.375	(2^4=1)
5.375	−0	×8	= 5.375	(2^3=0)
5.375	−1	×4	= 1.375	(2^2=1)
1.375	−0	×2	= 1.375	(2^1=0)
1.375	−1	×1	= 0.375	(2^0=1)
0.375	−0	×0.5	= 0.375	(2^{-1}=0)
0.375	−1	×0.25	= 0.125	(2^{-2}=1)
0.125	−1	×0.125	= 0	(2^{-3}=1)

所以，117.375=(1110101.011)$_2$=1110101.011B。

（3）二进制、八进制和十六进制数之间的转换

1）二进制数与八进制数之间的转换。

由于 2^3=8，所以 3 位二进制数对应 1 位八进制数表示。对应关系见表 1-2。

表 1-2　3 位二进制数与 1 位八进制数对应关系表

二进制	000	001	010	011	100	101	110	111
八进制	0	1	2	3	4	5	6	7

二进制数转换成八进制数过程如下：以小数点为界，整数部分从低位向高位，小数部分从高位向低位，每 3 位分为一组，整数部分最前面不足 3 位要在前面加 0 补足，小数部分最后面不足 3 位要在后面加 0 补足，将每组的 3 位二进制数转换成对应的八进制数即可。

八进制数转换成二进制数，则直接将每一位八进制数变成 3 位二进制数即可，整数部分最前面的 0 和小数部分最后面的 0 可以去掉。

2）二进制数与十六进制数之间转换。

由于 2^4=16，所以 4 位二进制数对应 1 位十六进制数表示。对应关系见表 1-3。

表 1-3　4 位二进制数与 1 位十六进制数对应关系表

二进制	0000	0001	0010	0011	0100	0101	0110	0111
十六进制	0	1	2	3	4	5	6	7
二进制	1000	1001	1010	1011	1100	1101	1110	1111
十六进制	8	9	A	B	C	D	E	F

二进制数转换成十六进制数过程如下：以小数点为界，整数部分从低位向高位，小数部分从高位向低位，每 4 位分为一组，整数部分最前面不足 4 位要在前面加 0 补足，小数部分最后面不足 4 位要在后面加 0 补足，将每组的 4 位二进制数转换成对应的十六进制数即可。

十六进制数转换成二进制数，则直接将每一位十六进制数变成 4 位二进制数即可，整数部分最前面的 0 和小数部分最后面的 0 可以去掉。

【例 1-4】　将二进制数 11010110.01011 转换成八进制和十六进制数。

解：<u>011</u> <u>010</u> <u>110</u>.<u>010</u> <u>110</u>B=326.26Q
    3   2   6 . 2   6

<u>1101</u> <u>0110</u>.<u>0101</u> <u>1000</u>B=0D6.58H
  D   6 . 5   8

【例1-5】 将47.3Q、56.78H转换成二进制数。

解：47.3Q=<u>100</u> <u>111</u>.<u>011</u>B=100111.011B

    56.78H=<u>0101</u> <u>0110</u>.<u>0111</u> <u>1000</u>B=1010110.01111B

通过上面可以看出二进制数与八进制数、十六进制数之间的转换非常简单，就是"三对一"和"四对一"的关系。对于八进制数和十六进制数的转换一般可通过二进制进行中间处理。

另外，计算机内部虽然只能直接使用二进制，但是用二进制表示一个数，位数多、书写不方便、易出错，所以，我们通常用八进制或十六进制来表示。

1.2.2 数在计算机中的表示

计算机中的数通常有两种：无符号数和有符号数。两种数在计算机中的表示是不一样的。

1．无符号数的表示

无符号数由于不带符号，表示时比较简单，可以直接用它对应的二进制形式表示。位数不足时前面加0补充。例如，假设机器字长为8位，无符号数156在计算机中表示为10011100B；45在计算机中表示为00101101B。

2．有符号数的表示

有符号数带有正、负号。由于计算机只能识别二进制符号，不能识别正、负号，因此只能将正、负号数字化，用二进制数字表示。通常，在计算机中表示有符号数时，数的最高位用于表示符号，称为符号位，正数用0表示、负数用1表示，其余的位表示数的大小。在计算机中，这种形式表示的数称为机器数，它的数值称为机器数的真值。机器数的表示如图1-2所示。

在计算机的发展过程中，机器数先后有3种表示法：原码、反码和补码。

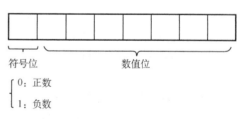

图1-2 机器数的表示

（1）原码

采用原码表示时，最高位为符号位，正数用0表示、负数用1表示，其余的位用于表示数的绝对值。表示形式如图1-3所示。

对于一个n位的二进制数，其原码表示范围为$-(2^{n-1}-1)\sim+(2^{n-1}-1)$。例如，如果用8位二进制表示原码，则数的范围为$-127\sim+127$。

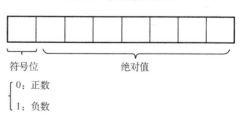

图1-3 原码的表示

采用原码表示时，−0和+0的编码不一样。假设机器字长为8位，−0的编码为10000000B，+0的编码为00000000B。

【例1-6】 求+69、−35的原码（机器字长8位）。

解：因为

$$|+69|=69=1000101B$$

$$|-35|=35=100011B$$

所以

$$[+69]_原=01000101B$$

$$[-35]_原=10100011B$$

（2）反码

采用反码表示时，最高位为符号位，正数用 0 表示，负数用 1 表示。正数的反码与原码相同，而负数的反码可在原码的基础之上，符号位不变，其余位取反得到。表示形式如图 1-4 所示。

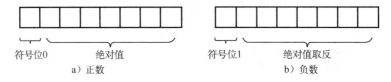

符号位0　　绝对值　　　　　　　　符号位1　　绝对值取反

a）正数　　　　　　　　　　　　　　b）负数

图 1-4　反码的表示

反码数的表示范围与原码相同，对于一个 n 位的二进制，它的反码表示范围为 $-(2^{n-1}-1)\sim+(2^{n-1}-1)$。对于 0，假设机器字长为 8 位，-0 的反码为 11111111B，+0 的反码为 00000000B。

【例 1-7】 求+69、-35 的反码（机器字长 8 位）。

解：因为

$$[+69]_原=01000101B$$

$$[-35]_原=10100011B$$

所以

$$[+69]_反=01000101B$$

$$[-35]_反=11011100B$$

（3）补码

采用补码表示时，最高位为符号位，正数用 0 表示，负数用 1 表示。正数的补码与原码相同，而负数的补码可在原码的基础之上，符号位不变，其余位取反，末位加 1 得到。对于一个负数 X，其补码也可用 $2^n-|X|$ 得到，其中 n 为计算机字长。表示形式如图 1-5 所示。

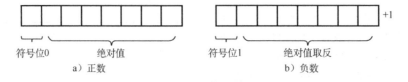

符号位0　　绝对值　　　　　　　　符号位1　　绝对值取反

a）正数　　　　　　　　　　　　　　b）负数

图 1-5　补码的表示

【例 1-8】 求+69、-35 的补码（机器字长 8 位）。

解：因为

$$[+69]_原=01000101B$$

$$[-35]_原=10100011B$$

所以

  [+69]_补=01000101B

  [−35]_补=11011101B

对于计算补码，也可用另一种求补运算方法求得：一个二进制数的符号位和数值位一起取反，再末位加1。

求补运算具有以下特点：对于一个数 X

  [X]_补 $\xrightarrow{\text{求补}}$ [−X]_补

那么，已知正数的补码，则可通过求补运算求得对应负数的补码，已知负数的补码，相应地也可通过求补运算求得对应正数的补码。也就是说，在用补码表示时，求补运算可得到数的相反数。

【例 1-9】 已知+35 的补码为00100011B，用求补运算求−35 的补码。

解：因为   [35]_补 $\xrightarrow{\text{求补}}$ [−35]_补

   所以   [−35]_补=11011100+1=11011101B

对于一个 n 位的二进制数，其补码的表示范围为$-(2^{n-1})\sim+(2^{n-1}-1)$。

采用补码表示时，对于−0 和+0 来讲其补码是相同的，假设机器字长为 8 位，则 0 的补码为 00000000B。

（4）补码的加减运算

补码的加、减法运算规则如下：

  [X+Y]_补=[X]_补+[Y]_补

  [X−Y]_补=[X]_补−[Y]_补=[X]_补+[−Y]_补

即采用补码表示时，求两个数之和 [X+Y]_补，直接用两个数相加（[X]_补+[Y]_补）；求两个数之差 [X−Y]_补，可以直接用两个数相减[X]_补−[Y]_补，也可以先求[−Y]_补，然后再与被减数[X]_补相加。也就是说，减法运算可通过加法运算来实现。

【例 1-10】 假设计算机字长为 8 位，完成下列补码运算。

（1）(+69)+(−35)

解：因为   [+69]_补=01000101B   [−35]_补=11011101B

     [+69]_补= 01000101

   + [−35]_补= 11011101

         —————————

  进位 1 自动丢失 → 1 00100010

所以，[(+69)+(−35)]_补=[+69]_补+[−35]_补=00100010B=[+34]_补。

（2）(+69) −(−35)

解：因为   [+69]_补=01000101B   [−35]_补=11011101B

  [+35]_补=00100011B

    [+69]_补= 01000101

  − [−35]_补= 11011101

       —————————

        01101000

    [+69]_补= 01000101

  + [+35]_补= 00100011

       —————————

        01101000

所以，[(+69)−(−35)]$_{补}$=[+69]$_{补}$−[−35]$_{补}$= [+69]$_{补}$+[+35]$_{补}$= 01101000B=[+104]$_{补}$。

从以上可以看出，通过补码进行加减运算非常方便，而且能把减法转换成加法，这样可进一步简化计算机中运算器的电路设计。所以，现在的计算机中，有符号数都用补码表示。

1.2.3 其他信息的表示

由于计算机只能识别二进制数，因此，在计算机内，不论是数字、字符、指令还是状态，包括图形和声音等信息，都是用若干位二进制码的组合来表示的，称为二进制编码。在这里我们介绍几种常用的编码。

1. 十进制数的 BCD 码表示

在计算机中，十进制数通常采用 BCD 码表示，又可分为压缩 BCD 码和非压缩 BCD 码。

压缩 BCD 码：1 位十进制符号用 4 位二进制编码来表示。4 位二进制的权值从左至右每一位对应的权是 8, 4, 2, 1。所以压缩 BCD 码又称为 8421 码。十进制数符号 0~9 的 8421 码情况见表 1-4。

表 1-4 压缩 BCD 编码表

十进制符号	压缩 BCD 编码	十进制符号	压缩 BCD 编码
0	0000	5	0101
1	0001	6	0110
2	0010	7	0111
3	0011	8	1000
4	0100	9	1001

用压缩 BCD 码表示十进制数，只要把每个十进制符号用对应的 4 位二进制编码代替即可。例如，十进制数 24 的压缩 BCD 码为 0010 0100。

非压缩 BCD 码：用 8 位二进制编码来表示 1 位十进制数，其中低 4 位二进制编码与压缩 BCD 码相同，高 4 位任取。例如，下面介绍的数字符号的 ASCII 码（30H~39H）就是一种非压缩的 BCD 码。用非压缩 BCD 码表示十进制数，1 位十进制符号须用 8 位二进制数表示。例如，十进制数 24 的非压缩 BCD 码为 0000 0010 0000 0100。

2. 西文字符的 ASCII 码表示

在计算机信息处理中，除了处理数值数据外，还涉及大量的字符数据。例如，从键盘上输入的信息或打印输出的信息都是以字符方式输入/输出的，字符数据包括字母、数字、专用字符及一些控制字符等，这些字符在计算机中也是用二进制编码表示的。现在，计算机中字符数据的编码通常采用的是美国标准信息交换代码（American Standard Code for Information Interchange，ASCII 码）。ASCII 码标准定义了 128 个字符，用 7 位二进制来编码，包括英文 26 个大写字母 A~Z，ASCII 码为 41H~5AH；26 个小写字母 a~z，ASCII 码为 61H~7AH；10 个数字符号 0~9，ASCII 码为 30H~39H；还有一些专用符号，如 ":" "!" "%"，以及控制符号：如换行、换页、回车等。西文字符的 ASCII 码见表 1-5。

计算机中一般以字节为单位，而 8 位二进制表示 1 个字节，字符 ASCII 码通常放于低 7 位，高位一般补 0。在通信时，最高位常用作奇偶校验位。

表 1-5 ASCII 码表（7 位码）

高3位→ 低4位↓		0 000	1 001	2 010	3 011	4 100	5 101	6 110	7 111
0	0000	NUL	DLE	(space)	0	@	P	`	p
1	0001	SOH	DC1	!	1	A	Q	a	q
2	0010	STX	DC2	"	2	B	R	b	r
3	0011	ETX	DC3	#	3	C	S	c	s
4	0100	EOT	DC4	$	4	D	T	d	t
5	0101	ENQ	NAK	%	5	E	U	e	u
6	0110	ACK	SYN	&	6	F	V	f	v
7	0111	BEL	ETB	'	7	G	W	g	w
8	1000	BS	CAN	(	8	H	X	h	x
9	1001	HT	EM	)	9	I	Y	i	y
A	1010	LF	SUB	*	:	J	Z	j	z
B	1011	VT	ESC	+	;	K	[	k	{
C	1100	FF	FS	，	<	L	\	l	|
D	1101	CR	GS	—	=	M	]	m	}
E	1110	SO	RS	·	>	N	^	n	~
F	111	SI	US	/	?	O		o	DEL

思考题与习题

1-1 电子计算机按采用的电子器件不同可分为哪几代？微型计算机属于哪一代？

1-2 冯·诺依曼思想的主要内容是什么？按冯·诺依曼思想组成的计算机由哪几个部分组成？

1-3 机器语言、汇编语言和高级语言之间有什么区别？

1-4 把下列十进数分别转换成二进制数、八进制数和十六进制数。

（1）50 （2）0.83 （3）24.31 （4）79.75 （5）199 （6）99.735

1-5 将下列二进制数转换为十进制数。

（1）111101.101B （2）100101.11B （3）10011001.001B （4）11011010.11B

1-6 将下列二进制数分别转换成十进制数、十六进制数和八进制数。

（1）101011101.101 （2）11100011001.011 （3）1011010101.1

1-7 写出下列数值的原码、反码和补码（设字长为 8 位）。

（1）+64 （2）−64 （3）+127 （4）−128 （5）+1000000B （6）−0010101B

1-8 已知下列补码，求真值 X。

（1）[X]补=1000 0000 （2）[X]补=1111 1111 （3）[−X]补=10110111

1-9 将下列各数转换成 BCD 码。

（1）30D （2）127D （3）23D （4）010011101B （5）7FH

1-10 指明下列字符在计算机内部的 ASCII 表示形式。

AsENdfJFmdsv120

第2章 微型计算机的基本原理

导读

基本内容：本章首先介绍了微型计算机的结构，包括微处理器的组成及各部分的作用、存储器基本结构及读/写操作过程、输入/输出接口的作用和功能、总线的基本情况及分类。其次，通过简单的例子介绍了微型计算机的基本工作过程。最后，引入微型计算机中的特殊机型——单片机，介绍了单片机的概念、发展历程、主要种类及应用。

学习要点：掌握微型计算机的结构，熟悉微型计算机的工作过程，了解单片机的概念及相关知识。

2.1 微型计算机的结构

根据冯·诺依曼设计思想，现代的计算机由运算器、控制器、存储器、输入设备和输出设备 5 大部分组成。微型计算机是计算机发展到一定阶段的产物，由于大规模集成电路技术的发展，能够把运算器和控制器集成在一块电路芯片内，集成运算器和控制器的这一块集成电路一般被称为**微处理器（Microprocessor）或中央处理器（Central Processing Unit，CPU）**。微型计算机（Micro-Computer）是指以中央处理器为核心，配上存储器、输入/输出接口电路等所组成的计算机。

2.1.1 微型计算机的基本结构

微型计算机由微处理器、存储器、输入/输出设备和系统总线等组成，典型的微型计算机基本结构如图 2-1 所示。

微处理器是微型计算机的核心部件，是整个微型计算机的硬件控制中心，它的性能在很大程度上决定了微型计算机的性能。

这里的存储器是指**内存**，也称主存，是用来存放执行的程序、数据和处理结果的记忆装置，包括随机存储器（RAM）和只读存储器（ROM）。输入时，程序和数据通过输入设备输入到存储器；程序执行时，微处理器从存储器读取程序到微处理器中执行，结果送回存储器中；输出时，输出设备从存储器中取出结果输出。

输入设备和输出设备一起称为输入/输出设备（I/O 设备）或外设，有的设备既是输入设备又是输出设备。输入/输出设备通过 I/O 接口电路连接到总线和其他部件进行信息交换。

总线（Bus）是连接多个设备或功能部件的一簇公共信号线，它是计算机各组成部件之间信息交换的通道。微型计算机硬件组织上采用总线结构，微型计算机的各大功能部件通过总线相连。

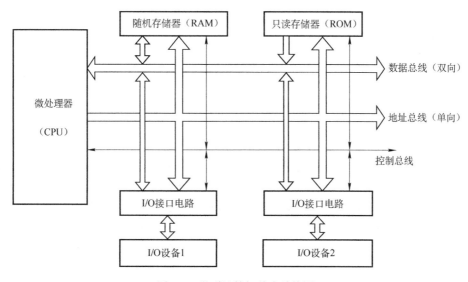

图 2-1　微型计算机基本结构图

2.1.2　微处理器

微处理器是微型计算机的核心，不同微处理器的性能指标不同、内部具体结构也不一样，但它们的基本结构大体相同。微处理器主要分两部分，即运算器和控制器，两者通过内部总线相连。其典型结构如图 2-2 所示。

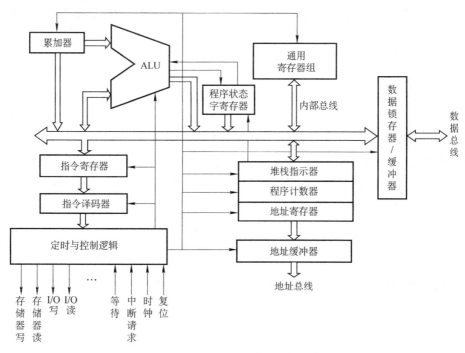

图 2-2　微处理器的内部结构框图

1．运算器

运算器部分一般包括算术逻辑运算单元（Arithmetic Logic Unit，ALU）、累加寄存器

15

（Accumulator，A）、程序状态字寄存器（Program Status Word，PSW）和通用寄存器组等。

（1）算术逻辑运算单元（ALU）

ALU 是运算器的核心，它以全加器为基础，辅以暂存器、移位寄存器和相应的控制逻辑组合而成的电路，在控制信号的作用下可完成对二进制信息的加、减、乘、除等算术运算，以及与、或、异或等逻辑运算和各种移位操作。

（2）累加寄存器（A）

累加寄存器简称累加器，有时写作 ACC。累加器的英文是积累的意思，翻译成累加器对于初学者可能误认为它是一个加法运算器。实际上，累加器只是一个寄存器，送入 ALU 进行运算的两个操作数中的一个一般都放在累加器中，运算结果通常又送回累加器中。例如做加法运算时的被加数，做减法运算的被减数都是放在累加器中的，运算结果一般也送回累加器中。这样，运算后累加器中原来的操作数就被运算结果取代，在原来的基础上进行了积累。累加器是微处理器使用最频繁的寄存器，有些微处理器的相关运算要求必须通过累加器来处理。

（3）程序状态字寄存器（PSW）

程序状态字寄存器有时又称为标志寄存器（Flags Register，FR），按位方式使用。程序状态字寄存器通常有两个方面的作用：一方面用于记录 ALU 运算过程中的状态，例如用以标志运算结果是否溢出，是否有进位或借位，运算结果是否等于零等，在程序运行过程中经常要检查这些标志以决定下一步如何做，这些称为状态标志；另一方面用于对微处理器相关的运行过程进行控制，例如数据传送是递增方式还是递减方式，是否进行中断处理等，这些称为控制标志。不同微处理器的标志数目和具体规定都不相同。常见的微处理器程序状态字寄存器的标志有以下几种：

1）进位标志（Carry，C 或 CF）。 若做加法时出现进位或做减法时出现借位，则该标志位置 1；否则清 0。

2）辅助进位标志（Auxiliary Carry，AF 或 AC）， 又称为半加标志位。做 8 位二进制加法或减法运算时，当低 4 位需向高 4 位进位或低 4 位需向高 4 位借位时，该标志位置 1；否则清 0。该标志位通常用于对 BCD 码表示的十进制数的算术运算结果进行调整。

3）溢出标志（Overflow Flag，OV）。 在算术运算中，若带符号数的运算结果超出了机器数所能表达的范围，如 8 位带符号数的运算结果大于 +127 或小于 -128 时，该标志位置 1。

4）零标志（Zero Flag，Z 或 ZF）。 当运算结果的所有位均为 0 时，该标志位置 1；否则清 0。

5）符号标志（Sign Flag，S 或 SF）。 当运算结果的最高位为 1 时，该标志位置 1；否则清 0。

6）奇偶标志（Parity Flag，P 或 PF）。 奇偶标志用来标记运算结果中 1 的个数的奇偶性，可用于检查在数据传送中是否发生了错误。但究竟是 1 的个数为偶数时 P 为 1 还是为奇数时 P 为 1，不同微处理器的处理方法不一样。

7）方向标志（Direction Flag，D 或 DF）。 当该标志置 0 时，微处理器对数据串按从低地址到高地址递增的方向处理；置 1 时，按从高地址到低地址递减的方向处理。

（4）通用寄存器组

寄存器组实质上是微处理器的内部存储器，因受芯片面积和集成度限制，其容量不可能很大，因而寄存器数目不可能很多。寄存器组可分为专用寄存器组和通用寄存器组。专用寄存器组用于指定的某一方面，作用是固定的。通用寄存器组可由程序规定其用途，其数目和位数因微处理器而异。通用寄存器组通常用来暂存程序执行过程中需要重复使用的操作数或中间结果，以避免对存储器的频繁使用，从而缩短指令长度和执行时间，加快 CPU 的运算速度，同时也给编程带来了方便。

2．控制器

控制器是计算机的控制中心，它决定了计算机运行过程的自动化。控制部件从存储器中取出指令，并确定其类型或对之进行译码，然后将每条指令分解成一系列简单的、很小的步骤或动作。控制器部分一般包括程序计数器、指令寄存器、指令译码器和定时与控制逻辑等部件组成。

（1）程序计数器（PC）（指令指针 IP）

程序计数器用来存放下一条要执行的指令的地址，因而它控制着程序的执行顺序。当计算机运行时，控制器根据 PC 中的指令地址，从存储器中取出将要执行的指令送到指令寄存器中。在顺序执行指令的条件下，每取出指令的一个字节，PC 的内容自动加 1。当程序发生转移时，就必须把新的指令地址（目标地址）装入 PC，这通常由转移指令来实现。

（2）指令寄存器（IR）

指令寄存器用于暂存从存储器中取出的将要执行的指令码，以保证在指令执行期间能够向指令译码器提供稳定可靠的指令码。

（3）指令译码器（ID）

指令译码器用来对指令寄存器中的指令进行译码分析，以确定该指令应执行什么操作。

（4）定时与控制逻辑

定时与控制逻辑是微处理器的核心控制部件，负责对整个计算机进行控制。时序电路用于产生指令执行时所需的一系列节拍脉冲和电位信号，以确定指令中各种微操作的执行时间和控制微操作执行的先后次序。一般时钟脉冲就是最基本的时序信号，是整个机器的时间基准，称为**机器的主频**。

控制逻辑依据指令译码器和时序电路的输出信号，产生执行指令所需的全部微操作控制信号，控制计算机的各部件执行该指令所规定的操作。包括从存储器中取指令，分析指令（即指令译码），确定指令操作和操作数地址，取操作数，执行指令规定的操作，送运算结果到存储器或 I/O 端口等。由于每条指令所执行的具体操作不同，所以每条指令都有一组不同的控制信号的组合，称为操作码，以确定相应的微操作系列。它还向微机的其他各部件发出相应的控制信号，使 CPU 内、外各部件协调工作。

（5）堆栈指示器（SP）（堆栈指针）

堆栈是存储器中按"先进后出"方式工作的一个特定区域，通常用来保护数据。堆栈有两种操作：入栈和出栈。堆栈操作通过堆栈指针控制，入栈时先改变堆栈指针后送入数据，出栈时先送出数据再改变堆栈指针，从而实现数据的"先进后出"。

除了以上部件外，微处理器内部还包含部分**地址寄存器（AR）**和**数据锁存/缓冲寄存器（DR）**，地址寄存器是用来保存当前 CPU 所要访问的内存单元或 I/O 设备的地址。数据锁存/缓冲寄存器用来暂存微处理器与存储器或输入/输出接口电路之间待传送的数据。所有的部件在微处理器内部是通过内部总线实现互连及信息传送的。

2.1.3 存储器

存储器是微型计算机的存储和记忆装置，用来存放微型计算机执行的程序和数据。在计算机内部，程序和数据都以二进制形式表示，8 位二进制为一个字节。为了便于对存储器进行访问，存储器通常被划分为许多个存储单元，每个存储单元存放一个字节，每个存储单元分别被赋予一个编号，称为地址。如图 2-3 所示，地址为 3002H 的存储单元中存放了一个 8 位二进制信息 01010110B（56H）。

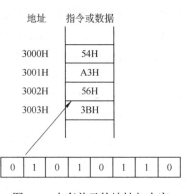

图 2-3　内存单元的地址与内容

在微型计算机中，为了保证计算机的运行速度，内部存储器通常由半导体存储器组成。半导体存储器的基本结构如图 2-4 所示，它主要由**地址译码器、存储矩阵、控制逻辑和三态双向缓冲器**等部分组成。存储器的主体就是存储矩阵，它是由一个个的存储单元组成的，每一个存储单元可以存放 8 位（一个字节）二进制的信息。地址译码器把地址总线输入的信息译码后得到选择存储单元的地址，选择相应的存储单元。三态双向缓冲器在存储器和外部之间数据传送时起一个缓冲作用。控制逻辑对存储器的读和写工作过程进行控制。

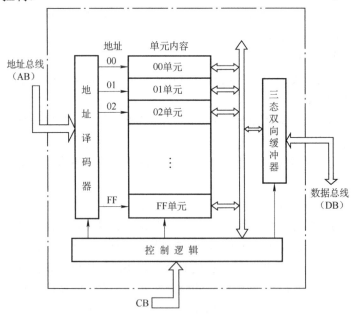

图 2-4　存储器结构图

假定地址总线是 8 位的，则经过地址译码器译码之后可寻址 2^8=256 个存储单元。即给定任意一个 8 位的地址数据，就可以从 256 个存储单元中找到与之对应的某一个存储单元，通过控制逻辑就可以对这个存储单元的内容进行读/写操作。

（1）读操作

若要将地址为 08H 存储单元的内容读出，首先要求 CPU 给出地址号 08H，然后通过地址总线送至存储器，存储器中的地址译码器对它进行译码，找到 08H 号存储单元；再要求 CPU 发出读的控制命令，于是 08H 号存储单元中的内容 3CH 就出现在数据总线上，如图 2-5 所示。

信息从存储单元读出后，存储单元的内容并不改变，只有把新的数据写入该单元时，才由新的内容代替旧的内容。

（2）写操作

若要将数据寄存器中的内容 4DH 写入到地址为 09H 的存储单元中，首先也得要求 CPU 给出地址号 09H，然后通过地址总线送至存储器，经地址译码器译码后，找到 09H 号存储单元；然后把数据寄存器中的内容 4DH 经数据总线送给存储器；且 CPU 发出写的控制命令，于是数据总线上的信息 4DH 就可以写入到 09H 号存储单元中了，如图 2-6 所示。

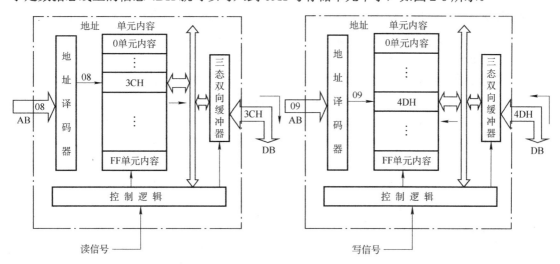

图 2-5　存储器读操作示意图　　　　图 2-6　存储器写操作示意图

2.1.4　I/O 设备及接口电路

输入设备是向计算机输入原始数据和程序的装置。它的功能是将数据、程序按人们熟悉的形式送入计算机并经过计算机转换为可识别的二进制形式存入存储器中。常用的输入设备有键盘、鼠标、光笔、模/数转换器、扫描仪、话筒和数码照相机等。

输出设备是计算机向外界输出信息的装置。计算机通过输出设备将它处理过的信息以人们熟悉、便于识别的形式输送出来。常用的输出设备有显示器、打印机、绘图仪、数/模转换器以及音箱等。

输入/输出设备是微型计算机的重要组成部分。外部设备是多种多样的，其工作原理不同，有机械式、电子式、机电式、电磁式或其他形式；传送信息类型多样，有数字量、模拟量、开关量或脉冲量；传送速度差别极大，有秒级的，也有微秒级的；传送方式不同，有串行传送、并行传送；编码方式也不尽相同，有二进制、BCD 码、ASCII 码等。而微型计算机总线上传送的是标准的数字信号，因此外部设备是不能直接连接到总线上和微处理器进行信息交换的。需要连接一个中间部件才能在微处理器和外部设备之间进行信息交换，这个中间部件我们就称为输入/输出（I/O）接口电路。实际上两者之间的接口不仅包含相应的硬件电路，还包括相关的驱动程序，两者相互配合，缺一不可。

由于计算机的外部设备品种繁多，各有特性，不同的外部设备需要不同的接口电路进行连接。总体来说，**I/O 接口电路主要实现数据缓冲、信号变换、速度匹配、设备选择等功能**。

19

2.1.5 总线

总线（**Bus**）实际上是一组导线，是各种公共信号线的集合，是微型计算机中信息传送的通道。在微机系统中，有各式各样的总线。这些总线可以从不同的层次和角度进行分类。

按总线在微机结构中所处的位置不同，可把总线分为以下 4 类：

1）片内总线：CPU 芯片内部的寄存器、算术逻辑单元（ALU）与控制部件等功能单元之间传输数据所用的总线。

2）片级总线：也称芯片总线、内部总线，是微机内部 CPU 与各外围芯片之间的总线，用于芯片一级的互连。例如 I^{2}C（Inter-IC）总线、SPI（Serial Peripheral Interface）总线、SCI（Serial Communication Interface）总线等。

3）系统总线：也称板级总线，是微机中各插件板与系统板之间进行连接和传输信息的一组信号线，用于插件板一级的互连。例如 ISA（Industrial Standard Architecture）总线、EISA（Extended ISA）总线、MCA（Micro Channel Architecture）总线、VESA（Video Electronics Standard Association）总线、PCI（Peripheral Component Interconnect）总线、Compact PCI 总线、AGP（Accelerated Graphics Port）总线等。

4）外部总线：也称通信总线，是系统之间或微机系统与电子仪器或其他设备之间进行通信的一组信号线，用于设备一级的互连。例如 RS-232-C 总线、RS-485 总线、IEEE-488 总线、USB（Universal Serial Bus）总线等。

按功能来划分，又可将总线分为地址总线（Address Bus，AB）、数据总线（Date Bus，DB）和控制总线（Control Bus，CB）3 类。我们通常所说的总线都包括这 3 个组成部分。

1）地址总线（AB）：输出将要访问的内存单元或 I/O 端口的地址，地址线的多少决定了系统直接寻址存储器的范围。如 8051 的片外地址总线有 16 条（A15～A0），它可以寻找从 00000H～FFFFH 共 2^{16}=64KB 存储单元。地址总线是单向的。

2）数据总线（DB）：用于在 CPU 与存储器和 I/O 端口之间的数据传输，数据线的多少决定了一次能够传送数据的位数。16 位机的数据总线是 16 条，32 位机的数据总线是 32 条，8051 的数据总线是 8 条。数据总线是双向的。

3）控制总线（CB）：用于传送各种状态控制信号，协调系统中各部件的操作，有 CPU 发出的控制信号，也有向 CPU 输入的状态信号。有的信号线为输出有效，有的输入有效；有的信号线为单向的，有的是双向的；有的信号线为高电平有效，有的低电平有效；有的信号线为上升沿有效，有的下降沿有效。控制总线决定了系统总线的特点，如功能、适应性等。

2.2 微型计算机的基本工作原理

冯·诺依曼型计算机工作原理的核心是"存储程序"和"程序控制"，即事先把程序装载到计算机的存储器中，当启动运行后，计算机便会按照程序的要求自动进行工作。

2.2.1 指令和程序简介

1. 指令

指令是指计算机完成一个基本操作的命令。CPU 就是根据指令来指挥和控制计算机各部分协调的工作，以完成规定的操作。指令系统是一个计算机所能够处理的全部指令的集合。不同的计算机内部结构不同，指令系统也不一样。指令系统指明了一个计算机能够接收哪些命令，运行什么样的程序。

一条指令一般包括两个部分：操作码和操作数。操作码用于指明指令的功能，告诉计算机需要执行的是哪一条指令，具体是什么操作；操作数用于指明操作的数据或数据的地址，主要包括源操作数和目的操作数。在某些指令中，操作数可以部分或全部省略，比如一条空指令就只有操作码而没有操作数。在计算机内部只能识别二进制编码形式的机器语言指令，所有采用汇编语言或高级语言编写的程序，都需要汇编或翻译（编译或解释）成为机器语言后才能被计算机执行。

2. 程序

程序则是为解决某一个问题而编写在一起的指令序列。微机系统使用 3 个层次的语言，即机器语言、汇编语言、高级语言，对应 3 种形式的程序。用机器语言编写的程序叫作机器语言程序，机器语言程序能被微型计算机直接理解和执行，但编程烦琐、不直观、难记忆、易出错；汇编语言助记符和机器语言指令一一对应，编写的程序称为汇编语言源程序，必须通过汇编工具"汇编"转换成机器语言目标程序才能让计算机执行；高级语言有多种，高级语言程序需通过"解释"或"编译"翻译成机器语言才能被计算机执行。

2.2.2 微型计算机的工作过程

下面以一个简单的例子来介绍微型计算机的工作过程。例如计算 2+6=？，虽然这是一个相当简单的加法运算，但是，计算机却无法理解。用计算机来处理时，人们必须要先编写一段程序，以计算机能够理解的语言告诉它如何一步一步地去做，直到每一个细节都详尽无误，计算机才能正确地理解与执行。如用汇编语言或高级语言编写程序，还需要汇编或翻译（编译或解释）成为机器语言程序。程序编写好后送入存储器中，执行程序就能实现了。为此，在执行程序之前需要做好如下几项工作：

1）用汇编指令助记符编写源程序。

2）用汇编工具将汇编源程序汇编成机器语言目标程序。

3）将数据和程序通过输入设备送入存储器中存放。

假设上面例子的汇编语言源程序和机器语言目标程序如下：

```
汇编语言              机器语言      功能
MOV     A, #02H    74 02H    ;把02H送入累加器A
ADD     A, #06H    24 06H    ;06H与A中内容相加，结果存入A
SJMP    $          80 FEH    ;死循环，转移到本身，程序不再往下执行
```

编译好的机器语言目标程序有 6 个字节，设放于存储器地址从 00H 开始的单元处

1. 执行第一条指令的过程

给程序计数器（PC）赋以第一条指令的地址 00H，进入第一条指令执行过程。指令执行分两步：取指令和执行指令。具体操作过程如下：

（1）取第一条指令（如图 2-7 所示）

1）当前程序计数器（PC）内容（00H）送地址寄存器（AR）。

2）PC 自动加 1，等于 01H，指向下一个存储器单元。这里指向第一条指令的操作数。

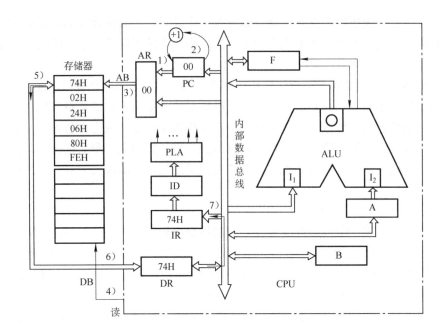

图 2-7 取第一条指令的操作示意图

3）地址寄存器（AR）的内容 00H 通过地址总线（AB）送至存储器，经地址译码器译码选中相应的 00H 单元。

4）CPU 发出存储器读命令。

5）在读命令的控制下，所选中的 00H 单元中的内容 74H 被读至数据总线（DB）上。

6）读出的内容经数据总线（DB）送至数据寄存器（DR）。

7）指令译码。因为取出来的是指令的操作码，所以数据寄存器（DR）的内容被送至指令寄存器（IR）中，然后再送至指令译码器（ID），译码后由控制器发出执行这条指令的各种控制命令。

（2）执行第一条指令

当指令译码器（ID）对操作码 74H 译码后，CPU 就知道这是一条把下一个存储单元的数据（操作数）送至累加器（A）的指令，所以，执行该指令就把下一个存储器单元中的数据取出来送累加器（A）。如图 2-8 所示，操作过程如下：

1）将当前程序计数器（PC）的内容 01H 送至地址寄存器（AR）。

2）PC 自动加 1，等于 02H，这里指向下一条指令，为取下一条指令做准备。

3）地址寄存器（AR）的内容 01H 通过地址总线（AB）送至存储器，经地址译码器译码后选中存储器 01H 单元。

4）CPU 发出存储器读命令。

5）在读命令的控制下，所选中的 01H 存储单元中的内容 02H 被读至数据总线（DB）上。

6）读出的内容经数据总线（DB）送至数据寄存器（DR）。

7）因为经过译码已经知道本次读出的内容送到累加器（A），所以数据寄存器（DR）的内容 02H 通过内部数据总线送至累加器（A）。于是第一条指令执行完毕，操作数 02H 被送到累加器（A）中。

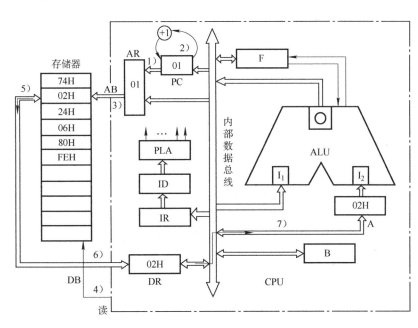

图 2-8　执行第一条指令的操作示意图

2．执行第二条指令的过程

第一条指令执行完毕以后，程序计数器（PC）的值为 02H，指向第二条指令在存储器中的首地址。计算机再次重复取指令和执行指令，就进入第二条指令的执行过程。

（1）取第二条指令

这个过程与取第一条指令的过程相似，这里不再重复。取第二条指令后程序计数器（PC）中的内容为 03H。

（2）执行第二条指令

当第二条指令的操作码 24H 取出送指令译码器（ID）译码后，CPU 就知道这是一条加法指令，是把下一个存储单元的内容与累加器（A）中的内容相加，加得的结果送累加器（A）。所以，执行该指令就把下一个存储单元中的数据取出来送 ALU 的一端，累加器（A）的内容送 ALU 的另一端，相加后经内部数据总线送回累加器（A）中。如图 2-9 所示，操作过程如下：

1）将当前程序计数器（PC）的内容 03H 送至地址寄存器（AR）。

2）PC 自动加 1，等于 04H，这里指向下一条指令，为取下一条指令做准备。

3）AR 通过地址总线把地址 03H 送至存储器，经过译码，选中相应的单元。

4）CPU 发出存储器读命令。

5）在读命令的控制下，所选中的 03H 存储单元中的内容 06H 被读至数据总线（DB）上。

6）读出的内容经数据总线（DB）送至数据寄存器（DR）。

7）数据寄存器（DR）的内容通过内部数据总线送至 ALU 的一个输入端。

8）累加器（A）中的内容 02H 送 ALU 的另一个输入端，在 ALU 中执行加法操作。

9）相加的结果 08H 由 ALU 输出经内部数据总线送回至累加器（A）中。

3．执行第三条指令的过程

第二条指令执行结束后，程序计数器（PC）的值为 04H，指向第三条指令在存储器中的首地址，计算机再次重复取指令和执行指令，进入第三条指令的执行过程。

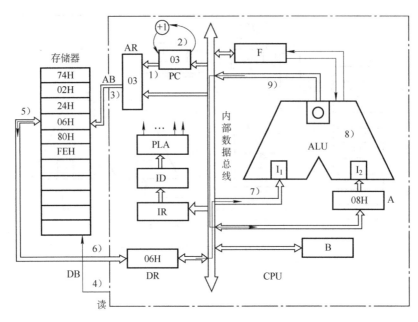

图 2-9 执行第二条指令的操作示意图

（1）取第三条指令

24

这个过程与取第一条指令的过程相似，这里不再重复。取第三条指令后程序计数器（PC）的内容为 05H。

（2）执行第三条指令

当第三条指令的操作码 80H 取出送指令译码器（ID）译码后，CPU 就知道这是一条无条件相对转移指令，是把下一个存储单元的内容与当前程序计数器（PC）中的内容相加，加得的结果送回当前程序计数器（PC）。所以，执行该指令就把下一个存储单元中的数据取出来送 ALU 的一端，PC 的内容送 ALU 的另一端，相加后经内部数据总线送回 PC 中。如图 2-10 所示，操作过程如下：

1）将当前程序计数器（PC）的内容 05H 送至地址寄存器（AR）。

2）PC 自动加 1，等于 06H，这里指向下一条指令，为取下一条指令做准备。

3）AR 通过地址总线把地址 05H 送至存储器，经过译码，选中相应的单元。

4）CPU 发出存储器读命令。

5）在读命令的控制下，所选中的 05H 存储单元中的内容 FEH 被读至数据总线（DB）上。

6）读出的内容经数据总线（DB）送至数据寄存器（DR）。

7）数据寄存器（DR）中的内容通过内部数据总线送至 ALU 的一个输入端。

8）PC 中的内容 06H 送 ALU 的另一个输入端，在 ALU 中执行加法操作。

9）相加的结果 04H 由 ALU 输出至 PC 中。

第三条指令执行后 PC 的值等于 04H，因此后面将一直重复执行第三条指令。

综上所述，计算机的工作过程就是取指令、执行指令的过程。用计算机解决问题，应先根据问题用计算机语言编写出相应的程序，程序再通过输入设备输入存储器，最后在存储器和 CPU 之间运行程序而达到目的。计算机执行指令的过程可看成是控制信息（包括数据信息与指令信息）在计算机各组成部件之间的有序流动过程。信息是在流动过程中得到相关部件的加工和处理。

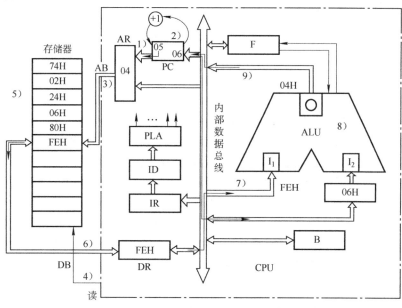

图 2-10　执行第三条指令的操作示意图

2.3　单片微型计算机

　　单片微型计算机（简称单片机）作为微型计算机的一个分支，产生于 20 世纪 70 年代，经过近四十年的发展，在各行各业中已经被广泛应用。单片机因为具有体积小、重量轻、抗干扰能力强、对环境要求不高、价格低廉、可靠性高、灵活性好等优点，所以被广泛应用于工业控制、智能仪器仪表、机电一体化产品、家用电器等领域。

2.3.1　单片机的概念

　　单片机是把微型计算机中的微处理器、存储器、定时器/计数器和多种 I/O 接口电路集成到一个集成电路芯片上而形成的微型计算机，因而被称为单片微型计算机，简称为单片机。

　　单片机集成了微型计算机中的大部分功能部件，工作原理与微型计算机一样，但具体结构和处理方法不同。单片机是应测控领域的需要而诞生的，用以实现各种测试和控制。它的组成结构既包含通用微型计算机中的基本组成部分，又增加了具有实时测控功能的一些部件。在主芯片上集成了微型计算机中大部分功能部件，另外，可在外部扩展 A/D 转换器、D/A 转换器、脉冲调制器等用于测控的部件。现在一部分单片机已经把 A/D、D/A 转换器及 HSO、HIS 等外设集成在单片机中以增强处理能力。

　　单片机按照用途可分为通用型和专用型两大类。

　　1）通用型单片机的内部资源丰富，性能全面，适应能力强。用户可以根据需要设计各种不同的应用系统。

　　2）专用型单片机是针对各种特殊场合专门设计的芯片。这种单片机的针对性强，可根据需要来设计部件。因此，它能实现系统的最简化和资源的最优化，可靠性高、成本低，在应用中有很明显的优势。

2.3.2　单片机的发展历程

自 1971 年 Intel 公司制造出世界上第一块微处理器芯片 4004 不久，就出现了单片机。经过之后的三四十年，单片机得到了飞速的发展。在发展过程中，单片机先后经过了 4 位机、8 位机、16 位机、32 位机几个有代表性的发展阶段。

1. 4 位单片机

自 1975 年美国得克萨斯仪器公司首次推出 4 位单片机 TMS-1000 后，各个计算机生产公司相继推出 4 位单片机。4 位单片机的主要生产国是日本，如 SHARP 公司的 SM 系列、东芝公司的 TLCS 系列、NEC 公司的 uPD75xx 系列等。我国已能生产 COP400 系列单片机。

4 位单片机的特点是价格便宜，主要用于控制洗衣机、微波炉等家用电器及高档电子玩具。

2. 8 位单片机

1976 年 9 月，美国 Intel 公司首先推出 MCS-48 系列 8 位单片机，使单片机的发展进入了一个新的阶段。随后各个计算机生产公司先后推出各自的 8 位单片机。例如，仙童公司（Fairchild）的 F8 系列、摩托罗拉（Motorola）公司的 6801 系列、Zilog 公司的 Z8 系列、NEC 公司的 uPD78xx 系列。

1978 年以前各厂家生产的 8 位单片机，由于集成度的限制，一般都没有串行接口，只提供小范围的寻址空间(小于 8KB)，性能相对较低，称为低档 8 位单片机。如 Intel 公司的 MCS-48 系列和仙童公司（Fairchild）的 F8 系列。

1978 年以后，集成电路水平有所提高，出现了一些高性能的 8 位单片机，它们的寻址能力达到了 64KB，片内集成了 4～8KB 的 ROM，片内除了带并行 I/O 接口外，还有串行 I/O 接口，甚至有些还集成了 A/D 转换器。这类单片机称为高档 8 位单片机。例如，Intel 公司的 MCS-51 系列、摩托罗拉（Motorola）公司的 6801 系列、Zilog 公司的 Z8 系列、NEC 公司的 uPD78xx 系列。

8 位单片机由于功能强、价格低廉、品种齐全，被广泛用于工业控制、智能接口、仪器仪表等各个领域。特别是高档 8 位单片机，是现在使用的主要机型。

3. 16 位单片机

1983 年以后，集成电路的集成度可达到十几万只管/片，出现了 16 位单片机。16 位单片机把单片机性能又推向了一个新的阶段。它内部集成多个 CPU、8KB 以上的存储器、多个并行接口、多个串行接口等，有的还集成了高速输入/输出接口、脉冲宽度调制输出、特殊用途的监视定时器等电路。例如，Intel 公司的 MCS-96 系列、美国国家半导体公司的 HPC16040 系列和 NEC 公司的 783xx 系列。16 位单片机可用于高速复杂的控制系统。

4. 32 位单片机

近年来，各个计算机厂家已经推出更高性能的 32 位单片机。但在测控领域对 32 位单片机的应用很少，因而，32 位单片机使用得并不多。

2.3.3　单片机的应用

单片机由于具有体积小，功耗低，易于产品化，面向控制，抗干扰能力强，适用温度范围宽，可以方便地实现多机和分布式控制等优点，因而被广泛地应用于各种控制系统和分布式系统中。

1．单机应用

单机应用是指在一个系统中只用到一块单片机，这是目前单片机应用最多的方式。主要在以下领域采用单机应用。

（1）工业自动化控制

在自动化技术中，单片机广泛应用在各种过程控制、数据采集系统、测控技术等方面。例如，数控机床、自动生产线控制、电机控制和温度控制。新一代机电一体化处处都离不开单片机。

（2）智能仪器仪表

单片机技术运用到仪器仪表中，使得原有的测量仪器向数字化、智能化、多功能化和综合化的方向发展，大大地提高了仪器仪表的精度和准确度，减小了体积，使其易于携带，并且能够集测量、处理、控制功能于一体，从而使测量技术发生了根本性变化。

（3）计算机外部设备和智能接口

在计算机系统中，很多外部设备都用到了单片机，如打印机、键盘、磁盘、绘图仪等。通过单片机来对这些外部设备进行管理，既减小了主机的负担，也提高了计算机整体的工作效率。

（4）家用电器

目前家用电器的一个重要发展趋势是不断提高其智能化程度，如电视机、录像机、电冰箱、洗衣机、电风扇和空调机等家用电器中都用到了单片机或专用的单片机集成电路控制器。单片机的使用，提高了家用电器的功能，使其操作起来更加方便，故障率更低，而且成本更低廉。

2．多机应用

多机应用是指在一个系统中用到多块单片机。它是单片机在高科技领域的主要应用，主要用于一些大型的自动化控制系统。这时整个系统分成多个子系统，每个子系统是一个单片机系统，用于完成本子系统的工作，即从上级主机接收信息，并发送信息给上级主机。上级主机则根据接收到的下级子系统的信息，进行判断，产生相应的处理命令传送给下级子系统。多机应用可分为功能弥散系统、并行多机处理系统和局部网络系统。

思考题与习题

2-1　什么是微型计算机？它由哪几个部分组成？

2-2　微处理器的运算器一般包含哪些部分？程序状态字寄存器（PSW）一般有哪些状态标志和哪些控制标志？

2-3　简述程序计数器（PC）的功能和作用？

2-4　什么是总线？总线按功能可分哪几种？

2-5　结合微型计算机的基本工作过程，阐述为什么计算机内部只能两个数相加，不能同时 3 个或 3 个以上数相加。

2-6　什么是单片机？按用途一般可分哪几类？

27

第 3 章　微型计算机中的存储器

导读

　　基本内容：本章通过微型计算机存储器多级分级结构引入半导体存储器，紧接着介绍了半导体存储器的分类和基本结构；然后分别对随机存取存储器和只读存储器进行阐述，随机存取存储器又分成静态 SRAM 和动态 DRAM，用基本单元介绍存储信息的原理，用典型芯片介绍内部结构和外部特性；随后通过典型芯片介绍了存储器与微处理器的连接；最后介绍了微型计算机存储器两种组织结构：普林斯顿结构和哈佛结构。

　　学习要点：掌握半导体存储器的分类和基本结构，随机存取存储器和只读存储器存储信息的原理和典型芯片；熟悉典型存储器芯片与微处理器的连接；了解存储器的普林斯顿结构和哈佛结构。

3.1　概述

　　存储器是计算机的重要组成部件，是计算机记忆或暂存数据的部件，计算机中的全部信息，包括原始的输入数据、经过初步加工的中间数据以及最后处理完成的有用信息都存放在存储器中。通常说的存储器分为内存储器（主存）和外存储器（辅存）两种。为了解决 CPU、内存、外存之间速度不一致（数量级上的差别）的问题，微型计算机中存储器系统采用分级结构。典型的微型计算机存储器分级结构如图 3-1 所示。

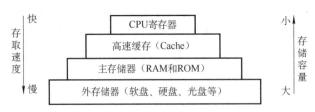

图 3-1　微型计算机存储分级结构

　　CPU 中的**寄存器**位于分级结构最顶端，它的速度最快，与 CPU 处于同一数量级；但其容量最小，非常有限；用机器语言或汇编语言编程时可以直接使用。**Cache** 位于 CPU 和主存储器之间，容量比 CPU 内寄存器大，速度也很快；在 CPU 和主存之间起一个桥梁作用；一般通过相应的硬件算法管理，对用户不透明，编程时不能直接使用。主存储器（**内存**）是计算机的一个基本组成部件，计算机工作原理中的"存储程序"和"程序控制"指的就是主存储器，CPU 可以直接对其进行读/写操作。外存储器属于微型计算机的外部设备，速度较慢，容量最大，用来存储相对来说不经常使用的可永久保存的信息。外存中的信息需要通过专门的接口电路传送到内存后，才能供 CPU 处理。一般情况下存储器都指主存储器，主存一般是半导体集成电路工艺制成的存储数据信息的半导体电子器件，简称半导体存储器。

3.1.1 半导体存储器的分类

半导体存储器的种类很多，从使用功能的角度可将其分为两大类：随机存取存储器（Random Access Memory，RAM）；只读存储器（Read Only Memory，ROM）。RAM 按照存储信息的原理可分为 SRAM（静态 RAM，Static RAM）和 DRAM（动态 RAM，Dynamic RAM）。ROM 按照电路内部结构的构成可分为 MROM（掩模型 ROM）、PROM（可编程 ROM）、EPROM（紫外线可擦除型 PROM）、E^{2}PROM（EEPROM）（电擦除的 PROM）和 Flash Memory（快擦型存储器），如图 3-2 所示。

图 3-2 半导体存储器的分类

1. 随机存取存储器（RAM）

RAM 的内容既可以读出，也可以写入或改写，所以也称为读/写存储器。它里面存放的信息断电会消失，因此又叫作易失性存储器。在微型计算机中，通常用它来暂时性存放各种输入/输出数据、中间计算结果、与外存交换的信息，以及用它作为堆栈使用。RAM 可分为 SRAM 和 DRAM。

（1）SRAM（静态 RAM）

SRAM 的存储电路以双稳态触发器为基础（一般用六管构成的触发器作为基本存储单元），有两个稳定状态，可用来存储一位二进制信息。系统只要不掉电，其存储的信息就不会丢失，故称其为"静态"RAM。SRAM 的主要特点是工作速度快，稳定可靠，不需要外加刷新电路，使用方便。但它的基本存储电路需要的晶体管多（最多需要 6 个），因而**集成度不高、容量较小、功耗较大，适于不需要大存储容量的微型计算机**。

（2）DRAM（动态 RAM）

DRAM 的存储单元以电容为基础，**通常依靠寄生电容存储电荷来存储信息**。其电路简单，集成度高。但电容总有漏电存在，时间长了信息就会丢失或发生错误。因此需要定时对电容进行充电，这个过程称为"刷新"，即定时地将存储单元中的内容读出再写入，刷新间隔通常为 2ms。由于需要定时刷新，所以这种 RAM 称为"动态"RAM。DRAM 的存取速度与 SRAM 的存取速度差不多，其基本存储电路需要的晶体管少（最少只需 1 个），集成度非常高，容量大，功耗较低，价格比静态 RAM 便宜，适于大存储容量的计算机。因此，现在微型计算机中的内存条由 DRAM 组成。

2. 只读存储器（ROM）

只读存储器写入信息后，**正常使用过程时只能读出，不能写入或改写**，所以称为"只读"存储器。ROM 中存储的信息断电后不会丢失，所以 ROM 是非易失存储器。在微型计算机中，ROM 一般用来存放固定的程序和数据，如监控程序、操作系统中的 BIOS（基本输入/输出系统），BASIC 解释程序或用户需要固化的程序等。

只读存储器根据其电路内部结构可分为以下几种：

（1）MROM：掩模型 ROM（Mask ROM）

利用掩模工艺制造，由存储器生产厂家根据用户需求进行编程。一旦制造完毕，内容不能修改，批量生产时，成本很低。它适合于成熟产品存储固定的程序和数据。

（2）PROM：可编程 ROM（Programmable ROM）

由厂家生产出"空白"存储器，用户根据需要，采用特殊方法写入程序和数据，即对存储器进行编程，但只能写入一次，写入后信息固定，不能更改，它类似于 MROM，适合于小批量使用。

（3）EPROM：紫外线可擦除型 PROM（Erasable Programmable ROM）

这是一种可以多次擦除和编程的 PROM。编程后若想修改，需先擦除里面原来的信息，擦除时应先把器件从系统上取下来，放在紫外线下照射 15min 左右，然后用专门的编程器写入程序。EPROM 的写入速度较慢，但它可以多次改写，适合用于研制和开发调试过程。

（4）E²PROM：电可擦除的 PROM（Electrically Erasable PROM）

这种存储器或称 EEPROM，它的特点是能用电信号以字节为单位进行擦除和改写，擦除时不必从应用系统上拆卸下来，而是可直接进行擦除和写入。使用起来比 EPROM 更加灵活。不过其写入时电压要求较高（一般为 20～25V），写入速度较慢。

（5）Flash Memory：快擦型存储器

Flash 这个词最初由东芝公司因为该芯片的瞬间清除能力而提出。Flash 存储器在断电情况下能保持所存储的数据信息。数据在常规电压下可删除，删除时以固定区块为单位，区块大小一般 256KB～20MB。Flash 存储器在 20 世纪 80 年代末才由 Intel 公司推出，是发展最快、前景看好的新型存储器芯片。它的主要特点是既可在不加电的情况下长期保存信息，具有非易失性，又能在线进行快速擦除与重写，兼具有 E²PROM 和 SRAM 的优点。Flash 存储器现有许多公司大批生产，其集成度与价格已经较低，是代替 EPROM 和 E²PROM 的理想器件，也是未来小型磁盘的替代品，广泛应用于笔记本计算机和便携式电子与通信设备中。

3.1.2 半导体存储器的基本结构

一般情况下，一个半导体存储器由地址寄存器、地址译码器、存储体、读/写放大器、数据缓冲器和控制电路等构成，如图 3-3 所示。

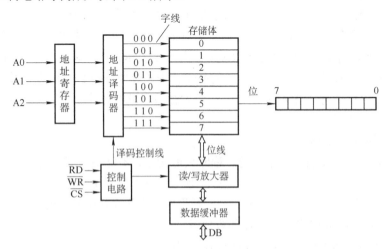

图 3-3　半导体存储器的结构框图

1. 存储体

存储体是存储单元的集合体，它由若干存储单元组成，存储单元一般按照二维矩阵的形式排列，所以又称为存储矩阵。每一个存储单元都赋予一个编号，称为存储单元地址。每一个存储单元由一位或多位组成，每一位对应于一个基本存储元件，存储 1 或 0 一个二进制位。对于存储容量为 1K（1024 个单元）×8 位的存储体，其总的存储位数为

$$1024 \times 8 \text{ 位} = 8192 \text{ 位}$$

存储器的地址用一组二进制表示，其地址线的位数 n 与存储单元的容量 N 之间的关系为

$$2^n = N$$

2. 地址寄存器和地址译码器

地址寄存器用于存放 CPU 访问存储单元的地址，经地址译码器译码后选中相应的存储单元。在微型计算机中，地址通常由地址锁存器提供。

存储器地址译码有两种方式，通常称为单译码与双译码。

（1）单译码

它的全部地址码只用一个电路译码，译码输出的字线直接选中对应的存储单元。这种方式地址位数多时译码器输出的字线较多，如图 3-3 所示，适用于容量较小的存储器。

（2）双译码

在双译码结构中，将地址译码器分成两部分，即行译码器（又叫 X 译码器）和列译码器（又叫 Y 译码器）。X 译码器输出行地址输出线，Y 译码器输出列地址输出线。行列输出线交叉处即为所选中的存储单元，如图 3-4 所示。图中具有 1024 个基本存储单元的存储体排列成 32×32 的矩阵，它的 X 译码器和 Y 译码器各有 32 根译码输出线，共 64 根，如果采用单译码方式，则有 1024 根译码输出线。因此，这种方式的特点是译码输出线较少，适用于大容量的存储器。

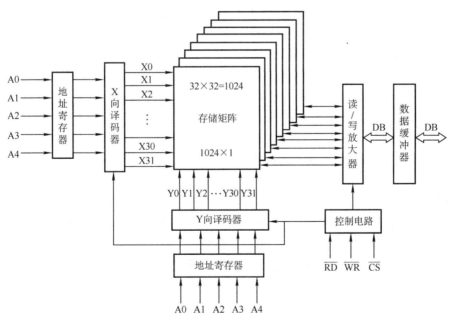

图 3-4 双译码存储器的结构框图

3. 读/写放大器和数据缓冲器

读/写放大器实现对存储体中的存储单元可靠的读和写。数据缓冲器用于暂存从存储单元

中读出的数据，或从 CPU 或 I/O 设备送来的要写入存储器中的数据。其目的是协调 CPU 和存储器之间在速度上的差异。

4．控制电路

控制电路接收 CPU 送来的启动、片选、读/写及清除等命令，经控制电路处理后，向存储器发出相应的时序信号来控制对存储单元的读和写。

3.2 随机存储器

随机存储器（RAM）主要用来存放当前运行的程序、各种输入/输出数据、中间计算结果、与外存交换的信息和作堆栈用。其存储的内容即可随时读出，也可以随时写入和修改，掉电后内容会全部丢失。RAM 可进一步分为静态 RAM 和动态 RAM 两类。

3.2.1 静态 RAM

1．基本存储单元

静态 RAM 采用触发器电路构成一个二进制位信息的存储单元。这种触发器一般由 6 个 MOS 晶体管组成，如图 3-5 所示。V1、V2 为工作管，V3、V4 分别是 V1、V2 的负载管。V1～V4 构成双稳态触发器，可以存储一位二进制信息 0 或 1。V3、V4 始终是导通，当 V1 截止→A 为高电平→V2 导通→B 为低电平→又保证 V1 可靠地截止；当 V2 截止→B 为高电平→V1 导通→A 为低电平→又保证 V2 可靠地截止。也就是说，该电路具有两个稳定状态。我们把 V1 截止 V2 导通的状态称为 1 状态，V2 截止 V1 导通的状态称为 0 状态。V5、V6 与 V7、V8 用作开关管，它们分别由 X 地址选择线和 Y 地址选择线控制。同时，V7、V8 为一列存储单元公用。

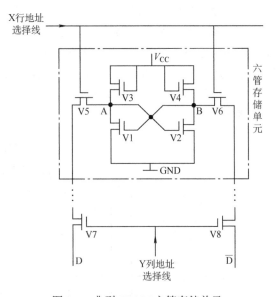

图 3-5 典型 SRAM 六管存储单元

写入时，X 行地址线和 Y 列地址线为高电平，V5、V6、V7、V8 导通选中 SRAM 六管存储电路。若写入数据 1，则 D=1，$\overline{D}$=0，由于 V5、V6、V7、V8 导通→A=1，B=0→V1 截止 V2 导通，存储单元进入 1 状态，写入 1；若写入数据 0，则 D=0，$\overline{D}$=1，由于 V5、V6、V7、V8 导通→B=1，A=0→V2 截止 V1 导通，存储单元进入 0 状态，写入 0。

读出时，同样 X 行地址线和 Y 列地址线为高电平选中 SRAM 六管存储电路。由于 V5、V6、V7、V8 导通，在读信号的控制下，A 点的状态被送到 D 线上，B 点的状态被送到 $\overline{D}$ 线上，这样，就读出了存储器原来的信息。读出后，原来存储的内容不变，所以它的读出是非破坏性的，即信息在读出后仍保留在存储电路中。

由于 SRAM 的基本存储单元中所包含的晶体管较多，故集成度较低。而且 V1、V2 两个

MOS 管总有一个处于导通状态，会持续地消耗能量，所以 SRAM 的功耗较大。这是 SRAM 的两个缺点。SRAM 的主要优点是工作稳定，不需要外加刷新电路，从而简化了外电路设计。

SRAM 的芯片有多种，典型的有 2114（1K×4 位）、6116（2K×8 位）、6264（8K×8 位）、62256（32K×8 位）和 64C512（64K×8 位）等。随着大规模集成电路的发展，SRAM 的集成度也在提高，单片容量不断增大。在存储容量大于 64KB 时，需要容量更大的 SRAM，例如 HM628128 为 1Mbit（128K×8 位），而 HM628512 芯片容量达 4Mbit（512K×8 位）。

2. 典型 SRAM 芯片 Intel 6264

Intel 6264 是一种典型的 SRAM 芯片，采用 CMOS 工艺制造，存储容量为 8K×8 位，有 8K 个单元，每个单元 8 位，共 64K 位。

（1）Intel 6264 的内部结构

Intel 6264 的内部结构如图 3-6 所示，包括以下几个部分：

1）存储矩阵：Intel 6264 内部共有 8K 个存储器单元，每个存储单元包括 8 个基本存储电路，按 256×32×8 形式排列。

2）地址译码器：Intel 6264 的存储容量为 8K×8 位，地址线是 13 根，采用双译码方式，其中 8 根用于行译码，5 根用于列译码。

3）I/O 控制电路：分为输入数据控制电路和列 I/O 电路，用于对信息的输入/输出进行缓冲和控制。

4）片选及读/写控制电路：用于实现对芯片的选择及读/写控制。

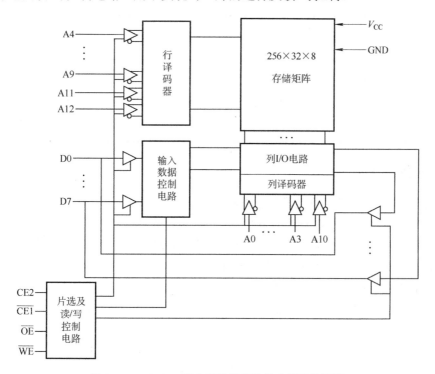

图 3-6　Intel 6264 静态存储器芯片的内部结构框图

（2）Intel 6264 的外部特性

Intel 6264 存储器芯片采用双列直插式封装，共有 28 个引脚，如图 3-7 所示。

各引脚功能如下：

A12～A0：13 根地址信号线，单向输入。通常和微处理器地址总线相连，微处理器送来的地址经地址译码器译码后可以从 8KB 存储单元中选择任意一个。

D7～D0：8 根数据信号线，输入/输出双向。通常和微处理器的数据总线相连。

$\overline{\text{WE}}$：写控制信号线，输入，低电平有效。当 $\overline{\text{WE}}$ 为低电平时，8 根数据信号线的信息通过输入数据控制电路写入被选中的存储单元。

$\overline{\text{OE}}$：输出允许信号线，输入，低电平有效。当 $\overline{\text{OE}}$ 为低电平时，被选中存储单元的数据通过 8 根数据信号线输出。

$\overline{\text{CS1}}$、CS2：片选信号线，输入，$\overline{\text{CS1}}$ 低电平有效，CS2 高电平有效。当 $\overline{\text{CS1}}$、CS2 同时有效时，选中芯片，才能对 6264 进行读/写操作。$\overline{\text{WE}}$、$\overline{\text{OE}}$、$\overline{\text{CS1}}$ 和 CS2 信号共同决定 6264 的工作方式，见表 3-1。

V_{CC}：电源。

GND：地。

NC：未定义。

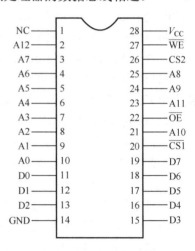

图 3-7　Intel 6264 的引脚图

表 3-1　Intel 6264 的工作方式

$\overline{\text{CS1}}$	CS2	$\overline{\text{WE}}$	$\overline{\text{OE}}$	工作方式	D7～D0
1	×	×	×	未选中	高阻
×	0	×	×	未选中	高阻
0	1	1	1	输出禁止	高阻
0	1	1	0	读	输出
0	1	0	1	写	输入

3.2.2　动态 RAM

1. 动态 RAM 基本存储单元及其工作原理

动态 RAM 通常是以 MOS 管栅极电容是否充有电荷来存储信息的，其基本单元电路一般采用单个 MOS 管或 3 个 MOS 管组成，常见的单管动态存储单元如图 3-8 所示。

图中，存储单元由 MOS 管 V1 和分布电容 Cg 构成（点画线框内），下方的列 MOS 管和刷新放大器一列的所有单元共用。

写入操作时，行、列选择信号为 1，V1 导通，该存储单元被选中，若写入 1，则数据输入/输出线送来高电平信号，经列 MOS 管、刷新放大器和 V1 向 Cg 充电，Cg 充上电荷，实现写入 1；若写入 0，则数据输入/输出线为低电平，Cg 上的电荷经 V1、刷新放大器和列 MOS 管放电，Cg 上无电荷，

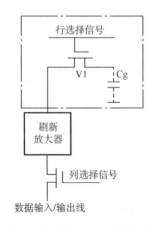

图 3-8　单管 DRAM 存储单元

实现写入 0。

读出时，先对行地址译码，产生行选择线（为高电平），使本行上所有的基本存储电路中的管子 V1 导通，于是连接在列线上的刷新放大器读出对应电容 Cg 上的电荷。刷新放大器具有很高的灵敏度和放大倍数，并能够将从电容上读取的电压值（此值与 Cg 上的 1 和 0 有关）转化为逻辑 1 和逻辑 0。此时列地址再产生列选择信号，则行和列均被选通的存储单元数据被读出，送到相应的数据输入/输出线。

当读出操作完毕，电容 Cg 上的电荷被泄放，故是破坏性读，而且被选中行的所有单元的电容 Cg 都被干扰。为使电容 Cg 在读出后仍能保持原存信息（电荷），刷新放大器又对这些电容进行重写操作，以补充电荷使之保持原信息不变。所以，读出过程实际上是读、回写过程（回写也称为刷新）。

2．典型 DRAM 芯片 Intel 2164A

动态 RAM 所需要的管子少，集成度高，单片容量比 SRAM 高，存储单元按矩阵形式排列，地址译码往往采用行、列双译码方式。

（1）Intel 2164A 的内部结构

Intel 2164A 是一种典型的动态 RAM，存储容量为 64K×1 位，基本存储单元采用单管存储电路，内部结构如图 3-9 所示。

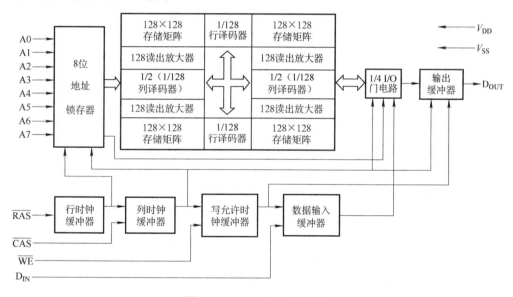

图 3-9　Intel 2164A 内部结构

主要组成部分如下：

1）存储体：64K×1 位的存储体由 4 个 128×128 的存储阵列构成。

2）地址锁存器：由于 Intel 2164A 采用双译码方式，故其 16 位地址信息要分两次送入芯片内部。但由于封装的限制，这 16 位地址信息必须通过同一组引脚分两次接收，因此，在芯片内部有一个能保存 8 位地址信息的地址锁存器。

3）数据输入/输出缓冲器：数据输入缓冲器用以暂存输入的数据，数据输出缓冲器用以暂存要输出的数据。

4）1/4 I/O 门电路：由行、列地址信号的最高位控制，能从相应的 4 个存储矩阵中选择一个进行输入/输出操作。

5）行、列时钟缓冲器：用以协调行、列地址的选通信号。

6）写允许时钟缓冲器：用以控制芯片的数据传送方向。

7）128 读出放大器：共有 4 个 128 读出放大器，与 4 个 128×128 存储阵列相对应，它们能接收由行地址选通的 4×128 个存储单元的信息，经放大后，再写回原存储单元，是实现刷新操作的重要部分。

8）1/128 行、列译码器：分别用来接收 7 位的行、列地址，经译码后，从 128×128 个存储单元中选择一个确定的存储单元，以便对其进行读/写操作。

（2）Intel 2164A 的外部结构

Intel 2164A 采用双列直插式封装，共有 16 个引脚，其引脚如图 3-10 所示。

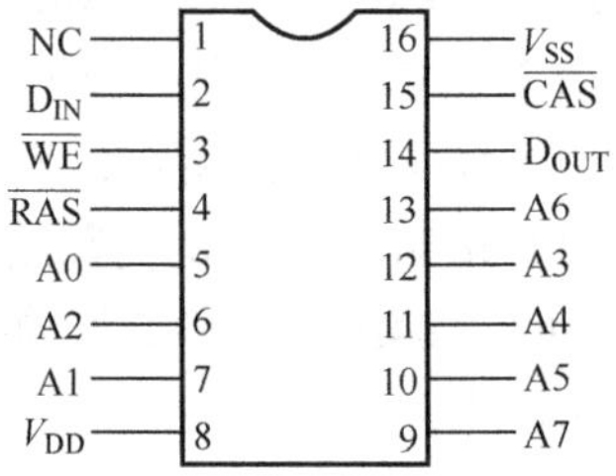

各引脚功能如下：

V_{DD}：+5V 电源引脚。

V_{SS}：地。

D_{IN}：数据输入引脚。

D_{OUT}：数据输出引脚。

A7～A0：地址信号的输入引脚，用来分时接收 CPU 送来的 8 位行、列地址。

$\overline{RAS}$：行地址选通信号，输入，低电平有效，兼作芯片选择信号。当 $\overline{RAS}$ 为低电平时，表明芯片当前接收的是行地址。

图 3-10　Intel 2164A 外部引脚图

$\overline{CAS}$：列地址选通信号，输入，低电平有效。表明当前正在接收的是列地址（此时 $\overline{RAS}$ 应保持为低电平）。

$\overline{WE}$：写允许控制信号，输入，低电平有效。当其为低电平时，执行写操作；否则，执行读操作。

NC：未用引脚。

3.3　只读存储器

只读存储器（ROM）在微型计算机正常运行过程中，只能对其进行读操作，不能进行写操作。ROM 中所存数据，一般是在装入微机前事先写好的。在断电后数据不会丢失，常用于存储各种固定程序和数据。在 ROM 发展过程中，ROM 器件产生了 MROM、PROM、EPROM、EEPROM、Flash Memory 等各种不同类型。另外 ROM 还具有结构简单，集成度高，价格低等特点。

3.3.1　只读存储器的基本原理

只读存储器类型有多种，不同类型它们的结构和原理不同，这里介绍基本的 3 种。

1. MROM

MROM 基本结构如图 3-11 所示。它是一个简单的 4×4 位的 MROM，采用单译码方式，两位地址输入，译码后，输出 4 条高电平有效的字选择线，每条字选择线选中一个字，每个字 4 位，通过 4 位位线输出。

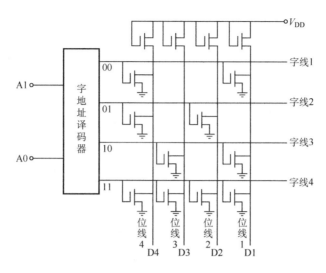

图 3-11 4×4 位的 MROM 示意图

图 3-11 中，每一个行列交叉点为一个存储单元，存储一位二进制。通过连接 MOS 管与否存储信息，有 MOS 管表示该位存储 0，没有 MOS 管表示该位存储 1。若地址线 A1A0=10，则选中 2 号字单元，字线 10 为高电平，位线 D3、D1 有管子与字线相连，MOS 管导通，相应位线 D3、D1 输出为 0，而位线 D4、D2 没有管子与字线相连，相应位线 D4、D2 输出为 1。

这种存储器的存储单元是否连接 MOS 管是工厂根据用户提供的程序对芯片图形（掩模）进行二次光刻所决定的，所以称为掩模 ROM。显然，存储器的内容取决于制造工艺，若要修改，则只能在生产厂重新定做新的掩模，用户无法自己操作编程。

2. PROM

掩模 ROM 的存储单元在生产完成之后，其所保存的信息就已经固定下来了，这给使用者带来了不便。为了解决这个问题，设计者在掩模 ROM 基础上设计了一种允许用户编程一次的 ROM 器件，即可编程的 ROM，又称为 PROM。

PROM 每个存储单元通常用一个二极管或三极管实现，图 3-12 是 PROM 存储单元的一种结构形式，用在发射极串接一个可溶金属丝的双极型三极管来实现，这种 PROM 又称为熔丝式 PROM。出厂时，所有存储单元的熔丝都是完好的，编程时，通过字线选中某个存储单元。若准备写入 1，则向位线送高电平，此时三极管截止，熔丝将保留；若写入 0，则向位线送低电平，此时三极管导通，控制电流使熔丝烧断。读出时，如果熔丝未烧断，则位线被拉到高

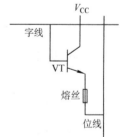

图 3-12 熔丝式 PROM 单元

电平，读出信息 1；如果熔丝已烧断，则位线仍为低电平，读出信息 0。也就是说，熔丝没有断开存放信息 1，熔丝断开存放信息 0，出厂时，所有的存储单元均存放信息 1，一旦写入 0，熔丝即烧断，也不可能恢复。所以，它只能进行一次编程。

3. EPROM

PROM 的任一单元都只能写一次，这还是很不方便的。为了解决这一问题，又出现了可擦可编程序只读存储器（EPROM）。其结构如图 3-13 所示。

基本存储单元结构如图 3-13a 所示。存储单元由 MOS 管 V1 和浮置栅极 MOS 管串接起

来组成。浮置栅极 MOS 管截止，位线读出信息为 1；浮置栅极 MOS 管导通，位线读出信息为 0。

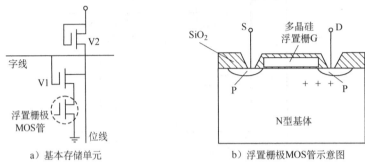

a）基本存储单元　　　　　　　　b）浮置栅极MOS管示意图

图 3-13　EPROM 结构示意图

浮置栅极 MOS 管如图 3-13b 所示。该管是在 N 型基底上做出两个高浓度的 P 型区，从中引出 MOS 管的源极 S 和漏极 D；栅极 G 由多晶硅构成，悬浮在 SiO₂ 绝缘层中，称为浮置栅。出厂时，所有的浮置栅没有电荷，源极 S 和漏极 D 之间无导电通道形成，浮置栅极 MOS 管 S、D 不导通，此时存放信息 1。如果设法向浮置栅注入电荷，就会在源极 S 和漏极 D 之间感应出一个 P 型导电通道，使 S、D 导通，此时存放信息 0。由于浮置栅悬浮在绝缘层中，所以一旦带电，电子很难泄漏，信息可以长期保存。至于能够保存多长时间，与芯片所处的环境（温度、光照等）有关，例如在 20℃可以保存 10 年以上。

消除浮置栅电荷的办法是利用紫外线光照射，由于紫外线光子能量较高，从而可使浮栅中的电荷获得能量，形成光电流从浮置栅逃逸，恢复出厂 1 状态。EPROM 芯片上方有一个石英玻璃窗口，只要将此芯片放入一个靠近紫外线灯管的小盒中，一般照射 15min 左右，读出各单元的内容均为 FFH，则说明该 EPROM 已擦除。由于紫外线光通过 EPROM 芯片的石英窗口对整个芯片的所有单元都发生作用，所以一次擦除便使整个芯片恢复为全 1 状态，部分擦除是不行的。

对 EPROM 的写入需要专用的设备或装置，写入之前应确保芯片是"干净"的，即为全 1 状态。

3.3.2　典型的 Intel 2764 系列 EPROM 芯片

Intel 2764 系列是比较典型的 EPROM 芯片，工作电压+5V，编程电压+25V（实际使用中，这个电压低一点会更安全）。该系列有 2716（2K×8 位）、2732（4K×8 位）、2764（8K×8 位）、27128（16K×8 位）、27256（32K×8 位）等。

1. 内部结构

该系列内部结构基本相同，下边以 Intel 2764 为例进行介绍。Intel 2764 存储器芯片的内部结构如图 3-14 所示。

主要组成部分包括：

1）存储矩阵： 存储矩阵由 8K×8 个带有浮动栅的 MOS 管构成，共可保存 8K×8 位二进制信息。

2）X 译码器： 又称为行译码器，可对 8 位行地址进行译码。

3）Y 译码器： 又称为列译码器，可对 5 位列地址进行译码。

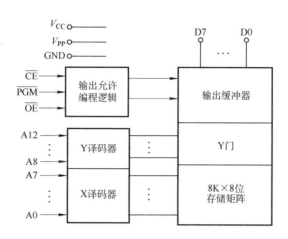

图 3-14 Intel 2764 的内部结构图

4）**输出允许、片选和编程逻辑**：实现片选及控制信息的读/写。

5）**数据输出缓冲器**：实现对输出数据的缓冲。

2. 外部结构

该系列采用双列直插式封装，有 24 引脚和 28 引脚两种形式。这个系列引脚的排列情况如图 3-15 所示（2716 和 2732 为 24 引脚）。

27256 32K× 8位	27128 16K× 8位	2764 8K× 8位	2732 4K× 8位	2716 2K× 8位
V_{PP}	V_{PP}	V_{PP}		
A12	A12	A12		
A7	A7	A7	A7	A7
A6	A6	A6	A6	A6
A5	A5	A5	A5	A5
A4	A4	A4	A4	A4
A3	A3	A3	A3	A3
A2	A2	A2	A2	A2
A1	A1	A1	A1	A1
A0	A0	A0	A0	A0
D0	D0	D0	D0	D0
D1	D1	D1	D1	D1
D2	D2	D2	D2	D2
GND	GND	GND	GND	GND

2716 2K× 8位	2732 4K× 8位	2764 8K× 8位	27128 16K× 8位	27256 32K× 8位
			V_{CC}	V_{CC}
			$\overline{PGM}$	$\overline{PGM}$
				V_{CC}
				A14
V_{CC}	V_{CC}	未用	A13	A13
A8	A8	A8	A8	A8
A9	A9	A9	A9	A9
V_{PP}	A11	A11	A11	A11
$\overline{OE}$	$\overline{OE}/V_{PP}$	$\overline{OE}$	$\overline{OE}$	$\overline{OE}$
A10	A10	A10	A10	A10
$\overline{CE}$	$\overline{CE}$	$\overline{CE}$	$\overline{CE}$	$\overline{CE}$
D7	D7	D7	D7	D7
D6	D6	D6	D6	D6
D5	D5	D5	D5	D5
D4	D4	D4	D4	D4
D3	D3	D3	D3	D3

图 3-15 Intel 2764 系列 EPROM 引脚图

引脚功能如下：

D7～D0：数据线，8 位，双向。编程时作数据输入线；读出时作数据输出线，连数据总线。

A0～Ai：地址线，输入，i 值随存储容量而定。连地址总线。

$\overline{CE}$：片选信号，输入，低电平有效。有效时选中该芯片。

$\overline{OE}$：输出允许信号，输入，低电平有效。当其为低电平时，存储单元中的数据被读出到数据线。

$\overline{PGM}$：编程脉冲信号，输入。正脉冲实现编程。

V_{PP}：编程电压输入端。编程时要求输入高电压，实际使用时应查有关技术手册。

V_{CC}：+5V 工作电源输入端。

GND：信号地。

2764 有 4 种工作方式：读方式、编程方式、校验方式和备用方式，由片选信号 $\overline{CE}$、输出允许信号 $\overline{OE}$ 和编程脉冲信号 PGM 共同决定，见表 3-2。

表 3-2　Intel 2764 的工作方式

脚信号	V_{CC}	V_{PP}	$\overline{CE}$	$\overline{OE}$	$\overline{PGM}$	数据线功能
读方式	+5V	+25V	0	0	0	数据输出
编程方式	+5V	+25V	1	1	正脉冲	数据输入
校验方式	+5V	+25V	0	0	0	数据输出
备用方式	+5V	+25V	×	×	1	高阻状态
未选中	+5V	+5V	0	×	×	高阻状态

3.4　存储器与微处理器的连接

微机系统的规模、应用场合不同，对存储器系统的容量、类型的要求也不相同。一般情况下，需要用不同类型、不同规格的存储器芯片，通过适当的硬件连接，来构成所需要的存储器系统。连接时主要要解决两个方面的问题：一个是存储器芯片如何与 CPU 连接，连接应注意哪些问题；另一个是如何用容量较小、字长较短的存储器芯片组成微型计算机所需的存储器。

3.4.1　存储器与 CPU 的连接方法

在微型计算机中，存储器与微处理器是通过总线方式连接的。微处理器提供 3 种总线：数据总线、地址总线和控制总线。存储器芯片的引脚信号按功能也可分为数据线、地址线和控制线。连接时，除了电源线和地线，一般 3 总线对应连接，即微处理器的数据总线与存储器芯片的数据线相连，微处理器的地址总线与存储器芯片的地址线相连，微处理器的控制线与存储器芯片的控制线相连。

1．数据线的连接

存储器芯片的数据线随存储器芯片的不同而不一样，由芯片的字长决定，1 位字长的芯片数据线只有 1 根，4 位字长的芯片数据线有 4 根，8 位字长的芯片数据线有 8 根。对于微型计算机，8 位机数据总线宽度为 8 位，16 位机数据总线宽度为 16 位，32 位机数据总线宽度为 32 位。如果存储器芯片的字长和微型计算机数据总线宽度相同，则存储器芯片的数据线和微型计算机数据总线的高低位直接对应相连即可；如果存储器芯片的字长小于微型计算机数据总线宽度，则要先把存储器芯片的位数扩展到和微型计算机数据总线宽度一致再对应相连。

2．控制线的连接

随机存储器 RAM，一般都有输出允许控制线 $\overline{OE}$ 和写控制线 $\overline{WE}$；只读存储器 ROM，一般来说，具有输出允许控制线 $\overline{OE}$，对于 EPROM 芯片还有编程脉冲输入线 $\overline{PGM}$。微型计算机控制总线中都有存储器读信号线 $\overline{\text{RD}}$ 和写信号线 $\overline{\text{WR}}$。连接时，RAM 的输出允许控制线 $\overline{\text{OE}}$ 和 ROM 的输出允许控制线 $\overline{\text{OE}}$ 与控制总线存储器读信号线 $\overline{\text{RD}}$ 相连；RAM 的写控制线 $\overline{\text{WE}}$ 和 ROM 的编程脉冲输入线 $\overline{\text{PGM}}$ 与控制总线写信号线 $\overline{\text{WR}}$ 相连；如果随机存储器采用的是 DRAM，则还要连接动态刷新电路。

另外，有些单片机芯片，微处理器对 RAM 和 ROM 是分开控制的，通过不同的读、写信号线来访问，连接时应注意分开。

3．地址线的连接

地址线的数目由芯片的单元数决定。单元数（Q）与地址线数目（N）满足关系式 $Q=2^N$。存储器芯片的地址线与微型计算机的地址总线按由低位到高位的顺序顺次相接。一般来说，存储器芯片的地址线数目总是少于微型计算机地址总线的数目，因此在连接后，微型计算机的高位地址线总有剩余。剩余地址线一般作为译码线，译码输出与存储器芯片的片选信号线 $\overline{\text{CE}}$ 相接。

存储器芯片有一根或几根片选信号线。对存储器芯片访问时，片选信号必须有效，即选中存储器芯片。片选信号线与微型计算机的译码输出相接，决定了存储器芯片的地址范围。在存储器扩展中，微型计算机的剩余高位地址线的译码及译码输出与存储器芯片片选信号线的连接，是存储器扩展连接的关键问题。

译码有两种方法：部分译码法和全译码法。

（1）部分译码

所谓部分译码就是存储器芯片的地址线与微型计算机的低位地址总线顺次相接后，剩余的高位地址总线仅用一部分参加译码。参加译码的地址总线对于选中某一存储器芯片有一个确定的状态，而与不参加译码的地址总线无关。也就是说，只要参加译码的地址总线通过确定状态译码后选中某一存储器芯片，不参加译码的地址总线的任意状态都可以。如此，部分译码使存储器芯片的地址空间有重叠，造成系统存储器空间的浪费。

图 3-16 中，设微型计算机的地址总线有 16 根，存储器芯片容量为 8KB，地址线为 13 根，与地址总线的低 13 位 A0～A12 相连，用于选中芯片内的单元。地址总线中 A13、A14 参加译码的选中芯片，设这 2 根地址总线的状态为 01 时选中该芯片。地址总线 A15 不参加译码，当地址总线 A15 为 0、1 两种状态时都可以选中该存储器芯片。

当 A15=0 时，芯片占用的地址：

0010 0000 0000 0000～0011 1111 1111 1111，即 2000H～3FFFH。

当 A15=1 时，芯片占用的地址：

1010 0000 0000 0000～1011 1111 1111 1111，即 A000H～BFFFH。

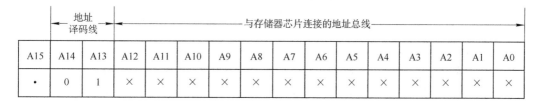

	地址 译码线		与存储器芯片连接的地址总线												
A15	A14	A13	A12	A11	A10	A9	A8	A7	A6	A5	A4	A3	A2	A1	A0
·	0	1	×	×	×	×	×	×	×	×	×	×	×	×	×

图 3-16　部分译码

可以看出，若有 N 条高位地址线不参加译码，则有 2^N 个重叠的地址范围。重叠的地址范围中每一个都能访问该芯片。部分译码使存储器芯片的地址空间有重叠，造成系统存储空间的浪费，这是部分译码的缺点。它的优点是译码电路简单。

部分译码法的一个特例是线译码。所谓线译码就是直接用一根剩余的高位地址线与一块存储器芯片的片选信号 $\overline{CE}$ 相连。这样线路最简单，但它将造成系统存储器空间的大量浪费，而且各芯片地址空间不连续。如果扩展的芯片数目较少，可以采用这种方式。

（2）全译码

所谓全译码就是存储器芯片的地址线与单片机系统的地址线顺次相接后，剩余的高位地址线全部参加译码。这种译码方法中存储器芯片的地址空间是唯一确定的，但译码电路要相对复杂。

以上这两种译码方法在微型计算机存储器系统连接中都有应用。在组建容量不大的存储器系统时，选择部分译码，可使译码电路简单，降低成本。

3.4.2　存储器与微处理器的扩展连接

1. 位数的扩展（位扩展）

在微型计算机中，存储器一般按字长进行组织和连接。不同微型计算机字长也不一样，8位、16位、32位微型计算机字长分别位 8 位、16 位和 32 位。存储器芯片存储单元的位数（字长）是固定的，比如，2114 是 $1K \times 4$ 位的 SRAM，字长是 4 位；6264 是 $8K \times 8$ 位的 SRAM，字长是 8 位等。用低位字长的存储器芯片构成高位字长的微型计算机存储器，一般采用位并联的方法。

图 3-17 是用 2 片 6264 位并联扩展得到 $8K \times 16$ 位的随机存储器。第 1 片 6264 的数据线连接到数据总线的低 8 位，第 2 片 6264 的数据线连接到数据总线的高 8 位，2 片 6264 的地址线和控制线相应地并联在一起。这样就构成了 $8K \times 16$ 位的随机存储器。

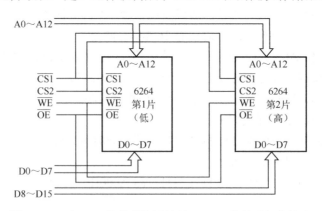

图 3-17　2 片 6264 位并联扩展得到 $8K \times 16$ 位的随机存储器

2. 容量的扩展（字扩展）

微型计算机的存储器容量一般都比较大。存储器的容量与地址总线的多少相关，地址总线的条数为 N，则微型计算机的存储器容量为 2^N。例如：地址总线为 16 根，则存储空间为 $2^{16}=64K$；地址总线为 20 根，则存储空间为 $2^{20}=1024K=1M$。用存储器芯片组建微型计算机的存储器系统时，一般都需用多片存储器芯片通过字扩展方式满足系统存储器容量要求。连接时，微处理器可以通过部分译码法或全译码法与存储器芯片相连。

（1）微处理器与存储器芯片以部分译码方式连接

微型计算机的地址总线 16 根，数据总线 8 根，图 3-18 是 2 片 6264 通过部分译码方式字扩展得到 16K×8 位的随机存储器。

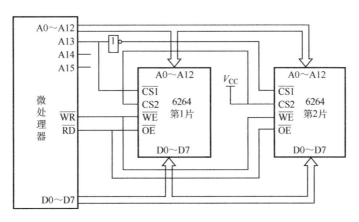

图 3-18　2 片 6264 字扩展得到 16K×8 位的随机存储器

2 片 6264 地址线并联，与微处理器地址总线低 13 位（A0～A12）对应相连；数据线并联，与数据总线 D0～D7 对应相连；输出允许控制线 $\overline{\text{OE}}$ 连接在一起，和控制总线中的存储器读信号线 $\overline{\text{RD}}$ 相连；写控制线 $\overline{\text{WE}}$ 连接在一起，和控制总线中的存储器写信号线 $\overline{\text{WR}}$ 相连；片选信号线 CS2 连在一起，接 V_{CC} 直接有效；第 1 片 6264 的片选信号 $\overline{\text{CS}_1}$ 和地址总线 A13 直接相连，第 2 片 6264 的片选信号 $\overline{\text{CS}_1}$ 和地址总线 A13 通过反相器相连；地址总线 A14、A15 没有连接。这实际上是一种部分译码方式。

地址总线 A0～A12 选择存储器芯片内部单元；地址总线 A13 为低电平时选中第 1 片 6264，为高电平时选中第 2 片 6264；地址总线的 A14 和 A15 未用，故 2 个芯片各有 $2^2=4$ 个重叠的地址空间。

2 片 6264 的地址空间分别为：

第 1 片：0000000000000000～0001111111111111，即 0000H～1FFFH；
　　　　 0100000000000000～0101111111111111，即 4000H～6FFFH；
　　　　 1000000000000000～1001111111111111，即 8000H～9FFFH；
　　　　 1100000000000000～1101111111111111，即 C000H～DFFFH。

第 2 片：0010000000000000～0011111111111111，即 2000H～3FFFH；
　　　　 0110000000000000～0111111111111111，即 6000H～7FFFH；
　　　　 1010000000000000～1011111111111111，即 A000H～BFFFH；
　　　　 1110000000000000～1111111111111111，即 E000H～FFFFH。

（2）微处理器与存储器芯片以全译码方式连接

图 3-19 是 4 片 2764 通过全译码方式字扩展得到 32K×8 位的只读存储器。

4 片 2764 存储器芯片的数据线、输出允许信号 $\overline{\text{OE}}$ 相互并联，与微处理器的相应总线连接；地址线并联，与微处理器地址总线低 13 位连接；地址总线的高 3 位连接 74LS138 译码器，译码器低 4 位输出分别连接 4 片 2764 的片选信号 $\overline{\text{CE}}$。74LS138 译码器的逻辑关系见表 3-3。

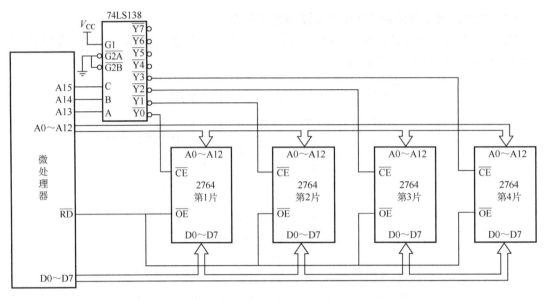

图 3-19　4 片 2764 字扩展得到 32K×8 位的只读存储器

表 3-3　74LS138 译码器的逻辑关系表

G1	$\overline{G2A}$	$\overline{G2B}$	C B A	输　出
1	0	0	0　0　0	$\overline{Y0}$ 输出为 0,其余输出为 1
1	0	0	0　0　1	$\overline{Y1}$ 输出为 0,其余输出为 1
1	0	0	0　1　0	$\overline{Y2}$ 输出为 0,其余输出为 1
1	0	0	0　1　1	$\overline{Y3}$ 输出为 0,其余输出为 1
1	0	0	1　0　0	$\overline{Y4}$ 输出为 0,其余输出为 1
1	0	0	1　0　1	$\overline{Y5}$ 输出为 0,其余输出为 1
1	0	0	1　1　0	$\overline{Y6}$ 输出为 0,其余输出为 1
1	0	0	1　1　1	$\overline{Y7}$ 输出为 0,其余输出为 1

由于剩余的高 3 位地址总线 A15、A14、A13 全部通过 74LS138 译码器形成 4 个 2764 的片选信号,所以为全译码。

4 片 2764 的地址空间分别是:

第 1 片:00000000000000000~0001111111111111,即 0000H~1FFFH;

第 2 片:00100000000000000~0011111111111111,即 2000H~3FFFH;

第 3 片:01000000000000000~0101111111111111,即 4000H~5FFFH;

第 4 片:01100000000000000~0111111111111111,即 6000H~7FFFH。

3.4.3　存储器与微处理器连接时还应考虑的问题

存储器芯片和微处理器连接时,一般就是存储器芯片的地址线、数据线和控制线分别连接到微处理器的地址总线、数据总线和控制总线上。但在实际应用中,还必须考虑一些问题。

1. 微处理器的负载能力

微型计算机系统中,CPU 通过总线与存储器芯片、外部设备接口连接。而 CPU 的总线负载能力是有限的,一般是带一个标准的 TTL 门或 20 个 MOS 器件。存储器芯片多为 MOS 电路，在小型系统中，CPU 可以直接与存储器芯片连接，但较大型的系统中，存储器容量大，连接的存储器芯片数目较多，会造成总线过载，故应增加系统总线的驱动能力。通常可以采用加缓冲器或总线驱动器等方法来实现。

2．CPU 时序与存储器芯片存取速度之间的匹配

在微型计算机工作过程中，CPU 对存储器的读/写操作是最频繁的基本操作。在存储器与 CPU 连接时，必须考虑存储器芯片的工作速度是否能与 CPU 的读/写时序相匹配，它是影响整个微型计算机工作效率的关键问题。

3.5 存储器的结构类型

在计算机内部，信息是通过二进制方式进行存储和处理的。根据处理过程中的作用，可以把信息分成两个部分：程序代码和数据。程序代码和数据在存储器中的存放也分成两种情况：一种是程序代码和数据存放在同一个存储器中，采用统一的编址方法，程序代码和数据占用不同的地址空间，存放程序代码的存储空间称为程序段（或代码段），存放数据的存储空间称为数据段，这种结构称为普林斯顿结构；另一种是程序代码和数据分别存放在不同的存储器中，存放程序代码的存储器称为程序存储器，存放数据的存储器称为数据存储器，分别采用不同的编址方法，这种结构称为哈佛结构。

3.5.1 普林斯顿结构

普林斯顿结构也称冯·诺依曼结构，它将程序代码和数据存储在统一的存储器中。程序代码的存储地址和数据的存储地址指向同一个存储器的不同物理位置，程序代码和数据的宽度相同，如 Intel 公司的 8086 中央处理器的程序指令和数据都是 16 位宽。

1945 年，冯·诺依曼首先提出了"存储程序"的概念和二进制原理，后来，人们把利用这种概念和原理设计的电子计算机统称为"冯·诺依曼结构"计算机。冯·诺依曼结构的计算机使用同一个存储器，通过同一个总线传输程序代码和数据。

冯·诺依曼结构计算机具有以下几个特点：必须有一个存储器，用于记忆程序和数据；必须有一个控制器，对整个系统进行控制；必须有一个运算器，用于完成算术运算和逻辑运算；必须有输入和输出设备，用于进行人机通信。它的结构如图 3-20 所示。

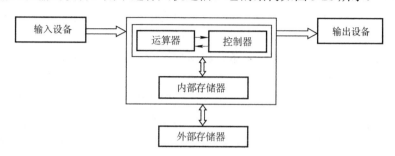

图 3-20　普林斯顿结构图

在冯·诺依曼提出这套思想时，由于程序代码和数据都是二进制码，程序代码和数据的地址又密切相关，因此，当初选择这种结构是自然的。通用微型计算机通常采用这种结构。

45

对于通用微型计算机，运算器和控制器集成为微处理器，微处理器和内部存储器一起构成主机，内部存储器和微处理器之间通过总线连接，内部存储器中存放的程序代码和数据轮流通过总线进行传送。在主机之外还有外部存储器（在计算机系统结构中外部存储器是属于输入/输出设备）。在通用微型计算机系统中，应用软件的多样性使得计算机要不断地变化所执行的代码，程序代码和数据平时存放在外部存储器中，可以长期保存，当要运行某个应用软件时，该应用软件的程序代码和数据就被装载到内部存储器，在内部存储器和微处理器之间处理，实现相应的任务。因此，通用微型计算机需要频繁地对内部存储器进行重新分配。在这种情况下，冯·诺依曼结构占有绝对优势，因为统一编址可以最大限度地利用资源。

但是，这种程序代码和数据资料共享同一总线的结构，使得数据资料的传输成为限制计算机性能的瓶颈，影响了计算机处理速度的提高。特别是在需要进行大量数据资料传送的时候，由于程序代码和数据都通过同一总线传送，微处理器将会在资料输入或输出内部存储器时闲置，这样非常不利于提高微处理器运行程序代码的速度。

3.5.2 哈佛结构

哈佛结构是一种将程序代码存储位置和数据存储位置分开的存储器结构。哈佛结构是一种并行体系结构，它的主要特点是将程序代码和数据存储在不同的存储空间中，程序代码存放在程序存储器中，数据存放在数据存储器中，程序存储器和数据存储器是两个独立的存储器，独立编址、独立访问。

哈佛结构的计算机由微处理器、程序存储器、数据存储器和输入/输出设备等组成，程序存储器和数据存储器采用不同的总线，从而提供了较大的存储器带宽，使数据的传输更加方便，提供了较高的数字信号处理性能。它的结构如图 3-21 所示。

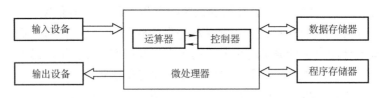

图 3-21 哈佛结构图

哈佛结构与冯·诺依曼结构相比，有两个明显的特点：第一，使用两个独立的存储器模块，分别存储指令代码和数据；第二，使用独立的两条总线，分别作为微处理器与每个存储器之间的专用通信通道，这两条总线之间毫无关联。

在哈佛结构中，微处理器可通过两条总线同时执行指令代码和传输数据，解决了冯·诺依曼结构数据资料的传输成为限制计算机性能的瓶颈问题。但是，由于程序代码和数据用不同的存储器存储，通过不同的方法访问，因此，采用哈佛结构的计算机结构复杂；冯·诺依曼结构计算机的程序代码和数据是通过一个存储器混合存储，结构简单，成本低。另外，相对于冯·诺依曼结构，哈佛结构更加适合于那些程序需要固化、任务相对简单的控制系统。

目前，使用冯·诺依曼结构和哈佛结构的微处理器都比较多。Intel 公司的通用微型计算机处理器一般都采用冯·诺依曼结构，另外，TI 的 MSP430 系列、Freescale 公司的 HCS08 系列、ARM 公司的 ARM7、MIPS 公司的 MIPS 处理器也采用了冯·诺依曼结构。而 Intel 公司的 51 系列单片机、Microchip 公司的 PIC 系列芯片、Motorola 公司的 MC68 系列、Zilog 公司的 Z8 系列、ATMEL 公司的 AVR 系列和 ARM 公司的 ARM9/ARM10/ARM11 等都采用了哈佛结构。

思考题与习题

3-1　现代计算机中的存储器系统采用了分级结构，主要用于解决哪些问题？

3-2　半导体存储器通常分哪两种？它们各有何特点？

3-3　简述半导体存储器的基本结构。

3-4　试比较静态 RAM 和动态 RAM 的优缺点。

3-5　存储器地址译码方式有几种？各有何特点？

3-6　存储器芯片的地址引脚与容量有什么关系？

3-7　什么是部分译码法？什么是全译码法？各有什么特点？

3-8　什么是存储器的位扩展？什么是存储器的字扩展？

3-9　使用下列 RAM 芯片，组成所需的存储容量，各需多少 RAM 芯片？各需多少 RAM 芯片组？共需多少寻址线？每块片子需多少寻址线？

（1）512×4 位的芯片，组成 8K×8 位的存储容量；

（2）1024×1 位的芯片，组成 32K×8 位的存储容量；

（3）1024×4 位的芯片，组成 4K×8 位的存储容量；

（4）4K×1 位的芯片，组成 64K×8 位的存储容量。

3-10　若某微机系统的 RAM 存储器由 4 个模块组成，每个模块的容量为 8KB，若 4 个模块地址是连续的，最低地址是 0000H，则每个模块的首字节地址是（1）_____；（2）_____；（3）_____；（4）_____。

3-11　使用 2764（8KB×8 位）芯片通过部分译码法扩展 24KB 程序存储器，画出硬件连接图，指明各芯片的地址空间范围。

3-12　使用 6264（8KB×8 位）芯片通过全译码法扩展 24KB 数据存储器，画出硬件连接图，指明各芯片的地址空间范围。

3-13　什么是存储器的普林斯顿结构？什么是存储器的哈佛结构？它们各有何特点？

第 4 章 输入/输出接口与中断

导读

基本内容：输入/输出设备是计算机非常重要的功能部件，输入/输出设备通过输入/输出（I/O）接口和 CPU 进行信息交换。本章首先介绍了输入/输出接口，包括 I/O 接口的概念、功能、基本结构、编址方式、分类以及微型计算机常见的 I/O 接口；其次介绍了 CPU 与外设的数据传送方式，主要涉及程序控制方式、中断控制方式和直接存储器存取方式（DMA 方式）；最后详细介绍了中断及中断技术，包括中断的基本概念、分类、功能、优先级、允许和屏蔽，以及中断的处理过程。

学习要点：掌握 I/O 接口的概念、基本结构、编址方式，数据传送方式中的程序控制方式和中断控制方式，中断的基本概念、功能、优先级、允许和屏蔽及中断的处理过程；熟悉 I/O 接口的分类，中断的分类；了解微型计算机常见的 I/O 接口，直接存储器存取方式。

4.1 输入/输出接口概述

输入/输出设备（统称为外部设备，简称外设）是计算机系统的重要组成部分。计算机通过它们与外界进行数据交换。如程序、原始数据及各种现场采集的信息，都必须通过输入设备输入到计算机，而计算机也须把计算的结果或各种控制信号送到各个输出设备，以便显示、打印和实现各种控制动作。外部设备种类繁多，其工作原理也不同，有机械式、电子式、机电式、电磁式或其他形式；传送信息类型多样，有数字量、模拟量、开关量或脉冲量；传送速度差别极大，有秒级的，也有微秒级的；传送方式不同，有串行传送、并行传送；编码方式也不尽相同，有二进制、BCD 码、ASCII 码等。因此，外部设备就不能像存储器那样直接连接到系统总线上，而必须通过各自的专用接口电路与总线连接，以便和 CPU 进行信息交换。

4.1.1 输入/输出（I/O）接口的概念

I/O 接口是计算机系统的一个重要组成部分，能够实现计算机与外界之间的信息交换，在微机系统设计和应用中都占有重要的地位。所谓接口（Interface）是指 CPU 和存储器、外部设备或者两种外部设备，或者两种机器之间通过系统总线进行连接，用来协助完成数据传送和控制任务的逻辑电路，如图 4-1 所示。它是 CPU 与外界进行信息交换的中转站，是 CPU 和外界交换信息的通道。

I/O 接口技术就是根据应用系统的需要，使用和构造相应的接口电路，编制配套的接口程序，实现计

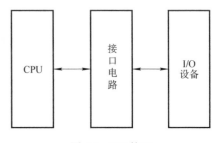

图 4-1 I/O 接口

算机与外部设备进行信息交换的技术。I/O 接口技术采用的是软件和硬件相结合的方式,其中,接口电路属于微机的硬件系统,而软件是控制这些电路按要求工作的驱动程序。任何接口电路的应用,都离不开软件的驱动与配合。因此,接口技术的学习必须注意其软/硬结合的特点。

4.1.2 I/O 接口的功能

计算机的外部设备品种繁多,CPU 在与 I/O 设备进行数据交换时存在速度不匹配、时序不匹配、信息格式不匹配、信息类型不匹配等问题,因此,CPU 与外设之间的数据交换必须通过接口来完成。通常,接口有以下一些功能:

(1)数据的寄存和缓冲功能

外部设备的工作速度都比 CPU 要慢,为了适应 CPU 与外设之间的速度差异,接口通常由一些寄存器或 RAM 芯片组成数据缓冲区,使之成为数据交换的中转站。这在一定程度上缓解了主机与外设速度差异所造成的冲突,并为主机与外设的批量数据传输创造了条件。在输入接口中,通常要设置三态门等缓冲隔离器件,仅当 CPU 选通该输入接口时,才允许选定的输入设备将数据送到系统总线,此时其他输入设备与数据总线隔离。在输出接口中,一般需要设置锁存器等锁存器件,将输出数据锁存起来。这时,外设有足够的时间处理高速系统传送过来的数据,同时又不妨碍 CPU 和总线去处理其他事件。

(2)信号转换功能

由于外设所需的控制信号和它所能提供的状态信号往往同微机的总线信号不兼容,计算机只能识别 0、1 的 TTL 电平(0~0.4V 为 0, 2.4~5.0V 为 1)或 CMOS 电平(0~1.7V 为 0, 3.3~5.0V 为 1),常需要接口电路来完成信号的电平转换。为了防止干扰,常常使用光电耦合技术,使主机与外设在电气上隔离。因此,信号转换,其中包括 CPU 信号与外设信号逻辑关系上、时序配合上以及电平匹配上的转换,就成为接口设计中的一个重要任务。例如通过电平转换驱动器来实现电平转换。

此外,系统总线上传送的数据和外设使用的数据,在数据格式、位数等方面也存在很大差异。例如,总线上传输的是并行数据,而外设需要的是串行数据,这就需要串行和并行格式的转换;如果外设传送的是模拟信号,则要进行模/数和数/模转换。

(3)地址译码和设备选择功能

即对 I/O 端口进行寻址的功能。在一个微机系统中,通常会有多个 I/O 设备,每个设备又可能有数据口、状态口和控制口等不同的端口。这就需要 I/O 接口中的地址译码电路进行地址译码以选定不同的外设和端口,只有被选定的端口才能与 CPU 进行数据交换或通信。

(4)外设的控制和监测功能

接口电路能够接收 CPU 送来的命令字或控制信号,实施对外部设备的控制与管理。外部设备的工作状况则以状态字或应答信号通过接口电路返回给 CPU,通过"握手联络"的过程来保证主机与外设输入/输出操作的同步。

(5)中断或 DMA 管理功能

在一些实时性要求较高的微机应用系统中,为了满足实时性以及主机与外设并行工作的要求,需要采用中断传送的方式;而在一些高速的数据采集或传输系统中,为了提高数据的传送速率有时还必须采用 DMA(Direct Memory Access)传送方式。这就要求相应的接口电路有产生中断请求和 DMA 请求的能力以及中断和 DMA 管理的能力,如中断请求信号的发

49

送与响应、中断源的屏蔽、中断优先级的管理等。

（6）可编程功能

现在的接口芯片大多数都是可编程的，均有多种工作方式供用户选择，在不改变硬件的情况下，只需修改程序就可以改变接口的工作方式，大大增加了接口的灵活性和可扩充性，使接口向智能化方向发展。

（7）错误检测功能

许多数据传输量大、传输速率高的接口都具有检测信号传输错误的功能。常见的信号传输错误有以下两种：

1）是物理信道上的传输错误，如信号在线路上传输时遇到干扰信号，就可能发生传输错误。检测传输错误的常见方法是奇偶检验。

2）是数据传输中的覆盖错误，这类错误是由于传输速率和接收或发送速率不匹配而造成的。如输入设备完成一次输入操作后，把所获得的数据暂存在接口内，如果在新的数据送入该接口时，CPU 还没有从接口取走数据，那么，上一次的数据将被覆盖，从而导致数据丢失。在输出操作中也可能产生类似的错误。覆盖错误导致数据的丢失，易发生在高速数据传输的场合，如硬磁盘驱动器的数据输入/输出。

上述功能并非是每种接口都要求具备的，对不同配置和不同用途的微机系统，其接口功能不同，接口电路的复杂程度也大不一样，但前 4 种功能是一般接口都应具备的基本能力。

50

4.1.3 I/O 接口的基本结构

CPU 与 I/O 设备之间通过接口电路传送的信息通常包括 3 类：数据信息、状态信息和控制信息。在接口电路中，信息通过相应的接口寄存器（又称为端口寄存器，简称端口）来存放。数据信息存放在数据口寄存器中，状态信息存放在状态口寄存器中，控制信息存放在控制口寄存器中，因此，I/O 接口电路的典型结构如图 4-2 所示。

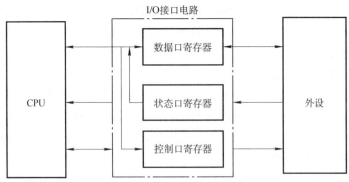

图 4-2　I/O 接口电路的典型结构

CPU 和外部设备交换的基本信息就是数据。在微型计算机中，外部设备中的数据有数字量、模拟量、开关量等。这些数据信息都是通过接口电路的数据口寄存器与微处理器实现传送的。输入时，数据先由外设和接口之间的数据线送入接口的数据口寄存器，CPU 再通过系统数据总线从接口的数据口寄存器读入；输出时，数据先由 CPU 经过数据总线写入接口的数据口寄存器，再由接口电路的数据口寄存器通过接口和外设之间的数据线送到外设。该数据口寄存器在输入时一般都有缓冲功能，输出时有锁存功能，可以实现高速 CPU 和低速外设的速度匹配。另外，由于数据口寄存器是连接在数据总线上的，为了避免总线冲突，它还具有三态输出功能。

状态信息反映了当前外设所处的工作状态，而状态口寄存器就用来记录接口电路检测到的外设的状态，CPU 只能通过数据总线读接口的状态口寄存器。对于输入设备来说，常用准备好（READY）信号来表明待输入的数据是否准备就绪，如果就绪，说明输入设备已经把数据送入接口的数据口寄存器，当 CPU 通过状态口寄存器检测到就绪状态后，就可以直接从数据口寄存器中读取输入的数据；对于输出设备来说，则常用忙（BUSY）信号或响应信号（ACK）表示输出设备是否处于空闲状态，若为空闲状态，则可接收 CPU 送来的信息，否则 CPU 要等待。当 CPU 通过状态口寄存器检测到空闲状态时，就可以直接通过数据总线把数据送入数据口寄存器，然后由接口电路把数据口寄存器的数据送给外设。

控制信息是 CPU 通过接口电路传送给外设的，而接口中的控制口寄存器就是用来存放 CPU 送来的控制信息，CPU 只能通过数据总线向控制口寄存器写入。外部设备的控制信息有很多，如控制输入/输出装置或接口启动或停止等就是常见的控制信息。当接口电路接收到 CPU 送来的控制信息后，接口电路通过内部电路产生相应的信号送往外部设备，指挥外设完成相应的工作。

需要注意的是，在图 4-2 中，接口电路的左边是通过系统总线和 CPU 相连，CPU 要使用接口电路时，需要用户在 CPU 上执行相应的指令或程序；接口电路的右边是通过相关信号线（一般称为外部总线）和外部设备连接，由接口电路控制直接对外部设备进行使用，不再需要用户进行处理。外部设备是通过接口电路使用的，我们一般所说的访问外部设备，实际上就是访问外部设备的相应接口电路。

4.1.4 I/O 接口的编址方式

外部设备与微处理器进行信息交换是通过访问相应接口电路中的端口寄存器来实现的，而每个接口电路内部都有若干个端口寄存器。CPU 如何对它们进行访问呢？在微型计算机中，CPU 对端口寄存器的访问有两种形式：存储器映射编址方式和 I/O 独立编址方式。

1．存储器映射编址方式

这种方式是将存储器单元地址与 I/O 端口寄存器地址统一编在同一地址空间中，是把 I/O 端口当作存储单元看待。每个 I/O 端口被赋予一个存储器地址，I/O 端口与存储器单元的地址做统一安排。通常是在整个地址空间中划分出一块连续的地址区域分配给 I/O 端口。被 I/O 端口寄存器占用了的地址，存储器不能再使用。CPU 通过访问存储器的指令访问 I/O 端口寄存器。图 4-3 给出了存储器映射编址方式下 I/O 端口与内存单元统一编址的示意图。Motorola 公司生产的各档微处理器、Intel 公司生产的 MCS 51/96 系列单片机，及绝大多数嵌入式处理器就是采用这种存储器映射编址方式的。

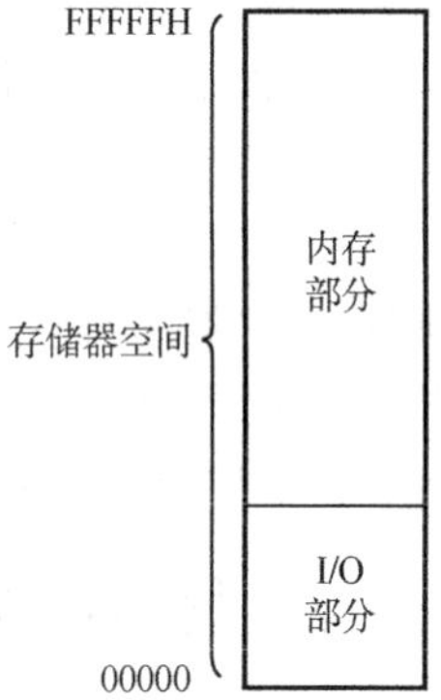

图 4-3 存储器映射编址示意图

这种编址方式的优点是：

1）CPU 对外设的操作使用存储器操作指令。访问操作灵活、方便，并且还可对端口内容进行算术逻辑运算、循环或移位等。

51

2）由于 I/O 端口寄存器的地址空间是内存空间的一部分，这样 I/O 端口寄存器的地址空间可大可小，从而使外设的数目几乎不受限制，而只受总存储容量的限制，从而大大增加了系统的吞吐率。这在某些大型控制或数据通信系统等特殊场合是很有用的。

3）不需要专门的输入/输出指令，降低了对操作码的解码难度。

该方式的缺点是：

1）端口占用了一部分存储器地址空间，使可用的内存空间减少。

2）要寻址的外设的端口地址，显然比内存单元的地址要少得多。但是，为了识别一个 I/O 端口寄存器，也必须对全部地址线译码，这样不仅增加了地址译码电路的复杂性，而且使执行外设寻址的操作时间相对增长。

3）从指令上不容易区分当前是在对内存操作还是在对外设操作。

需要说明的是，对于单片机和嵌入式微处理器，接口电路通常采用存储器映射编址方式。由于它们的接口电路和 CPU 集成在一块芯片上，处理速度较快。为了使用方便，一般给每一个接口寄存器系统都指定了一个寄存器名称，为了区别于 CPU 内的寄存器，这里的寄存器称为专用寄存器或特殊功能寄存器，这样就可以通过相应的寄存器名称来使用。

2．I/O 独立编址方式

这种方式是将接口电路中的端口寄存器和存储器单元分别编在不同的地址空间中，即端口寄存器的地址空间与存储器地址空间互相独立，CPU 对端口寄存器和存储器采用不同的访问方法，对端口寄存器采用专门的 I/O 指令进行操作。图 4-4 为 I/O 独立编址访问方式示意图。通用的微型计算机通常采用这种编址方式，如 Intel 公司的 8086/80x86 就是采用的这种方式。

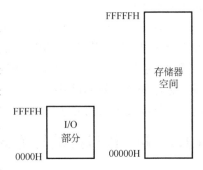

图 4-4　I/O 独立编址方式

处理器对 I/O 接口和存储单元的访问是通过不同的读/写控制信号 $\overline{IOR}$、$\overline{IOW}$ 和 $\overline{MEMR}$、$\overline{MEMW}$ 来实现的。由于系统的 I/O 端口寄存器一般比存储器单元要少得多，设置 256～1024 个接口寄存器对一般微型机系统已绰绰有余，因此选择 I/O 端口寄存器只需用 8～10 根地址线即可。

这种编址方式的优点是：

1）I/O 端口寄存器地址不占用存储器地址空间，因而不会减少存储器容量。

2）由于 I/O 地址线较少，所以 I/O 端口寄存器地址译码较简单，寻址速度较快。

3）使用专用 I/O 指令，可使程序编制得清晰，便于理解和检查。

这种方式的缺点是：专用 I/O 指令类型少，远不如存储器访问指令丰富，程序设计灵活性较差；使用 I/O 指令一般只能在累加器和 I/O 端口寄存器间交换信息，信息处理能力不强；要求处理器能提供存储器读/写、I/O 端口读/写两组控制信号，增加了控制逻辑的复杂性。

4.1.5　I/O 接口的分类

I/O 接口种类繁多，功能各异，从不同的角度有不同的分类方法。

1．按功能分类

I/O 接口按功能可分为专用 I/O 接口和通用 I/O 接口。专用 I/O 接口是为专门用途或专业设备设计的 I/O 接口，如 CRT 显示接口、打印机接口、键盘接口、磁盘接口等；通用 I/O 接口就是不针对某种用途、某类设备而设计的 I/O 接口，可以服务于多种用途和多种设备，如并行接口、串行接口、中断接口、DMA 接口等。

2. 按接口的可编程性能分类

I/O 接口按接口的可编程性能可分为不可编程接口和可编程接口。不可编程接口的电路结构及其功能是固定的，通常也比较简单。一般简单的不可编程接口电路可以由数据缓冲器、锁存器构成，如 74LS373、74LS244、74LS273、74LS245 等。

可编程接口的电路结构一般比较复杂，具有多种功能和工作方式，可以通过编程的方法选定其中一种。接口在使用时不仅需要硬件物理连接，还需要用软件编写接口程序。接口程序通常有两部分：一部分是初始化程序段，用以设定芯片的工作方式等；另一部分是数据交换程序段，用来管理、控制、驱动外设，负责外设和系统间的信息交换。可编程接口一般都以大规模、超大规模集成电路芯片的形式存在。如 8 位、16 位微型计算机时代典型的可编程接口芯片有：可编程并行接口芯片 8255A、可编程串行接口芯片 8251/8250、可编程中断接口芯片 8259A、可编程定时器/计数器芯片 8253/8254、可编程 DMA 接口芯片 8237A 等。到了 32 位、64 位微型计算机阶段，可编程接口芯片的集成规模也在不断增大，如 82380、82C206、82801 等。它们已能够把可编程并行接口、可编程串行接口、可编程中断接口、可编程定时器/计数器、可编程 DMA 接口等集成在一起，功能更加强大，使用更加灵活。

3. 按接口与外设间数据传输形式分类

I/O 接口按接口与外设间数据传输形式可分为并行接口和串行接口。并行接口的数据多位同时进行传输；串行接口的数据一位一位传输。需要说明的是，这里并行、串行是指 I/O 接口和外部设备之间的数据传输方式，而对于 I/O 接口和 CPU 系统总线间，由于系统数据总线是并行的，所以它们之间的传输只能是并行的。那么串行接口必须能够实现并行和串行数据间的转换，内部包含并/串转换的相关电路，而并行接口则无须这样的电路。

并行接口和串行接口各有优点：串行接口的优点是信号传输连线少，传输距离远，实现成本低；并行接口的优点是传输速度高，一次即可同时传输 8 位甚至更多位的数据。在实际中要根据计算机与外设之间的距离和对信息传送速度要求的不同来选择用哪种接口。通常对速度要求不高、距离传输较远的场合，选用串行接口；否则，选用并行接口。

4.2 CPU 与外设的数据传送方式

微型计算机连接的外部设备和 I/O 接口有很多，不同的外部设备和 I/O 接口的结构和功能各不相同，处理速度也不一样。有的外部设备工作速度相当高，如磁盘机的传输速度达到每秒几兆字节，甚至更高；而有的外设由于机械和其他因素所致，速度很低，如打印机、键盘等，速度为每秒几个字节到几十个字节。那么，这些不同速度的外设如何同 CPU 进行数据传输呢？为保证这些外设都能够高效的工作，CPU 通常采用以下几种方式控制外设进行数据传送：程序控制方式；中断控制方式；直接存储器存取方式（DMA 方式）。

4.2.1 程序控制方式

程序控制方式是指在程序中安排相应的 I/O 指令来控制输入和输出，完成和外设信息交换的传送方式。这种方式何时进行数据传送是预先知道的，所以可以根据需要把有关的 I/O

指令插入到程序的相应位置。

根据外设的不同性质，这种传送方式又可分为无条件传送方式和查询传送方式。

1. 无条件传送方式

无条件传送方式是一种最简单的程序控制传送方式。适用于外部设备控制过程的各种动作时间是固定的且是已知的场合，CPU 输入/输出前不需要查询外设的工作状态，默认外设始终处于准备好状态，直接用 I/O 指令与外设进行数据传送。例如：开关可作无条件输入设备，CPU 随时都可以读入进行相应的处理，比如读入 0 状态，表示开关闭合，读入 1 状态，表示开关断开；发光二极管、数码管可作无条件输出设备，CPU 什么时候需要显示就通过 I/O 指令送显示的信息；还有像继电器、步进电动机等可作无条件输出设备，它们随时都处于准备好状态，CPU 任何时候都可以对它们进行操作。

无条件传送方式所要求的接口电路一般只需要用译码电路加输出有锁存、输入有缓冲功能的电路即可构成。译码电路给输出锁存器或输入缓冲器提供相应的地址，输出锁存器或输入缓冲器就作为接口电路的数据端口。CPU 需要时，通过一条 I/O 指令对这个数据端口进行读/写，就能完成对外部设备的数据传送操作。

2. 查询传送方式

无条件传送在数据传送之前对外设的工作状态不做任何检测，默认外设始终处于"就绪"状态，只要 CPU 需要，随时可进行输入或输出操作。但对许多外设来说，这种条件是很难具备的。例如，有些与 CPU 异步工作的外设，其工作状态总在变化，或工作速度相对 CPU 来讲过慢，如果不了解外设当前的工作状态就直接进行输入或输出将很难保证传送数据的正确性。

查询传送方式（或称条件传送方式）是指 CPU 通过查询 I/O 设备的状态决定是否进行数据传输的方式。采用这种方式时，CPU 在数据传送之前先对外部设备的状态进行查询，当输入外设处于已准备好状态或输出外设为空闲状态时，CPU 才与外设进行数据交换，否则，一直处于查询等待状态。

为了使 CPU 能够查询到外设的状态，外设接口除了数据端口外，还需要再提供一个专门的状态端口，用来存放状态信息供 CPU 查询。数据端口和状态端口有不同的端口地址。

对于查询传送方式来说，一次传送过程一般包含 3 个环节，如图 4-5 所示：

1）CPU 从接口读取状态字。

2）CPU 检查状态字的相应位是否满足"就绪"条件，如果不满足，则转 1），再读取状态。

3）若状态字表明已处于"就绪"状态，则开始传送数据。

在查询传送方式下，CPU 首先读外设接口的状态端口，检查状态字中的状态位，只有在外设处于"就绪"状态时，才与外设进行数据传送，否则，一直处于查询等待状态。在输入场合，"就绪"说明输入接口已准备好送往 CPU 的数据，正等着 CPU 来读取；该状态也可用接口中数据缓冲器已"满"来描述。在输出场合，"就绪"说明输出接口已做好准备，等待接收 CPU 要输出的数据，该状态也可用接口数据缓冲器已"空"、接口（外设）"闲"或"不忙"来描述。在实际过程中，可能由于外

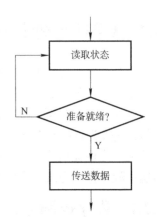

图 4-5 查询传送方式流程图

设故障导致不能"就绪"，使查询程序进入一个死循环。为解决这个问题，通常可采用超时判

断来处理这种异常情况，即循环程序超过了规定时间，则自动退出该查询环节。

查询传送方式传送数据比无条件传送方式传送数据的可靠性高，接口电路也较简单，硬件开销小，软件容易实现。但采用这种方式时，CPU 要不断地查询外设，没有准备"就绪"就等待，外设工作速度低时会造成 CPU 大量时间都处于循环等待的状态；而且 CPU 与外设不能并行工作，各种外设也不能并行工作，因此，信息传送的效率比较低，CPU 的利用率不高。所以，查询传送方式一般用于 CPU 不太忙且对传送速度要求不高的情况。

4.2.2　中断传送方式

查询传送方式比无条件传送可靠性高，但 CPU 需要主动地、不断地读取状态字和检测状态位，当外设未准备就绪，CPU 就得等待。这些过程占用了 CPU 大量的工作时间，而 CPU 真正用于传输数据的时间却很少。这就导致了计算机的工作效率很低，尤其在外设比较多的情况下这个问题更加严重。由于 CPU 只能轮流对每个外设进行查询，而这些外设的速度往往并不相同，这时 CPU 显然不能很好地满足各个外设随机地对 CPU 提出的输入/输出服务要求，因而不具备实时处理能力。可见，在实时系统以及多个外设的系统中，采用查询方式进行数据传送往往是不适宜的。为了提高 CPU 的工作效率并使系统具有实时输入/输出性能，我们通常采用中断传送方式。

中断是一种使 CPU 暂停正在执行的程序而转去处理特殊事件的操作。即当外设的输入数据准备好，或输出设备可以接收数据时，便主动向 CPU 发出中断请求，CPU 可中断正在执行的程序，转去执行为外设服务的操作，服务完毕，CPU 再继续执行原来的程序。被中断的原程序称为主程序；为外设服务的输入/输出程序称为中断服务程序，中断服务程序事先存放在内存中的某个区域，其起始地址称为中断服务程序的入口地址；主程序被中断的位置称为断点，该点的地址称为断点地址，它也是中断服务程序返回到主程序时的返回地址。

采用中断传送方式时，CPU 和外设可以并行工作，外设在准备阶段，CPU 可以做其他的工作，外设准备好向 CPU 发中断请求，CPU 收到中断请求后再和外设进行数据传送，大大提高了 CPU 的工作效率。微机系统连接的外部设备很多，不同设备的工作速度不同，采用中断传送方式时，当哪个外部设备准备好，向 CPU 发中断请求，CPU 就和它进行信息传送，所以中断传送方式实时性也很高。另外，对于系统可能遇到的一些随机事件，如突然断电、机器出现某种故障、运算错误等，要求 CPU 能具有实时响应和处理随机事件的能力，这也需要采用中断传送方式。

现在微型计算机的大部分外部设备都采用中断传送方式，处理比较复杂，传送时涉及很多方面的内容和知识，在 4.3 节中我们会专门介绍。

4.2.3　直接存储器存取（DMA）传送方式

中断传送方式为 CPU 省去了查询外设状态和等待外设就绪的大量时间，提高了 CPU 的工作效率，还满足了外设的实时要求。但是中断传送方式和查询传送方式一样，数据传送是通过 CPU 执行程序来实现的，传送时都要 CPU 参与，而且每一次传送一般只能完成一个字节或一个字的传送。另外，为了不影响主程序的正常处理，采用中断传送方式时，每一次数据传送前都要对一定的信息进行入栈保护，传送后又要出栈恢复，这在一定程度上增加了系统开销，降低了数据传送速度。对于 CPU 和外设之间的少量数据传送没有什么问题，非常方便，但如果是外设与外设之间、外设与存储器之间、存储器与存储器之间的数据传送就会遇到问题，传送时都要先把数据传送到 CPU，再由 CPU 送出去，这样势必会降低传送的效率。特别是外设和存储器之间、存储器和存储器之间的数据传送，传送的数据量一般都比较大，如果还是通过中断方式传送，每一次一个字节或一个字的传送，每个字节传送还要增加很多额外的开销，最后传送的速度就非常慢，远远不能满足大批量数据传送的要求。为了解决这个问题，人们提出了新的解决方法，即直接存储器存取（DMA）传送方式。

直接存储器存取（Direct Memory Access，DMA）方式，也称为成组数据传送方式，是一种不需要 CPU 介入，外设和存储器之间、存储器和存储器之间直接交换信息的成块传送数据的方式。在采用这种传送方式时，外设和存储器之间、存储器和存储器之间的高速数据传送通过一种专门接口电路——DMA 控制器（DMAC）来完成。DMAC 具有独立的访问存储器能力，它能像 CPU 那样提供内存的地址和必要的读/写控制信号，将数据总线上的信息写入存储器或从存储器读出。在 DMAC 的管理下，外设和存储器可直接进行数据交换，大大提高了数据传送速度。在传送过程不需 CPU 干预，减轻了 CPU 的负担，对于大批量数据传送特别有用。但这种方式要增加专门的 DMA 控制器，电路结构复杂，硬件开销大，通常用在通用微型计算机和高档嵌入式计算机中。

4.3 中断及中断技术

最初，中断只是作为计算机与外设交换信息的一种控制方式出现的。如前所述，当 CPU 与外设采用查询方式传送数据时，CPU 将花费大量的时间在状态查询和等待上，效率较低。而引入中断概念后，CPU 与外设可以同时工作，极大地提高了系统效率。随着相关技术的逐步完善，中断已不仅仅局限在数据交换这一领域，还成为了现代计算机必备的重要功能部件和处理方法。

4.3.1 中断的基本概念

所谓中断，是指计算机在正常执行程序的过程中，由于某事件的发生使 CPU 暂时停止当前程序的执行，而转去执行相关事件的中断服务程序，结束后又返回原程序继续执行，这样的一个过程就是中断。中断过程如图 4-6 所示。

从图 4-6 可以看出，中断过程与子程序调用过程有些相似，但要注意中断的处理过程和子程序调用完全不同：①子程序调用是程序员根据需要事先在程序中安排子程序调用指令，完全受用户控制；子程序和当前的程序段紧密相关，否则就没有意义；当 CPU 执行到调用指令时，就转去子程序执行，是纯软件处理。②而在中断的处理过程中，中断请求可能由用户提出，也可能由外部设备触发，还可能是计算机处理过程中产生意外；中断事件往往和 CPU 当前正在执行的指令没有任何关系；发生的时间对 CPU 来说也不确定，可能发生在一个程序执行期间的任何时刻，是程序员无法预料的；中

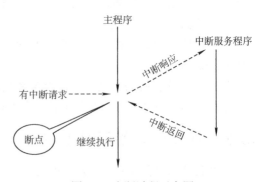

图 4-6　中断过程示意图

断的处理比较复杂，涉及软件和硬件两个方面的内容。

中断最初的目的是为了解决高速 CPU 与低速外设之间的速度匹配问题，而实际上现在的中断功能已远远超出了预期的设计，中断的概念延伸了，除了传统的外部设备引起的中断外，产生了内部软件中断、指令执行过程错误的异常中断等。

4.3.2　中断的分类

引起中断的事件称为中断源。根据引起中断的事件来自于 CPU 内部还是外部，可把中断分为外中断（也称为硬件中断）和内中断（也称为软件中断）；根据进入中断的方式可分为自愿中断和强迫中断；根据中断的重要程度可分为可屏蔽中断和不可屏蔽中断。这些分类方法之间存在交叉。本书主要从外部中断和内部中断的角度来讨论中断的分类。

1. 外部中断

凡是由主机外部事件引起的中断称为外中断，这类中断大部分由外部设备发出，如 I/O 信息传送请求、I/O 传送结束处理中断、I/O 接口和外设故障中断等。这类产生中断的事件往往与执行的程序无关，且不具备可预测性和可重复性。因此，CPU 会在每条指令执行完毕后，主动检测外设是否在上一个指令周期发出过中断请求，并根据检测结果决定是否改变 CPU 的执行流程。

2. 内部中断

发生在 CPU 内部的中断称为内中断，也称为内部异常，指由于 CPU 当前执行的指令所引起的中断。与外部中断不同的是，这类中断往往具有可预测性或可再现性。如溢出中断，只要发生溢出的指令和数据没有被修改，再次执行程序溢出仍将发生。再比如程序中设置的断点，也具有可预测性或可再现性。

异常产生的原因有硬件故障和程序性异常，根据异常产生的方式和导致异常的指令是否能够被重新执行，异常又可分为故障（Fault）、自陷（Trap）和终止（Abort）。

（1）故障

故障是一种可以被纠正的异常，并且一旦被纠正，程序就可以继续运行。当出现一个 Fault，处理器会把机器状态恢复到产生 Fault 之前的状态。此时，异常处理程序的返回地址指向产生 Fault 的指令，重新执行。

（2）自陷

自陷是一种预先被安排的"异常"事件，通过某种方式将 CPU 设定为处于某种状态，在程序执行过程中，当某条指令执行后使设定的状态出现时，CPU 调出相应的处理程序进行处理。一般情况下，当处理程序执行完毕后，CPU 将转入到发生"自陷"指令的下一条指令处执行。例如单步自陷、溢出自陷、除零自陷等。

（3）终止

终止是在系统出现严重的、不可恢复的事件时触发的一种异常。产生这种异常后，正执行的程序不能恢复执行，系统要重新启动才能恢复到正常运行状态。与前面两种异常不同的是，这类异常不是由指令产生，往往是由于系统故障导致的，如计算机硬件系统故障。

外部中断一般是可以屏蔽的，可根据情况允许和屏蔽。内部中断一般是不可屏蔽的，如果发生要求马上处理，否则会发生意料不到的结果。

需要说明的是，不同的计算机体系结构和不同的教材对中断和异常的定义不尽相同，如

Power PC 体系结构把两者都称为异常；80x86 则把两者都称为中断，其中来自于 CPU 外部的中断称为外中断或硬件中断，来自于 CPU 内部的中断称为内中断、软件中断或异常。大部分单片机中都称为中断，嵌入式系统中一般都称为异常。

4.3.3 中断的功能

现代计算机系统中中断的功能相当丰富，主要功能包括以下几种：

（1）实现主机和外设并行处理

有了中断功能，可以实现 CPU 和多个外设同时工作，只有当它们彼此需要交换信息时才产生"中断"。因此，CPU 可控制多个外设并行工作，大大提高了 CPU 的工作效率。

（2）实现实时处理

计算机在应用于实时控制时，各种外设提出请求的时间都是随机的，且要求 CPU 能迅速响应和及时处理。有了中断功能，就可以方便地实现这种实时处理功能。

（3）实现故障处理

CPU 在运行过程中，常常会出现一些突发性故障，如电源掉电、存储器错误、运算出错等，可以利用中断功能自行及时处理。

（4）实现程序调试

在测试程序的过程中，常常需要查看程序执行的中间结果，比如某条指令或某程序段执行的中间结果，为此，可以在程序中的适当位置设置断点，通过断点中断来实现。

（5）实现人机交互

现在计算机中的键盘、鼠标等人机交互设备都是通过中断方式实现的。

4.3.4 中断的优先级

产生中断的事件很多，在一个计算机系统中，中断源往往有多个。那么，在计算机工作过程中难免会出现几个中断源同时请求中断的情况，但 CPU 在某个时刻只能对一个中断源进行响应，那应该响应哪一个呢？这就涉及中断优先级控制问题。

在实际系统中，往往根据中断源的重要程度给不同的中断源设定优先等级。当两个或多个中断源提出中断请求时，优先级高的先响应，优先级低的后响应。另外，当 CPU 正在处理某优先级的中断时，应能响应更高一级的中断请求，并且屏蔽同级或较低优先级的中断请求。在计算机中，判断中断优先级的方法有 3 种：软件查询、硬件排队和专用中断控制器。

1. 软件查询方式

软件查询方式的接口电路一般如图 4-7 所示，将各个中断源的中断请求信号 INT0～INT7 线连接到 CPU 的中断请求输入端 INTR，只要有一个中断源的中断请求信号有效，就通过 INTR 向 CPU 提出中断请求。CPU 响应 INTR 中断后，在 INTR 中断服务程序中通过三态缓冲器读入所有中断源的中断请求信号，然后依次检查各中断源的中断请求信号是否有效，有效就转到相应的中断服务程序去。在

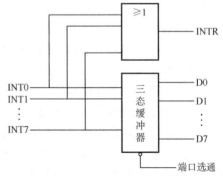

图 4-7 软件查询接口电路示意图

这个处理过程中，先查询的中断源先处理，优先等级高；后查询的中断源后处理，优先等级低。

软件查询方法的优点是接口电路简单，且中断源的优先等级可以通过改变程序中的查询顺序而改变，使用灵活方便。缺点是中断源较多时，由查询转到相应中断服务程序的时间较长。因而，此方法一般用于中断源较少、对实时性要求不高的场合。

2．硬件排队方式

采用硬件排队方式可以缩短中断优先级的判断时间。硬件排队方式的中断优先级判断电路常用的有中断优先权编码电路和链式优先权排队电路。这里以优先权编码电路来说明本方式的中断优先级判断原理。

用硬件编码器和比较器构成的优先权硬件排队电路如图 4-8 所示。其中，有 8 个中断源 INT0～INT7 连接到或门 2 的输入端，只要有一个中断源有效，通过或门 2 就可以送出中断请求；8 个中断源同时又连接到 8-3 优先权编码器的输入端（编码数字小的优先权高），当有一个或多个输入有效时，8-3 优先权编码器输出端将得到数字小的输入端的编码。例如：当 INT1 和 INT2 同时有效时，因为 INT1 优先，所以编码器将输出 INT1 对应的编码 001。处理时分以下两种情况：

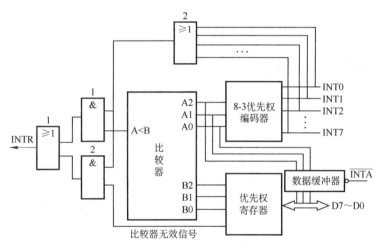

图 4-8　中断优先级编码电路

1）如果当前没有正在服务的中断，则优先权寄存器的"比较器无效信号"有效，输出高电平，选通与门 2，或门 2 送来的中断信号通过与门 2 送到或门 1，再通过或门 1 将中断请求信号送往 CPU 的 INTR，CPU 响应中断后送出 $\overline{INTA}$ 中断响应信号，控制从优先权编码器输出端读出中断的编码，编码一方面送 CPU 进行相应的中断处理，另一方面送入优先权寄存器把当前响应的中断编码记录下来。

2）如果当前有正在服务的中断，编码号已记录在优先权寄存器中。此时，优先权寄存器的"比较器无效信号"无效，输出低电平，封锁与门 2。如果当前正在响应的中断为 INT0，编码为 000（优先权高于编码器输出的中断源 INT1 的编码 001），那么，比较器的"A<B"端无效，输出低电平，又封锁了与门 1，中断请求信号 INTR 就不能通过或门 1 送给 CPU，不会响应新的中断（INT1 中断）；而如果当前正在响应的中断为 INT3，编码为 011（优先权低于编码器输出的中断源 INT1 的编码 001），那么，比较器的"A<B"端有效，输出高电平，

开放与门 1，中断请求信号能够通过与门 1 送或门 1，再通过或门 1 送给 CPU，就可以响应新的中断（INT1 中断），形成中断嵌套。

所谓"中断嵌套"，是指在中断过程中，CPU 又收到优先权更高的中断请求，如果此时中断是开放的，就会中断当前的中断处理过程，形成新的中断。也就是说，优先级高的先服务，CPU 将先执行优先级更高的中断服务程序，待返回后再继续执行被打断的中断服务程序，这样就形成了中断嵌套。只要条件满足，这样的嵌套可以发生多次。

在第二种情况下，当 CPU 响应中断形成中断嵌套的同时也要送出 $\overline{INTA}$ 中断响应信号，控制从优先权编码器输出端读出中断的编码，一方面送 CPU 进行相应的中断处理，另一方面也送入优先权寄存器把当前响应的中断编码记录下来。

3. 专用中断控制器方式

该方法是用一个专门的中断优先级控制器来解决中断优先权的管理，它功能强大，是当前微型计算机中常用的方法。

通常中断控制器由以下几个部分组成：中断请求寄存器、中断屏蔽寄存器、中断优先权管理逻辑、中断类型寄存器、当前中断服务寄存器等。中断控制器中的中断请求寄存器、中断屏蔽寄存器都可以编程，当前中断服务寄存器也可以用软件控制，而且优先级的排列方式也是通过指令设置的，所以可编程中断控制器使用起来很灵活、方便。例如，8086 微型计算机的中断系统就利用 Intel 公司生产的中断控制器 8259A 来实现中断优先权管理的。

4.3.5 中断的允许和屏蔽

当中断源提出中断请求，CPU 检测到后是否立即进行中断处理呢？结果不一定。CPU 要响应中断，还受到中断系统多个方面的控制。

1）CPU 中断的开放和关闭。这是指 CPU 对整个中断系统的状态，只有当 CPU 处于打开中断的状态，才能接收外部的中断请求；反之，当 CPU 处于关闭中断状态时，则不接收外部的中断请求。它通过 CPU 的开中断命令和关中断命令实现。在实际处理过程中，当 CPU 开放中断后，可以接收所有中断源的中断请求并响应，如果当 CPU 响应某个中断后不想再接收其他的中断请求，只想为已接收的中断服务，那么在进入中断服务前应该把中断关闭，服务完毕后再把中断开放，以接收新的中断请求。

2）中断的允许和屏蔽。CPU 中断的开放和关闭是 CPU 对所有中断的控制，中断的允许和屏蔽一般分别对各个中断源控制。在微型计算机系统中，为了便于对各个中断源进行管理，对每个中断源一般都设置了允许和屏蔽控制，允许后中断请求信号才能被送到 CPU 进行处理。每个中断源一般通过寄存器中的一位来管理，在有的计算机系统中称为中断允许寄存器，置 1 为允许，清 0 为屏蔽；在有的计算机系统称为中断屏蔽寄存器，置 1 为屏蔽，清 0 为允许。

3）当 CPU 正在响应中断时，屏蔽同级中断和低优先级中断，允许高优先级中断形成中断嵌套。

4.3.6 中断的处理过程

不同的计算机对中断处理的具体过程可能不尽相同，但一个完整的中断处理按顺序一般包括以下几个基本过程：中断请求、中断源识别、中断响应、中断服务和中断返回。如图 4-9 所示。

60

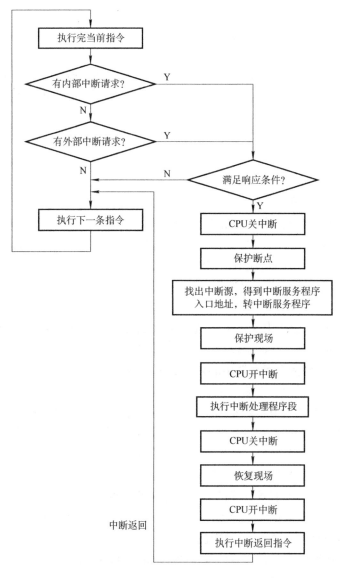

图 4-9　CPU 中断处理基本过程

1. 中断请求

中断请求是中断源需要中断时向 CPU 发出的请求信号，不同的中断源向 CPU 发请求信号的过程不一样。对于内部中断，当 CPU 内部相应事件发生就向 CPU 发中断请求；对于外部中断，当外部设备需要时就向 CPU 发中断请求，并且优先级判别电路能自动进行优先级判别。由于每个中断源发出请求的时间是随机的，而中断要满足一定的条件才能被响应，也就是说中断请求信号需要保持一定的时间。因此，当中断源的中断事件发生后，一般先将中断请求信号保存到中断请求触发器中，每一个中断源对应一个中断请求触发器，多个中断请求触发器组成中断请求寄存器（又称为中断标志寄存器），当中断源发出中断请求，则中断请求寄存器中对应位置 1，向 CPU 申请中断。CPU 响应中断时，根据中断请求寄存器的内容进行相应的中断处理。

61

2．中断源识别

计算机是程序式工作方式，每时每刻都在执行指令，而 CPU 在指令执行的每一个机器周期都会检测系统有无中断发生，检测时根据系统各中断源的优先权顺序，一般先检查内部中断后检查外部中断，先检查不可屏蔽中断后检查可屏蔽中断。检查到有中断请求后，CPU 会记录下中断类型号码，然后根据当前情况和中断源的具体情况进行相应的处理。

3．中断响应

CPU 检测到中断请求信号后，要响应中断还要满足一定的条件。满足 CPU 响应中断的条件主要有以下几条：

1）CPU 中断是开放的。

2）对应中断未被屏蔽。

3）CPU 已执行完当前指令，已处于当前指令的最后一个机器周期。

4）当前指令不是开中断、中断返回以及对中断初始化的指令。如果是这些指令，那么 CPU 执行完这些指令后，还有再执行一条指令才能响应中断。

满足以上条件后，CPU 就响应当前中断，进入中断响应处理，在这个时间段内，CPU 要完成以下工作：

1）关中断，即临时禁止中断请求，这是因为 CPU 响应中断后要进行必要的中断处理，此时不允许别的中断请求打断，所以自动实现关闭中断。

2）保存断点，即将标志寄存器中的内容和 CPU 响应中断时的下一条指令的地址（断点地址）压入堆栈保存，以便于中断结束后能够返回到断点位置的下一条指令继续执行。有些计算机在中断系统中设置了中断触发标志位，这时还会把相应的触发标志位置 1。

3）形成中断服务程序的入口地址并送程序指针寄存器，以便转移到相应的中断服务程序。中断服务程序入口地址的获得方法一般有两种：向量中断法和非向量中断法。

① 向量中断法。这里首先阐述几个有关的概念：

中断向量：通常将中断服务程序的入口地址称为中断向量。

中断向量表：中断向量的集合就是中断向量表，也就是中断服务程序入口地址的集合，通常按一定规律放置在存储器中一个固定区域。

中断类型号：中断源提供的识别中断类型的编码，CPU 可根据该编码计算得到中断向量在中断向量表的地址（向量地址）。

中断向量、中断向量表、中断类型号和中断向量在中断向量表的地址（向量地址）之间的关系如图 4-10 所示。中断类型号一般按自然数从 0 开始为各中断源编码，中断向量表中的中断向量从类型号 0 开始依次放置到存储器中。中断响应时，通过识别中断源获得中断类型号，然后通过公式（起始地址＋中断向量的长度×中断类型号）得到向量地址，再根据向量地址从中断向量表中取出中断服务程序的入口地址送程序指针，CPU 就可以转到中断服务程序开始执行任务了。这种处理方法就是所谓的向量中断法。

向量中断法管理的中断源数目较多，主要用在通用的微型计算机中。例如，80x86 的中断服务程序入口地址的获得就是采用的向量中断法。图 4-11 是 80x86 的中断向量表，80x86 有 256 个中断源，中断类型号 n 的取值为 0～255，每一个中断的中断向量占 4B，256 个中断的中断向量组成的中断向量表总共 1KB，从内存储器的 00000H 单元开始存放。向量地址等于 $4n$。因此，80x86 响应中断得到中断类型号后，从内存的 $4n$ 单元就可以得到中断服务程序的入口地址，从而转到对应的中断服务程序。

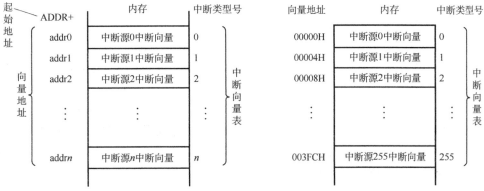

图 4-10 中断向量、中断向量表、中断类型号　图 4-11　80x86 中断向量表和向量地址的关系

② 非向量中断法。非向量中断的中断响应方式为：CPU 在响应中断请求时，只产生一个固定的地址给程序指针寄存器，该地址就是中断服务程序入口地址，从而 CPU 转到对应的位置去执行中断服务程序。非向量中断管理的中断源数目较少，通常用在一些单片机系统中。

4. 中断服务

CPU 响应中断后，程序指针寄存器中得到中断服务程序的入口地址，CPU 就转到中断服务程序处执行。中断服务程序中通常要做以下 5 件事情：

（1）保护现场

CPU 响应中断时自动将标志寄存器内容和断点地址入栈保护，但主程序中使用的寄存器的保护则由用户视使用情况而定。由于在中断服务程序中要用到某些寄存器，若不保护这些寄存器在中断前的内容，当执行中断服务程序而修改了寄存器的内容时，从中断服务程序返回主程序后，程序便不能正确执行。用户对这些寄存器的内容压入堆栈保护的过程称为保护现场。

（2）开中断

CPU 接收并响应一个中断后会自动关闭中断，这样做的目的是防止在中断响应过程中被其他级别更高的中断打断，使得在获取中断类型号时出错。但在中断服务程序执行过程中，有时候需要能够对比当前中断源优先级更高的中断进行处理，故需要再开中断。如果有更高级中断源提出中断请求，则会停止当前中断的服务而转入优先级更高的中断源进行处理，形成中断嵌套。反之，如果不需要，则不开中断，也不会形成中断嵌套。

（3）中断服务

中断服务是指实现当前中断源相关的数据输入/输出或其他的处理，是中断处理的核心。

（4）关中断

由于在前面有开中断，因而在此处对应一个关中断过程，以确保恢复现场过程中不受到其他中断的干扰。

（5）恢复现场

为保护中断服务程序结束后正确返回原来被中止了的程序，原来使用的寄存器内容不变，需要将现场保护的内容再恢复出来。需要注意的是，因为保护现场通常用的是堆栈，所以恢复现场时的操作要符合堆栈操作规程。

63

5. 中断返回

中断返回也在中断服务程序中实现，中断返回之前首先要开中断，以便返回后 CPU 能响应新的中断。中断服务程序的最后一条指令都无一例外地使用中断返回指令。该指令首先清除中断触发标志位，然后执行出栈操作，把先前压入堆栈的标志寄存器中的内容出栈送标志寄存器恢复，压入堆栈的断点地址出栈送程序指针寄存器，以便 CPU 继续从断点位置开始执行原来的程序。

在整个处理过程中，中断请求和判优由中断源硬件电路实现，在图 4-9 中没有给出，图中给出的是 CPU 中断处理过程。另外，在图中，转中断服务程序之前的处理由硬件电路完成，执行中断服务程序后就是软件处理了。所以，中断系统的处理是软、硬件相结合方式，比较复杂，与一般的子程序调用完全不一样。

思考题与习题

4-1　什么是 I/O 接口？它有什么功能？

4-2　I/O 接口一般包含哪三类寄存器？分别有什么作用？

4-3　什么是存储器映射编址方式？它有什么特点？

4-4　什么是 I/O 独立编址方式？它有什么特点？

4-5　微型计算机 CPU 与外设的数据传送方式一般有几种？各有何特点？

4-6　什么是外部中断？什么是内部中断？

4-7　在微型计算机中，中断有哪些功能？

4-8　为什么需要中断优先级？中断优先级判断一般有哪几种？

4-9　什么是中断嵌套？什么是中断允许和屏蔽？

4-10　中断服务程序入口地址的获得方法一般有哪两种？它们是如何取得中断服务程序入口地址的？

4-11　简述微型计算机中断的处理过程。

第 5 章　串行通信及接口标准

导读

　　基本内容：通信是指计算机与外设之间、计算机与计算机之间的信息交换。本章首先介绍了通信的基础知识，包括并行通信和串行通信的概念、串行通信的制式、串行通信数据传送的基本过程、串行通信的通信方式、串行通信的校验方法、串行通信的调制和解调以及比特率；其次，常见串行通信总线接口标准，包括 RS-232C 标准、RS-422/423/485 接口标准及 USB 接口标准。

　　学习要点：掌握串行通信的概念、串行通信的通信方式；熟悉串行通信数据传送的基本过程、RS-232C 标准；了解并行通信的概念、串行通信的制式、串行通信的校验方法、RS-422/423/485 接口标准及 USB 接口标准。

5.1　通信的基本知识

5.1.1　并行通信和串行通信

　　根据一次传送的二进制数的位数，通信可分为并行通信和串行通信两种，如图 5-1 所示。

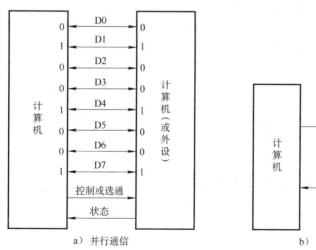
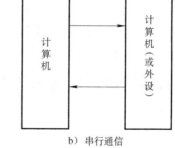

　　a）并行通信　　　　　　　　　　　　　　　　b）串行通信

图 5-1　计算机与外界通信的基本方式

　　并行通信是一次同时传送多位数据的通信方式，如图 5-1a 所示。例如，一次传送 8 位或 16 位数据。并行通信的特点是一次传送多位数据，速度快，但每位数据都需要一根数据线，加上相关控制信号线，所以用到的传输信号线多，线路复杂，不便于远距离传送。

串行通信是将传输数据一位一位地顺序传送。如图 5-1b 所示。传输数据的各位分时使用同一传输通道，可以减少信号连线，最少用一对线即一条通信线加上一条地线即可。它的特点是通信速度相对较慢，传输线少，通信线路简单，成本低，适合数据位数较少和长距离通信。

并行通信一次同时传送的数据位数多，但由于用到的传输信号线多，线路相互之间干扰大，距离越远干扰越明显，因而每根数据信号线上的速率不能太高。串行通信虽然一次只传送一位数据，但由于用到的传输信号线少，线路相互之间干扰小，因而数据信号线上的速率可以很高。所以，现在串行通信速度也很快，有时甚至比并行通信速度还快。我们一般所说的通信都指串行通信。

5.1.2　串行通信的制式

根据信息传送的方向，串行通信可以分为单工、半双工和全双工 3 种，如图 5-2 所示。

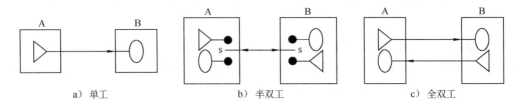

a）单工　　　　　　　　b）半双工　　　　　　　　c）全双工

图 5-2　串行通信的种类

1）单工方式如图 5-2a 所示。在通信系统中，设备 A 只有发送器，设备 B 只有接收器，两者通过一根数据线相连，信息只能由 A 传送给 B，即单向传送。无线电广播就类似于单工方式，电台只能发送信号，收音机只能接收信号。单工方式目前已很少被采用。

2）半双工方式如图 5-2b 所示。设备 A 既有发送器又有接收器，设备 B 也既有发送器又有接收器，但是两者也只有一根数据线相连。信息能从 A 传送给 B，也能从 B 传送给 A，但在任一时刻只能实现一个方向的传送，每一端的收、发器通过开关进行切换连接到通信线路上。无线对讲机就是半双工方式的一个例子，一个人在讲话时，另外一个人只能听着，双方都能讲话，但不能同时进行。

3）全双工方式如图 5-2c 所示，设备 A 既有发送器又有接收器，设备 B 也既有发送器又有接收器，而且两者通过两根数据线相连。A 的发送器与 B 的接收器相连，B 的发送器与 A 的接收器相连，在同一个时刻能够实现数据的双向传送。现在大多数通信系统都采用全双工方式，如电话系统、Internet 都是全双工方式。

5.1.3　串行通信数据传送的基本过程

在串行通信中，二进制数据以 1、0 的形式出现，在以 TTL 标准表示的二进制数中，传输线上高电平表示二进制 1，低电平表示二进制 0，且每一位的持续时间是固定的，通过时钟进行控制，发送端通过发送时钟控制，每一个时钟周期发送一位，接收端通过接收时钟控制，每个时钟周期检测一位。串行数据传送时发送端发送一位接收端就要接收一位，因而发送时钟和接收时钟要求一致。发送时钟和接收时钟的频率决定串行数据传送的速度快慢。

1. 发送过程

发送端发送数据时，先将要发送的数据送入移位寄存器，然后在发送时钟的控制下，将该并行数据逐位移位输出，送到发送数据线上，数据是 1，则发送数据线送高电平，数据是 0，则发送数据线送低电平。通常是在发送时钟的下降沿将移位寄存器中的数据串行输出，每个数据位的时间间隔由发送时钟的周期来划分，如图 5-3 所示。

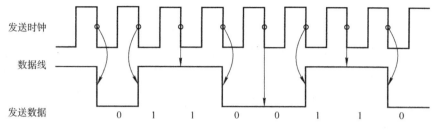

图 5-3　串行数据发送过程

2. 接收过程

接收端接收串行数据时，一般用接收时钟的上升沿对接收数据进行采样。检测数据位，如果检测到高电平，接收为 1，检测到低电平，接收为 0。接收的数据依次移入接收器的移位寄存器中，如图 5-4 所示。

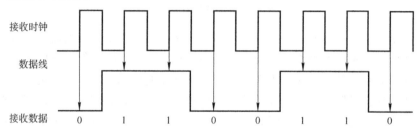

图 5-4　串行数据接收过程

串行通信传送的距离比较远，数据在线路上传送的时候容易受到外部环境的干扰。为了避免外部环境的干扰，接收端在接收信息的时候，通常把一个接收时钟通过采用倍频技术进行 16 倍频，分成 16 个周期，用中间的 7、8、9 这 3 个周期对数据线进行采样，如果两次或两次以上采样得到高电平，接收为 1，如果两次或两次以上采样得到低电平，接收为 0。这样就可以在一定程度上避免外部尖脉冲的干扰。

通过数据的发送和接收过程可以看出，串行通信要能够完成正确的信息传送，发送端发送多少位，接收端也要接收多少位，因此，要求接收时钟和发送时钟要完全相同。但在实际的串行通信系统中，发送时钟一般在发送端产生，接收时钟在接收端产生，两者之间不完全一致，周期有一定的差异，这种差异会随着时间而累加，当累加到一定程度就会使数据传送发生错误。怎样来解决这个问题呢？在串行通信中，在数据传送前，都要添加通信协议，对数据传送进行约定，规定数据传送的相关格式，并增加数据校验和差错检测，以保证数据传送的正确。

5.1.4　串行通信的通信方式

串行通信的数据是逐位传送，发送和接收的每一位都有固定的时间间隔，而且传送时收发双方还要确定数据信息的开始和结束。因此，串行通信对传送数据的格式有严格的要求，不同的串行通信方式有不同的数据格式。常用的串行通信方式有异步通信和同步通信。

1. 异步通信（Asynchronous Data Communication，ASYNC）

异步通信方式的特点是数据在线路上传送时是以一个字符（字节）为单位，字符内部的各位以固定时间连续传送，但字符之间有间隔，而且间隔时间是随机不固定的，所以称为"异步通信"。

未传送时线路处于空闲状态，空闲线路约定为高电平 1。传送一个字符又称为传送一帧信息。每帧字符格式最前面是一个低电平的起始位；然后是数据位，数据位可以是 5～8 位，低位在前，高位在后；数据位后可以带一个奇偶校验位；最后是停止位，停止位用高电平表示，它可以是 1 位、1 位半或 2 位。格式如图 5-5 所示。

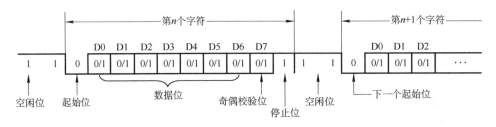

图 5-5 异步通信数据格式

异步通信是按字符传送的，每接收一个字符，接收端都要重新与发送方同步一次，所以接收端的时钟信号并不需要严格地与发送方同步，只要在一帧字符的传输内和发送端同步就能够正确接收，略有偏差，问题也不大。进行串行异步通信的收、发双方可以用各自独立的时钟，其时钟频率也可以不同，只要传输时将传输的速率设置成相同即可，因而线路比较简单。但由于一次只传送一个字符，因而一次传送的位数比较少，所以传送速度相对较慢。

2. 同步通信（Synchronous Data Communication，SYNC）

同步通信方式的特点是数据在线路上传送时以字符块为单位，一次传送多个字符。传送时一般在前面加上一个或两个同步字符，后面加上校验字符，格式如图 5-6 所示。通信时，发送端总是在发送数据前，先发送同步字符到接收端，而接收端接收时，总是先搜索同步字符，只有在接收到同步字符后，才开始数据的传送。

同步字符1	同步字符2	数据块	校验字符1	校验字符2

图 5-6 同步通信数据格式

同步通信方式一次连续传送多个字符，传送的位数多，对时钟同步性要求很高，为保证发送时钟和接收时钟一致，发送端在发送数据的同时一般还要以某种方式将同步时钟信号也发送出去，接收端用此时钟来控制数据的同步接收。对于发送同步时钟，当距离较近时可用单独的信号线来传送同步时钟，接收端就用该时钟控制数据的接收，这种同步称为"外同步"。当距离较远时，若增加一根同步时钟线，一方面会使硬件电路的成本大幅增加，另一方面也容易受到外部环境干扰。这时，通常在发送端通过编码器将时钟和数据一起编码，并首先发送出去。接收端接收后再通过解码器将时钟信息分离出来，对接收时钟校准，使得接收时钟和发送时钟同步，这种同步称为"内同步"。

同步方式由于对收、发时钟要求很高，硬件线路和控制过程都比较复杂。但一次传送的数据位数多，所以传送速度较快。

5.1.5 串行通信的校验方法

串行通信不论采用何种方式，都应能保证高效率而无差错地传送数据。在任何一个远距离通信线路中，都不可避免地存在因噪声产生的干扰而造成的数据传送出现差错的问题。因此，对传输的数据进行校验就成了串行通信中必不可少的重要环节。常用的检验方式有以下两种：

1. 奇偶校验（Parity Check）

用这种检验方式发送时，在每个字符的数据位之后都附加一个奇偶校验位，这个检验位可为 1 或 0，以保证整个字符（包含校验位）中 1 的个数为偶数（偶校验）或奇数（奇校验）。接收数据时，按照发送端所约定的奇偶性，对接收到的字符进行校验。例如，发送时按偶校验产生校验位，接收时也必须按偶校验进行校验，当发现接收到的字符中 1 的个数不是偶数时，就产生奇偶校验错。奇偶校验可以检查出字符中发生的一位错误，但不能自动纠错。发现错误后，接收器可向 CPU 发出中断请求，或使状态寄存器中的相应位置位供 CPU 查询，以便进行相应的处理。异步通信方式通常采用奇偶校验。

2. 循环冗余校验（Cyclic Redundancy Check，CRC）

CRC 以数据块为单位，利用编码原理，对传送的串行二进制序列按某种算法产生一定的校验码，并将这些校验码放在数据位之后一同发送。在接收端接收到数据位和校验码后，用接收到的串行数据按同样算法计算校验码，并把计算得到的校验码和接收的校验码进行比较，若相同则传送无差错，否则说明接收数据有错。接收器可通过中断或对状态标志位置位的方法通知 CPU，以便进行相应的处理。由于 CRC 是对数据块进行校验，所以同步通信中通常采用 CRC 进行差错校验。

5.1.6 串行通信的速度

在串行数字通信中，通常用比特率来描述数字信号的传输速度，它是指单位时间内传输的二进制代码的位数，单位为比特每秒（bit/s）。例如：每秒传送 200 位二进制位，则比特率为 200bit/s。串行通信的速度与发送时钟和接收时钟的频率紧密相关，频率越高速度越快。在异步通信中，传输速度往往又可用每秒传送多少个字节来表示（Byte/s）。它与比特率的关系如下：

$$1 字符/秒（Byte/s）=一个字符的二进制位数×比特率（bit/s）$$

例如：每秒传送 200 个字符，每个字符有 1 个起始位、8 个数据位、1 个校验位和 1 个停止位，则比特率为 2200bit/s。在异步串行通信中，比特率一般为 50～9600bit/s。

另外，在数字通信中，通常又提到波特率，它实际是与比特率不同的概念，波特率是指单位时间内传输的码元个数，单位为 Baud。根据不同的调制方法，每个码元可传输一位或多位二进制数。在两相调制中，每个码元传输一位二进制数，这时，波特率等于比特率。

5.2 常见串行通信总线接口标准

串行通信使用硬件线路少、成本低，通过调制解调技术还可以利用电话线路进行传输，特别适合远距离信息传送。为了通信双方的相互衔接，也为了使计算机与电话以及其他通信设备之间相互沟通，现在已经对串行通信中涉及的问题和概念进行了标准化，建立了统一的国际标准，串行通信总线接口标准有多种，比较知名的有：EIA RS-232C、RS-422、RS-485和 USB 等。

5.2.1 RS-232C 标准

RS-232C 标准总线是美国电子工业协会（Electronic Industry Association，EIA）颁布的串行总线标准。RS 是 Recommended standard（推荐标准）的缩写，232 是标识号，C 代表 RS-232的最新一次修改（1969 年），在这之前，有 RS-232B、RS-232A。该标准适合于数据传输速率在 20kbit/s 以下范围的通信。

RS-232C 标准最初是为远程通信中数据终端设备（Data Terminal Equipment，DTE）与数据通信设备（Data Communication Equipment，DCE）连接而制定的。目的是使不同厂家生产的设备能达到插接的兼容性，即不同厂家所生产的设备只要具有 RS-232C 标准接口，则不需要任何转换电路就可以相互连接起来。它实际上是一种物理接口标准。由于通信设备厂商都生产 RS-232C 标准兼容的通信设备，因此，该标准也被广泛应用于计算机之间、计算机与终端或外设之间的近距离连接和数据传送。几乎所有的微机系统都配备该串行接口（COM），所以也把 RS-232C 标准作为微型计算机中的串行接口标准。

RS-232C 标准对串行通信接口的信号线数目、信号功能、逻辑电平、机械特性、连接方式及传送过程等都进行了统一规定。

1. 信号电平标准

RS-232C 标准中使用负逻辑定义信号逻辑电平：

逻辑 1：−3V～−15V

逻辑 0：+3V～+15V

显然，RS-232C 标准使用的信号电平标准与计算机及 I/O 接口电路中广泛采用的 TTL 电平标准不兼容。因此，在使用时，为了能够同计算机接口或终端的 TTL 器件连接，必须在RS-232C 与 TTL 电路之间进行电平转换。

MAX232 是一种常用的 RS-232C/TTL 电平转换芯片。它是美信（MAXIM）公司专为 RS-232 标准串口设计的电平转换芯片，使用+5V 单电源供电。MAX232 的引脚图如图 5-7 所示，内部逻辑框图及连接如图 5-8 所示。其中，V_{CC} 接+5V 电源，GND 接电源地，$T1_{IN}$、$T2_{IN}$ 为两路TTL/CMOS 电平输入端，$R1_{OUT}$、$R2_{OUT}$ 为两路 TTL/COMS电平输出端，$T1_{OUT}$、$T2_{OUT}$ 为两路 RS-232C 电平输出端，$R1_{IN}$、$R2_{IN}$ 为两路 RS-232C 电平输入端。图 5-8 中 C1～C5 均为 1μF 的电容。由图可知，一个 MAX232 芯片可完成两路 TTL-EIA 双向电平转换，使用非常方便。

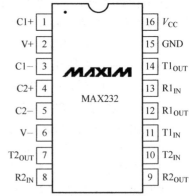

图 5-7　MAX232 引脚图

2. 信号定义

RS-232C 标准总共定义了 25 根信号线，通过 25 芯接口连接。微机串行异步通信中常用的有 9 根，通过 9 芯接口连接。这里只介绍 9 芯接口情况，见表 5-1。

在微机串行通信中，DTE（数据终端设备）指微机的串行通信接口，DCE（数据通信设备）一般指 Modem（调制解调器），其中：

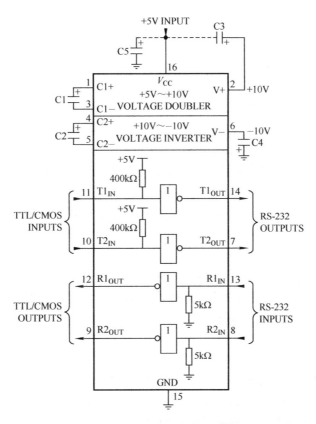

图 5-8　MAX232 内部结构及连接图

表 5-1　RS-232C 标准信号名称、引脚号及功能

引脚号	信号名称	信号方向
1	载波检测（DCD）	DCE→DTE
2	接收数据线（RXD）	DCE→DTE
3	发送数据线（TXD）	DTE→DCE
4	数据终端设备就绪（DTR）	DTE→DCE
5	地线（GND）	
6	数据设备就绪（DSR）	DCE→DTE
7	请求发送（RTS）	DTE→DCE
8	允许发送（CTS）	DCE→DTE
9	振铃指示（RI）	DCE→DTE

发送数据线（TXD）：通过 TXD 数据终端将串行数据发送到数据通信设备。

接收数据线（RXD）：通过 RXD 数据终端接收从数据通信设备送过来的串行数据。

数据设备就绪（DSR）：数据通信设备送给数据终端的信号，告诉数据终端，数据通信设备可以使用了。

数据终端设备就绪（DTR）：数据终端送给数据通信设备的信号，告诉数据通信设备，数据终端可以使用了。

请求发送（RTS）：当数据终端准备好送出的数据时，发 RTS 信号，通知数据通信设备准备接收数据。

允许发送（CTS）：用来表示数据通信设备准备好，可以接收数据终端发来的数据，它是 RTS 的响应信号。

载波检测（DCD）：该信号用来表示本地数据通信设备（Modem）已接通通信链路，通知数据终端（串行通信接口）准备接收数据，也就是说，当本地的 Modem 收到通信链路的另一端（远地）的 Modem 送来的载波信号时使 DCD 有效，通知本地终端准备接收数据，并且由本地 Modem 将接收到的载波信号解调成数字量数据后，通过 RXD 送到终端。

振铃指示（RI）：当 Modem 收到交换台送来的振铃呼叫信号时，使该信号有效，通知终端，已被呼叫。当通信双方的 Modem 间使用电话线进行串行通信时，才用到此信号。

3．机械特性

（1）连接器

RS-232C 未定义连接器（插针和插座）的物理特性，出现过 DB-25、DB-15 和 DB-9 各种类型的连接器，微机异步通信中通常使用 DB-9 型连接器，其外形及信号线分配如图 5-9 所示。

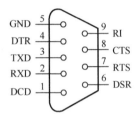

（2）电缆长度

RS-232C 通信速率低于 20kbit/s，通信电缆直接连接的最大物理距离为 15m。当通信距离大于 15m 时应加接 Modem，如果通过公共的电话网络传输时也必须加上 Modem。

图 5-9　DB-9 型连接器外形及信号线分配图

4．连接方式

使用 RS-232C 接口，在近距离通信和远距离通信时使用的信号线是不一样的。在近距离通信时，通信双方直接连接，使用的信号线较少。远距离通信时使用的信号线数目较多，通信双方一般通过专门的通信线连接。

（1）近距离通信的连接

当通信距离较近时，通信双方可以直接连接，只需使用少数几根信号线。最简单的情况是，在通信中根本不需要 RS-232C 的控制联络信号，只需 3 根线（发送线、接收线、信号地线）便可实现全双工异步串行通信，如图 5-10 所示。图中 TXD 和 RXD 交叉连接，表示通信双方都可以既作 DTE 又作 DCE，既可发也可收。通信时，通信双方的任何一方，只要请求发送 RTS 有效和 DTR 信号有效，就能开始发送和接收数据。

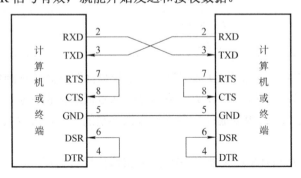

图 5-10　近距离通信 RS-232C 接口连接图

（2）远距离通信的连接

远距离通信使用的信号线数目较多，通信双方一般通过专门的通信线连接。连接时一般要加 Modem，常见的远距离通信连接如图 5-11 所示。其中，DTE 为计算机串行通信接口，DCE 为 Modem，两者之间通过 RS-232C 总线相连（计算机串行通信接口与 RS-232C 总线间的电平转换电路未画出）。

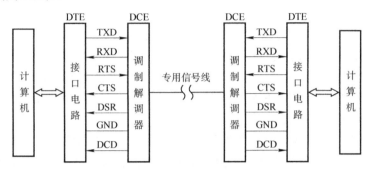

图 5-11　计算机之间 RS-232C 接口远距离通信连接图

5.2.2　RS-422/423/485 接口标准

RS-232C 接口标准是单端收发，抗共模干扰能力差；接口的信号电平值较高，易损坏接口电路的芯片；采用单端驱动非差分接收电路，传输速率低（≤20kbit/s）、传输距离短（15～20m）；远距离通信必须使用 Modem，增加了成本。为了实现更可靠、更远距离和更高速率的传输，美国电子工业协会（EIA）在 RS-232C 的基础上，制定了更高性能的接口标准，如 RS-422、RS-423 和 RS-485 接口标准。

1．RS-422 标准

RS-422 标准的全称是"平衡电压数字接口电路电气标准"，又称双端接口电气标准或平衡传输电气标准，是一种平衡驱动、差分接收的接口标准。输出端采用了双端平衡驱动器，输入端采用了双端差分放大器，比 RS-232 有更强的抗干扰能力和驱动能力。

RS-422 电路由发送器、接收器、平衡连接电缆、电缆终端负载、接收器等部分组成，有 4 根信号线：两根发送（A、B），两根接收（A_1、B_1）。两个通道，可以同时收和发（全双工）。每个通道用两条传输数据线，一条定义为 A，一条定义为 B。发送端 A、B 之间的电平差为 +2～+6V 表示逻辑电平 1，电平差为–2～–6V 表示逻辑电平 0。而接收端 AB 之间输入灵敏度为 200mV，即两者间电平差大于+200mV 时表示接收到逻辑电平 1，两者间电平差小于–200mV 时表示接收到逻辑电平 0。

RS-422 传输数据线为两条平衡导线，改进接口电气特性，通过传输线驱动器可将逻辑电平变为电位差，实现信息传送。接收器通过将电位差变为逻辑电平，实现信息接收。允许在相同传输线上连接多个接收结点，最多可接 10 个结点。即一个主设备（Master），其余为从设备（Salve），从设备之间不能通信，所以 RS-422 支持点对多的双向通信。可以支持较高的传输速率和较长的传输距离，在最大传输率 10Mbit/s 的情况下，电缆允许长度为 120m；如果采用低传输率，如 90kbit/s 时，最大距离可达 1200m。

RS-422 传输数据线需要接终接电阻，其阻值约等于传输电缆的特性阻抗。在短距离传输时可不需终接电阻，即一般在 300m 以下不需终接电阻。终接电阻接在传输电缆的最远端。

2．RS-423 标准

RS-423 标准规定采用单端驱动差分接收电路，其电气性能与 RS-232C 几乎相同，并设计成可连接 RS-232C 和 RS-422。它一端可与 RS-422 连接，另一端则可与 RS-232C 连接，提供了一种从旧技术到新技术过渡的手段。同时又提高了位速率（最大为 300kbit/s）和传输距离（最大为 600m）。

3．RS-485 标准

RS-485 是从 RS-422 基础上发展而来的，所以 RS-485 中许多电气规定与 RS-422 相仿，如都采用平衡传输方式、都需要在传输线上接终接电阻等。RS-485 有两线制和四线制两种接线。四线制只能实现点对点的通信方式，现很少采用，现在多采用的是两线制接线方式。这种接线方式为总线式拓扑结构，能实现点对多的通信，即只能有一个主设备，其余为从设备，在同一总线上最多可以挂接 32 个结点。

RS-485 在低速、短距离、无干扰的场合可以采用普通的双绞线，在高速、长线传输时，则必须采用阻抗匹配（一般为 120Ω）的 RS-485 专用电缆。最大传输距离约为 1219m，最大传输速率为 10Mbit/s。平衡双绞线的长度与传输速率成反比，在 100kbit/s 速率以下，才可能使用规定最长的电缆长度。只有在很短的距离下才能获得最高的传输速率。一般 100m 长双绞线最大传输速率仅为 1Mbit/s。

常用的 RS-232C、RS-423、RS-422 和 RS-485 这几种接口标准的特点见表 5-2。

表 5-2　常用串行接口标准的性能

特性参数	RS-232C	RS-423	RS-422	RS-485
工作模式	单端发，单端收	单端发，双端收	双端发，双端收	双端发，双端收
在传输线上允许的驱动器和接收器数目	1 个驱动器，1 个接收器	1 个驱动器，10 个接收器	1 个驱动器，10 个接收器	32 个驱动器，32 个接收器
最大电缆长度	15m	1200m(1kbit/s)	1200m(90kbit/s)	1200m(100kbit/s)
最大速率	20kbit/s	100kbit/s(12m)	10Mbit/s(12m)	10Mbit/s(15m)
驱动器输出(最大电压)	±25V	±6V	±6V	−7V～+12V
驱动器输出(信号电平)	±5V(带负载)±15V(未带负载)	±3.6V(带负载)±6V(未带负载)	±2V(带负载)±6V(未带负载)	±1.5V(带负载)±5V(未带负载)
驱动器负载阻抗	3～7kΩ	450Ω	100Ω	54Ω
驱动器电源开路电流(高阻抗态)	V_{max}/300Ω(开路)	±100μA(开路)	±100μA(开路)	±100μA(开路)
接收器输入电压范围	±15V	±10V	±12V	−7V～+12V
接收器输入灵敏度	±3V	±200mV	±200mV	±200mV
接收器输入阻抗	2～7kΩ	4kΩ	4kΩ	12kΩ

RS-232、RS-422 与 RS-485 标准只对接口的电气特性做出规定，而不涉及接插件、电缆或协议，因此用户和各厂家可以在此基础上建立自己的高层通信协议，对相关内容进行相应的规定或约定。

5.2.3　USB 接口标准

USB 接口，即 Universal Serial Bus（通用串行总线）的缩写，支持即插即用和热插拔功能。在 1994 年底由 Intel、Compaq、IBM、Microsoft 等多家公司联合推出，从 1996 年进入计算机领域，如今已成功替代串口和并口，成为当今计算机与大量智能设备的必配接口。

1．USB 接口的特点

使用 USB 接口进行设备连接时，具有以下优点：

1）可以热插拔。就是用户在使用外接设备时，不需要关机再开机等动作，而是在设备工作时，直接将 USB 插上使用。

2）携带方便。USB 设备大多以"小、轻、薄"见长，对用户来说，随身携带大量数据时，很方便。当然 USB 硬盘是首要之选了。

3）标准统一。大家常见的是 IDE 接口的硬盘、串口的鼠标键盘、并口的打印机扫描仪，可是有了 USB 之后，这些应用外设统统可以用同样的标准与微型计算机连接，这时就有了 USB 硬盘、USB 鼠标、USB 打印机等。

4）可以连接多个设备。USB 在微型计算机上往往具有多个接口，可以同时连接几个设备。如果接上一个有 4 个端口的 USB Hub，就可以再连上 4 个 USB 设备，以此类推，将所需的设备都同时连在一台微型计算机上而不会有任何问题（注：最高可连接至 127 个设备）。

2．USB 接口的发展

USB 接口经过多年的发展，先后经历了多个版本，传送速率从 1.5Mbit/s～5.0Gbit/s，接口性能得到了飞速的发展。

（1）USB 1.0

USB 1.0 是在 1996 年出现的，速度只有 1.5Mbit/s；1998 年升级为 USB 1.1，速度也提升到 12Mbit/s。USB 1.1 是较为普遍的 USB 规范，其高速方式的传输速率为 12Mbit/s，低速方式的传输速率为 1.5Mbit/s，大部分 MP3 为此类接口类型。

（2）USB 2.0

USB 2.0 规范是由 USB 1.1 规范演变而来的，且兼容 USB 1.1。它的传输速率达到了 480Mbit/s，足以满足大多数外设的速率要求。USB 2.0 中的增强型主机控制器接口（EHCI）定义了一个与 USB 1.1 相兼容的架构。它可以用 USB 2.0 的驱动程序驱动 USB 1.1 设备。也就是说，所有支持 USB 1.1 的设备都可以直接在 USB 2.0 的接口上使用而不必担心兼容性问题，而且像 USB 线、插头等附件也都可以直接使用。

（3）USB 3.0

USB 3.0 由 Intel、Microsoft、HP、TI、NEC、ST-NXP 等业界巨头组成的 USB 3.0 Promoter Group 组织制定。USB 3.0 在保持与 USB 2.0 兼容的同时，还提供了几项增强功能：①极大地提高了带宽——高达 5Gbit/s 全双工（USB2.0 则为 480Mbit/s 半双工）。USB 3.0 的理论速度为 5.0Gbit/s，采用 10 位编码方式，接近于 USB 2.0 的 10 倍。实际传输速率大约是 3.2Gbit/s。②实现了更好的电源管理。③能够使主机为器件提供更多的功率，从而实现 USB——充电电池、LED 照明和迷你风扇等应用。④能够使主机更快地识别器件。⑤数据处理的效率更高。

USB 3.0 引入全双工数据传输。5 根线路中 2 根用来发送数据，另 2 根用来接收数据，还有 1 根是地线。也就是说，USB 3.0 可以同步全速地进行读/写操作。以前的 USB 版本并不支持全双工数据传输。最新一代是 USB 3.1，传输速度为 10Gbit/s。

3．USB 信号线及布局

USB 是一种常用的 PC 接口。USB 1.0 和 USB 2.0 有 4 根线，2 根电源 2 根信号。接口形状有多种，常见的接口形状及布局如图 5-12 所示。+和–为+5V 电源和地线，D+和 D–为数据线的正极和负极。图 5-12a 称为 A 型，图 5-12b 称为 B 型，A 型通常用在微型计算机中，B 型通常用在数码产品中。

在 USB 插头的 4 个触点中，电源和地线这两个触点比较长，中间两条 D+和 D-相对较短一点。这是为了支持热插拔而专门设计的硬件结构。当 USB 插入时，先接通 GND 和电源，而后接通数据线。当拔下 USB 时，先断开数据线，再断开电源和 GND。这样就保证了在插拔过程一直不会出现有数据信号而无电源的情况。如果数据线早于电源线接通，则可能会让芯片的 I/O 引脚电压比电源电

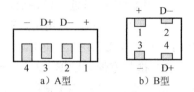

图 5-12　USB 1.0 和 USB 2.0 信号线及常见布局

压高，从而导致芯片闩锁（Latch Up）现象，可能会导致芯片功能的混乱或者电路无法工作甚至烧毁。

USB 3.0 采用了 9 针脚设计，为了向下兼容 USB 2.0，其中 4 个针脚和 USB 2.0 的形状、定义均完全相同，而另外 5 根是专门为 USB 3.0 准备的。USB 3.0 常见接口形状及布局如图 5-13 所示。

1~4 针脚与 USB 2.0 完全相同，针脚 5 是 USB 3.0 接收数据线负端 SSRX-，针脚 6 是 USB 3.0 接收数据线正端 SSRX+，针脚 7 是地线（GND），针脚 8 是 USB 3.0 发送数据线负端 SSTX-，针脚 9 是 USB 3.0 发送数据线正端 SSTX+。

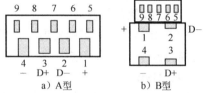

图 5-13　USB3.0 信号线及常见布局

USB 接口支持热插拔，传输速度快，连接灵活方便，能独立供电，使用简单，已经逐渐取代 COM 作为微型计算机中标准的串行通信接口。现在的微机计算机系统中，鼠标、键盘、打印机、扫描仪、摄像头、U 盘手机、数码照相机、移动硬盘、外置光驱、USB 网卡、ADSL Modem、Cable Modem 等，几乎所有的外部设备都已经通过 USB 接口进行连接了。

思考题与习题

5-1　什么是并行通信？什么是串行通信？通信一般是指哪一种？

5-2　单工、半双工和全双工有什么区别？

5-3　什么叫同步串行通信？什么叫异步串行通信？各有什么优缺点？

5-4　设某异步通信接口，每帧信息格式为 10 位，当接口每秒传送 1000 个字符时，其比特率为多少？

5-5　RS-232C 通信标准有什么特点？如何和 TTL 电平连接？

5-6　串行 USB 接口有哪些特点？

第6章　51系列单片机基本原理

导读

基本内容：本章以 8051 单片机为例。首先介绍了 8051 的基本组成及内部结构，包括 8051 的中央处理器结构、存储器结构、内部集成的并行接口；其次介绍了 51 系列单片机的外部引脚及片外总线；紧接着介绍了单片机的工作方式，包括复位方式、程序执行方式、单步执行方式、掉电和节电方式，以及 EPROM 编程和校验方式；最后介绍了 51 系列单片机的时序。

学习要点：掌握 51 系列单片机的中央处理器结构、存储器结构、并行接口；熟悉外部引脚及片外总线；了解 51 系列单片机的工作方式及时序。

6.1　51 系列单片机简介

51 系列单片机是美国 Intel 公司在 1980 年推出的高性能 8 位单片机，它包含 51 和 52 两个子系列。

对于 51 子系列，主要有 8031、8051、8751 这 3 种机型，它们的指令系统与芯片引脚完全兼容，仅片内程序存储器有所不同，8031 芯片不带 ROM，8051 芯片带 4KB 的 ROM，8751 芯片带 4KB 的 EPROM。51 子系列单片机的主要特点如下：

- 8 位 CPU。片内带振荡器，频率范围为 1.2~12MHz；
- 片内带 128B 的数据存储器，片外数据存储器的寻址空间为 64KB；
- 片内可带 4KB 的程序存储器，程序存储器的寻址空间为 64KB；
- 128 个用户位寻址空间；
- 21 个字节特殊功能寄存器；
- 4 个 8 位的并行 I/O 接口：P0、P1、P2、P3；
- 2 个 16 位定时器/计数器；
- 5 个中断源、2 个优先级别的中断控制器；
- 1 个全双工的串行 I/O 接口，可多机通信；
- 111 条指令，含乘法指令和除法指令；
- 片内采用单总线结构；
- 有较强的位处理能力；
- 采用单一+5V 电源。

对于 52 子系列，有 8032、8052、8752 这 3 种机型。52 子系列与 51 子系列相比大部分相同，不同之处在于：片内数据存储器增至 256B；8032 芯片不带 ROM，8052 芯片带 8KB 的 ROM，8752 芯片带 8KB 的 EPROM；有 3 个 16 位定时器/计数器；有 6 个中断源。本书主要以 51 子系列的 8051 为例来介绍 51 系列单片机的基本原理。

6.2 8051 的结构原理

6.2.1 8051 的基本组成及内部结构

1. 8051 的基本组成

8051 的基本组成如图 6-1 所示。芯片内部集成了中央处理器（CPU）、时钟电路、程序存储器（ROM）、数据存储器（RAM）、并行接口、串行接口、定时器/计数器和中断系统等部件，它们通过内部总线连接在一起。

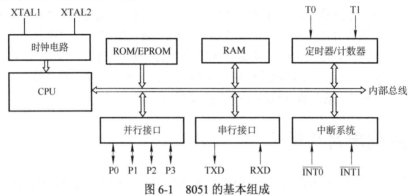

图 6-1　8051 的基本组成

2. 8051 的内部结构

8051 的内部结构如图 6-2 所示。

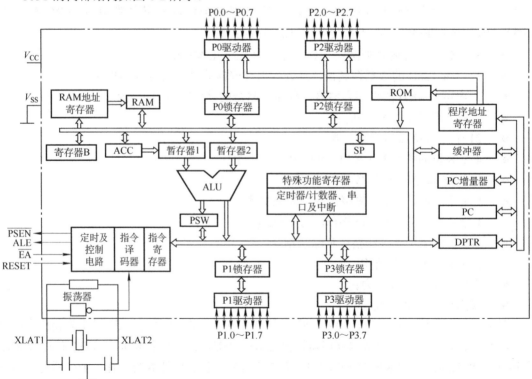

图 6-2　8051 内部结构图

图中点画线框内是 8051 芯片内部部分。它的内部集成了时钟电路，只需外接石英晶体就可形成时钟，稳定后，时钟的频率为石英晶体的固有频率。每个功能模块又由多个部分组成，图中给出了中央处理器（CPU）、时钟电路、存储器、并行接口等相应模块的基本组成情况。而串行接口、定时器/计数器和中断系统由于组成比较复杂，内容较多，后面章节中会专门介绍，这里没有给出，只用了一个框进行表示。下面分别对各个模块进行介绍。

6.2.2 8051 的中央处理器（CPU）

中央处理器包含运算部件和控制部件。

1. 运算部件

在图 6-2 中，运算部件以算术逻辑运算单元（ALU）为核心，包含累加器（ACC）、寄存器 B、暂存器 1、暂存器 2、标志寄存器（PSW）等部件。

8051 的算术逻辑运算单元（ALU）是一个 8 位的运算器，它不仅可以完成 8 位二进制数据加、减、乘、除等基本的算术运算，还可以完成 8 位二进制数据与、或、异或、循环移位、求补、清零等逻辑运算，并且具有数据传输、程序转移等功能。算术逻辑运算单元有两个输入端：一个输入端的数据一般都从累加器（ACC）中取得，通过暂存器 1 送入；另一个输入端的数据从内部总线上取得，通过暂存器 2 送入。运算结果从输出端输出到内部总线，经内部总线送到其他功能部件。同时，运算过程的状态会记录到标志寄存器（PSW）中。为满足控制系统需要，8051 单片机运算部件还有一个位运算器，位于标志寄存器（PSW）的最高位，可以对一位二进制数据进行置位、清零、求反、测试转移及位逻辑与、或等处理。

累加器（ACC，A）为一个 8 位的寄存器，是 CPU 中使用最频繁的寄存器。ALU 进行运算时，其中一个数据绝大多数都来自于 ACC，运算结果也通常送回 ACC。在 8051 指令系统中，绝大多数指令中都要求 ACC 参与处理。在堆栈操作指令和位指令中，累加器名须用全称 ACC，在其他指令中累加器名用 A。

寄存器 B 称为辅助寄存器，它是为乘法和除法指令而设置的。在进行乘法运算时，累加器 A 和寄存器 B 在乘法运算前存放乘数和被乘数，运算结束后又用来存放结果，寄存器 B 存放高 8 位，累加器 A 存放低 8 位。在除法运算前，累加器 A 和寄存器 B 存入被除数和除数，运算后存放商（累加器 A）和余数（寄存器 B）。

标志寄存器（PSW）是一个 8 位的寄存器，其中 4 位状态标志，用于保存指令执行的状态，以供程序查询和判别；2 位控制标志。其各位的情况如图 6-3 所示。

D7	D6	D5	D4	D3	D2	D1	D0
C	AC	F0	RS1	RS0	OV	—	P

图 6-3 标志寄存器（PSW）的格式

C（PSW.7）：进位或借位标志位。执行算术运算和逻辑运算指令时，用于记录最高位向前面的进位或借位。做 8 位加法运算时，若运算结果的最高位 D7 位有进位，则 C 置 1，否则 C 清 0。做 8 位减法运算时，若被减数比减数小，不够减，需借位，则 C 置 1，否则 C 清 0。另外，在 8051 单片机中，该位也是位运算器，通过它完成各种位处理。

AC（PSW.6）：辅助进位或借位标志位。它用于记录在进行加法和减法运算时，低 4 位向高 4 位是否有进位或借位。当有进位或借位时，AC 置 1，否则 AC 清 0。

F0（PSW.5）：用户标志位。它是系统预留给用户自己定义的标志位，可以用软件使它置1或清0。在编程时，也可以通过软件测试 F0 以控制程序的流向。

RS1、RS0（PSW.4、PSW.3）：寄存器组选择位，用软件置1或清0。在 8051 单片机中，为弥补 CPU 寄存器的不足，在片内数据存储器中分配了 32 个字节单元（00～1FH）作为寄存器使用，这 32 个字节分成 4 组，每组 8 个字节，用寄存器 R0～R7 表示。这两位用于从 4 组工作寄存器中选定当前的工作寄存器组，选择情况见表 6-1。

OV（PSW.2）：溢出标志位。在进行加法或减法运算时，如运算的结果超出 8 位二进制数的范围，则 OV 置1，标志溢出，否则 OV 清0。

PSW.1 未定义，可供用户使用。

表 6-1　RS1 和 RS0 对工作寄存器组的选择情况表

RS1	RS0	工作寄存器组
0	0	0 组（00H～07H）
0	1	1 组（08H～0FH）
1	0	2 组（10H～17H）
1	1	3 组（18H～1FH）

P（PSW.0）：偶校验标志位。它用于记录指令执行后累加器 A 中1的个数的奇偶性。若累加器 A 中1的个数为奇数，则 P 置1；若累加器 A 中1的个数为偶数，则 P 清0。

【例 6-1】　试分析下面指令执行后，累加器 A 和标志位 C、AC、OV、P 的值。

```
MOV A,#67H
ADD A,#58H
```

分析：第一条指令执行时把立即数 67H 送入累加器 A，第二条指令执行时把累加器 A 中的立即数 67H 与立即数 58H 相加，结果回送到累加器 A 中。加法运算过程如下：

$$67H=01100111B\qquad 58H=01011000B$$

$$\begin{aligned}&0110\quad0111B\\+\ &0101\quad1000B\\\hline&1011\quad1111B=0BFH\end{aligned}$$

执行后，累加器 A 中的值为 0BFH，由相加过程得 C=0、AC=0、OV=1、P=1。

2．控制部件

控制部件是 8051 的控制中心，它包括定时和控制电路、指令寄存器、指令译码器、程序指针（PC）、PC 增量器、堆栈指针（SP）、数据指针（DPTR）以及信息传送控制部件等。控制部件以振荡信号为基准产生 CPU 工作的时序信号，根据程序计数器（PC）的地址从程序存储器（ROM）中取出指令到指令寄存器，然后在指令译码器中对指令进行译码，产生执行指令所需的各种控制信号送到单片机内部的各功能部件，指挥各功能部件进行相应的操作，完成对应的功能。

程序指针寄存器（PC）是一个 16 位的寄存器，8051 单片机通过 PC 控制从程序存储器取指令。每从程序存储器取一条指令，都能在 PC 增量器的作用下根据取出的字节数进行自加，使得 PC 能自动指向下一条指令。

堆栈指针（SP）用于控制对堆栈进行操作。8051 的堆栈指针（SP）是 8 位的寄存器，堆栈位于片内数据存储器。子程序调用或中断调用时通过堆栈来保存断点地址。

数据指针寄存器（DPTR）是 8051 内部的另外一个 16 位的寄存器，通常通过 DPTR 作指针来对 8051 的片外 64KB 数据存储器进行访问。DPTR 又可分为高 8 位（DPH）和低 8 位（DPL），而且 DPH 和 DPL 可以单独作一般寄存器使用，但单独使用时不能用于访问片外数据存储器。

6.2.3 8051 的存储器结构

8051 单片机的存储器结构采用哈佛结构，将程序和数据分别用不同的存储器存放，各有自己的存储空间，分别用不同的寻址方式。存放程序的存储器称为程序存储器，存放数据的存储器称为数据存储器。由于 8051 单片机系统处理的程序基本不变，程序存储器一般由只读存储器芯片构成，所以又称为 ROM；数据是随时变化的，数据存储器一般由随机存储器构成，所以又称为 RAM。考虑单片机用于控制系统的特点，程序存储器的存储空间一般比较大，数据存储器的存储空间较小。另外，程序存储器和数据存储器又有片内和片外之分，访问方式也不尽相同。程序存储器一般存放程序，也可存放固定不变的常数和数据表格，数据存储器通常用作工作区及存放数据。

1. 程序存储器

（1）程序存储器的编址与访问

程序存储器用于存放 8051 单片机工作时的程序，8051 工作时先由用户编制好程序和表格常数，存放到程序存储器中，然后在控制器的控制下，依次从程序存储器中取出指令送到 CPU 中执行，实现相应的功能。程序存储器中程序的读取是通过程序指针（PC）实现的。PC 中存放指令的地址，CPU 执行指令时，首先通过 PC 取出存放在程序存储器中当前的指令，取出指令后，PC 会根据取出的字节数自动加 n，指向下一条要执行的指令；其次完成指令的功能。当前指令执行完毕后，CPU 就能根据 PC 从 ROM 中自动取下一条指令执行，这种周而复始的重复处理，实现程序的自动运行。8051 的程序指针（PC）为 16 位，程序存储器总容量为 64KB，地址范围为 0000H～0FFFFH。

8051 的程序存储器（ROM），从物理结构上有片内和片外之分，片内集成 4KB，地址范围为 0000H～0FFFH，片外通过只读存储器芯片扩展得到，最多可扩展 64KB，地址范围为 0000H～0FFFFH。可以发现，片内程序存储器和片外扩展的程序存储器低端部分地址空间重叠，读取指令时，对于低端地址 0000H～0FFFH，是从片内程序存储器取，还是从片外程序存储器取呢？8051 单片机是通过芯片上的一个引脚 $\overline{EA}$（片外程序存储器选用端）连接的高低电平来区分的。$\overline{EA}$ 接低电平，则从片外程序存储器读取指令；$\overline{EA}$ 接高电平，则从片内程序存储器读取指令。而地址大于 4KB 时，都是从片外程序存储器读取指令，如图 6-4a 所示。

需要说明的是，51 系列单片机的其他芯片，8031 和 8032 片内没有集成程序存储器，工作时只能使用片外程序存储器，$\overline{EA}$ 必须接低电平，如图 6-4b 所示；8751 情况与 8051 相同；8052 和 8752 内部集成了 8KB 的程序存储器，使用情况与 8051 类似，只是片内和片外共用低端 8KB 地址空间，地址范围为 0000H～1FFFH，如图 6-4c 所示。

程序存储器主要用于存放单片机工作时的程序，在单片机程序执行时使用。另外，程序存储器还可存放表格数据，在使用时可通过专门的查表指令 MOVC A, @A+DPTR 或 MOVC A, @A+PC 取出。

（2）程序存储器的特殊地址

对于 8051 程序存储器的 64KB 存储空间，使用时要注意以下几个特殊地址见表 6-2：

1）0000H，它是系统的复位地址。由于 8051 复位后 PC 的值为 0000H，所以复位后从 0000H 单元开始执行程序，由于后面几个地址的原因，用户程序一般不直接从 0000H 单元开始存放，而是放于后面，通过在 0000H 单元放一条绝对转移指令转到后面的用户程序。

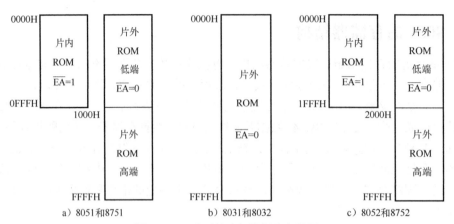

图 6-4　51 系列单片机的程序存储器

2）中断源的入口地址，8051 单片机中断响应后，系统会自动转移到相应中断入口地址去执行程序。在表 6-2 中，中断的入口地址之间仅隔 8 个单元，用于存放中断服务程序往往不够，这里通常放一条绝对转移指令，转到真正的中断服务程序，真正的中断服务程序放到后面。

中断入口地址之后是用户程序区，用户可以把用户程序放在用户程序区的任一位置，一般我们把用户程序放在从 0100H 开始的区域。

表 6-2　程序存储器的特殊地址

地址	特　点
0000H	复位地址
0003H	外部中断 0 中断入口地址
000BH	定时器/计数器 0 中断入口地址
0013H	外部中断 1 中断入口地址
001BH	定时器/计数器 1 中断入口地址
0023H	串行口中断入口地址
002BH	定时器/计数器 2 中断入口地址（仅 52 子系列有）

2. 数据存储器

数据存储器在 8051 单片机中用于存放程序执行时所需的数据，它从物理结构上分为片内数据存储器和片外数据存储器。这两个部分在编址和访问方式上各不相同，其中片内数据存储器又可分成多个部分，采用多种方式访问。

（1）片内数据存储器

8051 的片内数据存储器可分为片内随机存储块和特殊功能寄存器（SFR）块。前者有 128 字节，地址范围为 00H～7FH，后者也占 128 字节，地址范围为 80H～0FFH；对于 52 子系列，片内随机存储块有 256 字节，编址为 00H～0FFH，SFR 也有 128 字节，编址为 80H～0FFH，后者与前者的后 128 字节编址重叠，访问时通过不同的指令相区分，片内随机存储块的高端 128 字节通过寄存器间接方式访问，SFR 通过直接寻址方式访问。片内随机存储块按功能又可以分成以下几个部分：工作寄存器组区、位寻址区、一般 RAM 区和堆栈区。片内数据存储器分配情况如图 6-5 所示。

1）工作寄存器组区。00H～1FH 单元为工作寄存器组区，共 32 个字节。工作寄存器也称为通用寄存器，用于临时寄存 8 位信息。工作寄存器共有 4 组，称为 0 组、1 组、2 组和 3 组。每组 8 个寄存器，依次用 R0～R7 来表示和使用。也就是说，R0 可能表示 0 组的第一个寄存器（地址为 00H），也可能表示 1 组的第一个寄存器（地址为 08H），还可能表示 2 组、3 组的第一个寄存器（地址分别为 10H 和 18H）。使用哪一组当中的寄存器由程序状态寄存器（PSW）中的 RS0 和 RS1 两位来选择，具体见表 6-1。

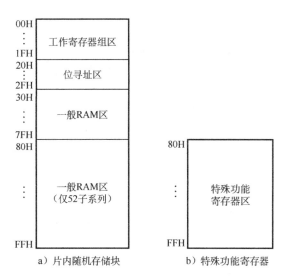

图 6-5　片内数据存储器分配情况

2）位寻址区。20H～2FH 为位寻址区，共 16 字节，128 位。这 128 位每位都可以按位方式使用，每一位都有一个直接位地址，位地址范围为 00H～7FH，它的具体情况见表 6-3。

表 6-3　位寻址区地址表（地址为十六进制）

字节单元地址	D7	D6	D5	D4	D3	D2	D1	D0
20H	07	06	05	04	03	02	01	00
21H	0F	0E	0D	0C	0B	0A	09	08
22H	17	16	15	14	13	12	11	10
23H	1F	1E	1D	1C	1B	1A	19	18
24H	27	26	25	24	23	22	21	20
25H	2F	2E	2D	2C	2B	2A	29	28
26H	37	36	35	34	33	32	31	30
27H	3F	3E	3D	3C	3B	3A	39	38
28H	47	46	45	44	43	42	41	40
29H	4F	4E	4D	4C	4B	4A	49	48
2AH	57	56	55	54	53	52	51	50
2BH	5F	5E	5D	5C	5B	5A	59	58
2CH	67	66	65	64	63	62	61	60
2DH	6F	6E	6D	6C	6B	6A	69	68
2EH	77	76	75	74	73	72	71	70
2FH	7F	7E	7D	7C	7B	7A	79	78

3）一般 RAM 区。30H～7FH 是一般 RAM 区，也称为用户 RAM 区，共 80 字节，对于 52 子系列，一般 RAM 区为 30H～0FFH 单元，用户一般通过指明字节地址来使用。另外，对于前两区中未用的单元也可作为用户 RAM 单元使用。

4）堆栈区与堆栈指针。堆栈是在 RAM 区开辟出的一个特殊区域。堆栈遵循按"先入后出，后入先出"的操作原则，通过堆栈指针（SP）管理。堆栈主要是为子程序调用和中断调用而设立的,用于保护断点地址和现场状态。无论是子程序调用还是中断调用,调用后都要返回调用位置,因此调用时应先把当前的断点地址送入堆栈保存,以便以后返回时使用。对于嵌套调用,先调用的后返回,后调用的先返回,刚好用堆栈即可实现。

堆栈有入栈和出栈两种操作。入栈时先改变 SP,再送入数据,出栈时先送出数据,再改变 SP。根据入栈方向堆栈一般分两种:向上生长型和向下生长型。向上生长型堆栈入栈时 SP 先加 1,指向下一个高地址单元,再把数据送入当前 SP 指向的单元;出栈时先把 SP 指向单元的数据送出,再将 SP 减 1,数据是向高地址单元存储的。具体过程如图 6-6 所示。

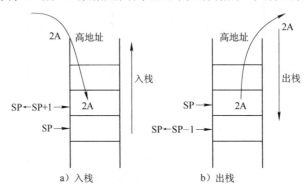

图 6-6 向上生长型堆栈

向下生长型堆栈入栈时 SP 先减 1,指向下一个低地址单元,再把数据送入当前 SP 指向的单元;出栈时先把 SP 指向单元的数据送出,再将 SP 加 1,数据是向低地址单元存储的。具体过程如图 6-7 所示。

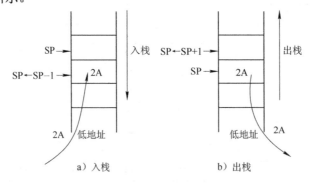

图 6-7 向下生长型堆栈

8051 单片机堆栈是向上生长型,位于片内随机存储块中,SP 为 8 位,入栈和出栈数据是以字节为单位的。复位时,SP 的初值为 07H,因此复位时堆栈实际上是从 08H 开始。当然在实际使用时,堆栈最好避开已使用的工作寄存器、位寻址区等,在 8051 单片机中可以通过给 SP 赋值的方式来改变堆栈的初始位置。

对于片内随机存储块的各个部分,它们在编址时是统一编址的。因此在访问它们时,可按它们各自特有的方法访问,也可按统一的方法访问。

5)特殊功能寄存器。特殊功能寄存器(SFR)也称为专用寄存器。8051 单片机片内集成了微处理器、I/O 接口、定时器/计数器、串行接口、中断系统等电路,每一个部分包含一个或多个寄存器,这些寄存器只能在所在的位置专用,不能移作他用,因此称为专用寄存器,访问方法与 CPU 内的寄存器访问方法类似。SFR 分布在 80H～0FFH 的地址空间，与片内随机存储块统一编址。除 PC 外，8051 有 18 个特殊功能寄存器，其中 3 个为双字节，共占用 21 个字节。对于 52 子系列，特殊寄存器有 21 个，其中 5 个为双字节，共占用 26 个字节。它们的分配情况如下：

　　CPU 专用寄存器：累加器 A（E0H），寄存器 B（F0H），程序状态寄存器（PSW）（D0H），堆栈指针（SP）（81H），数据指针（DPTR）（82H、83H）。

　　并行接口：P0～P3（80H、90H、A0H、B0H）。

　　串行接口：串口控制寄存器（SCON）（98H），串口数据缓冲器（SBUF）（99h），电源控制寄存器（PCON）（87H）。

　　定时器/计数器：方式寄存器（TMOD）（89H），控制寄存器（TCON）（88H），初值寄存器（TH0、TL0）（8CH、8AH）/（TH1、TL1）（8DH、8BH）。

　　中断系统：中断允许寄存器（IE）（A8H），中断优先级寄存器（IP）（B8H）。

　　定时器/计数器 2 相关寄存器：定时器/计数器 2 控制寄存器（T2CON）（CBH），定时器/计数器 2 自动重装寄存器（RLDL、RLDH）（CAH、CBH），定时器/计数器 2 初值寄存器（TH2、TL2）（CDH、CCH）（仅 52 子系列有）。

　　特殊功能寄存器的名称、表示符及地址见表 6-4。

表 6-4　特殊功能寄存器表

特殊功能寄存器名称	符号	地址	位地址与位名称							
			D7	D6	D5	D4	D3	D2	D1	D0
P0 口	P0	80H	87	86	85	84	83	82	81	80
堆栈指针寄存器	SP	81H								
数据指针低字节	DPL	82H								
数据指针高字节	DPH	83H								
定时器/计数器控制寄存器	TCON	88H	TF1 8F	TR1 8E	TF0 8D	TR0 8C	IE1 8B	IT1 8A	IE0 89	IT0 88
定时器/计数器方式	TMOD	89H	GATE	C/T	M1	M0	GAME	C/T	M1	M0
定时器/计数器 0 低字节	TL0	8AH								
定时器/计数器 0 高字节	TH0	8BH								
定时器/计数器 1 低字节	TL1	8CH								
定时器/计数器 1 高字节	TH1	8DH								
P1 口	P1	90H	97	96	95	94	93	92	91	90
电源控制寄存器	PCON	97H	SMOD				GF1	GF0	PD	IDL
串行口控制寄存器	SCON	98H	SM0 9F	SM1 9E	SM0 9D	REN 9C	TB8 9B	RB8 9A	TI 99	RI 98
串行口数据寄存器	SBUF	99H								
P2 口	P2	A0H	A7	A6	A5	A4	A3	A2	A1	A0
中断允许控制寄存器	IE	A8H	EA AF		ET2 AD	ES AC	ET1 AB	EX1 AA	ET0 A9	EX0 A9
P3 口	P3	B0H	B7	B6	B5	B4	B3	B2	B1	B0
中断优先级控制寄存器	IP	B8H			PT2 BD	PS BC	PT1 BB	PX1 BA	PT0 B9	PX0 B8

（续）

特殊功能寄存器名称	符号	地址	位地址与位名称							
			D7	D6	D5	D4	D3	D2	D1	D0
定时器/计数器 2 控制寄存器	T2CON	C8H	TF2 CF	EXF2 CE	RCLK CD	TCLK CC	EXEN2 CB	TR2 CA	C/T2 C9	CP/RL2 C8
定时器/计数器 2 重装低字节	RLDL	CAH								
定时器/计数器 2 重装高字节	RLDH	CBH								
定时器/计数器 2 低字节	TL2	CCH								
定时器/计数器 2 高字节	TH2	CDH								
程序状态寄存器	PSW	D0H	C D7	AC D6	F0 D5	RS1 D4	RS0 D3	OV D2	D1	P D0
累加器	A	E0H	E7	E6	E5	E4	E3	E2	E1	E0
寄存器 B	B	F0H	F7	F6	F5	F4	F3	F2	F1	F0

在表 6-4 中，字节地址能够被 8 整除的特殊功能寄存器，既能按字节方式处理，也能按位方式处理。另外，在 80H~FFH 的地址范围，仅有 21（26）个字节作为特殊功能寄存器，即是有定义的。其余字节无定义，用户不能访问这些字节，如访问这些字节，将得到一个不确定的值，预留的这些字节也为以后的 51 系列单片机扩展用。

对于特殊功能寄存器，8051 在访问时只能够通过直接给出特殊功能寄存器的地址（直接寻址方式）进行访问，特殊功能寄存器的名称可以看作是相应单元的符号地址。

（2）片外数据存储器

8051 单片机片内有 128 字节的数据存储器。不够用时，可扩展外部数据存储器，扩展的外部数据存储器最多为 64KB，地址范围为 0000H~0FFFFH。用 DPTR 作指针间接访问，对于低端的 256 字节，也可用两位十六进制地址编址，地址范围为 00H~0FFH，用 R0 和 R1 间接访问。另外，扩展的外部设备占用片外数据存储器的空间，通过用访问片外数据存储器的方法访问。

3．存储器的读/写

首先，64KB 的程序存储器和 64KB 的片外数据存储器地址空间都为 0000H~0FFFFH，地址编码是重叠的，如何区分呢？

8051 单片机是通过不同的信号来对片外数据存储器和程序存储器进行读/写控制的。片外数据存储器的读、写是通过 $\overline{RD}$ 和 $\overline{WR}$ 信号来控制的，而程序存储器的读是通过 PSEN 信号来控制的；同时两者通过用不同的指令来实现访问，片外数据存储器用 MOVX 指令访问，程序存储器用 MOVC 指令访问。

其次，片内数据存储器和片外数据存储器的低 256 字节的地址空间是重叠的，它们是如何区分的呢？

片内数据存储器和片外数据存储器的低 256 字节通过不同的指令访问，片内数据存储器用 MOV 指令访问，片外数据存储器用 MOVX 指令访问，因此在访问时不会产生混乱。

6.2.4　8051 的输入/输出接口

8051 单片机的片内集成了并行 I/O 接口、定时器/计数器接口、串行接口以及中断系统，由于定时器/计数器接口、串行接口以及中断系统比较复杂，因此本书把它们放于后面专门介绍，这里只介绍并行 I/O 接口的情况。

8051 系列单片机有 4 个 8 位的并行 I/O 接口：P0、P1、P2 和 P3。它们是特殊功能寄存器中的 4 个。这 4 个接口，既可以作为输入，也可作为输出，既可按 8 位处理，也可按位方式使用。输出时具有锁存能力，输入时具有缓冲功能。每个接口的具体功能有所不同。

1. P0 口

P0 口是一个三态双向口，可作为地址/数据分时复用接口，也可作为通用的 I/O 接口。P0 由一个输出锁存器、两个三态缓冲器、输出驱动电路和输出控制电路组成，它的一位结构如图 6-8 所示。

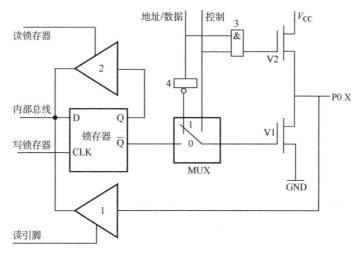

图 6-8　P0 口的一位结构

1）当控制信号为高电平 1 时，P0 口作为地址/数据分时复用总线用。此时可分为两种情况：一种是从 P0 口输出地址/数据，另一种是从 P0 口输入数据。控制信号为高电平 1，使转换开关 MUX 把反相器 4 的输出端与 V1 接通，同时把与门 3 打开。如果从 P0 口输出地址/数据信号：当地址/数据为 1 时，经反相器 4 使 V1 截止，而经与门 3 使 V2 导通，P0.X 引脚上出现相应的高电平 1；当地址/数据为 0 时，经反相器 4 使 V1 导通而 V2 截止，引脚上出现相应的低电平 0，这样就将地址/数据的信号输出。如果从 P0 口输入数据，V1 和 V2 会断开，引脚呈高阻状态，输入数据从引脚下方的三态输入缓冲器进入内部总线。

2）当控制信号为低电平 0 时，P0 口作为通用 I/O 接口使用。此时控制信号为 0，转换开关 MUX 把输出级与锁存器 $\overline{Q}$ 端接通，在 CPU 向端口输出数据时，因与门 3 输出为 0，使 V2 截止，此时，输出级是漏极开路电路。当写入脉冲加在锁存器时钟端 CLK 上时，内部总线的数据从 D 端输入，反相端 $\overline{Q}$ 输出，又经输出 V1 取反，在 P0 引脚上出现的数据正好是内部总线的数据。当要从 P0 口输入数据时，引脚信号仍经输入缓冲器进入内部总线。

但当 P0 口作通用 I/O 接口时，应注意以下两点：

1）在输出数据时，由于 V2 截止，输出级是漏极开路电路，要使 1 信号正常输出，必须外接上拉电阻。

2）P0 口作为通用 I/O 接口输入使用时，在输入数据前，应先向 P0 口输出锁存器写 1，此时锁存器的 $\overline{Q}$ 端为 0，使输出级的两个场效应晶体管 V1、V2 均截止，引脚处于悬浮状态，才可作高阻输入。因为，从 P0 口引脚输入数据时，V2 一直处于截止状态，引脚上的外部信号既加在三态缓冲器 1 的输入端，又加在 V1 的漏极。假定在此之前曾经输出数据 0，则 V1 是导通的，这样引脚上的电位就始终被箝位在低电平，使输入高电平无法读入。因此，在输入数据时，应人为地先向 P0 口写 1，使 V1、V2 均截止，方可高阻输入。

另外，P0 口的输出级具有驱动 8 个 LSTTL 负载的能力，输出电流不大于 800μA。

2. P1 口

P1 口是准双向口，它只能作通用 I/O 接口使用。P1 口的结构与 P0 口不同，没有输出控制电路，输出驱动电路只由一个场效应晶体管 V1 与内部上拉电阻组成，如图 6-9 所示。其输入/输出原理特性与 P0 口作为通用 I/O 接口使用时一样。输入时，也须先向输出锁存器写 1，使场效应晶体管 V1 截止，才可用作输入；输出时，内部已带上拉电阻，可以实现 1 信号正常输出，不需要再外接上拉电阻。P1 口具有驱动 4 个 LSTTL 负载的能力。

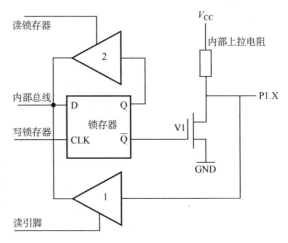

图 6-9　P1 口的一位结构

3. P2 口

P2 口也是准双向口，它有两种用途：通用 I/O 接口和高 8 位地址线。它的一位结构如图 6-10 所示。与 P1 相比，输出驱动电路上比 P1 口多了一个模拟转换开关 MUX 和反相器 3，输出锁存器的同向输出端 Q 经模拟转换开关 MUX 和反相器 3 与输出驱动电路相连。

1) 当控制信号为高电平 1 时，转换开关接上方，P2 口用作高 8 位地址总线使用访问片外存储器的高 8 位地址 A8～A15 由 P2 口输出。若系统扩展了 ROM，由于单片机工作时一直不断地取指令，因而 P2 口将不断地送出高 8 位地址，P2 口将不能作通用 I/O 接口用。若系统仅仅扩展 RAM，这时分几种情况：当片外 RAM 容量不超过 256 字节，在访问 RAM 时，只需 P0 送出低 8 位地

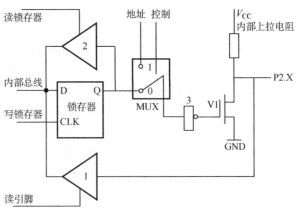

图 6-10　P2 口的一位结构

址即可，P2 口仍可作为通用 I/O 接口使用；当片外 RAM 容量大于 256 字节时，需要 P2 口提供高 8 位地址，这时 P2 口就不能作通用 I/O 接口使用。

2) 当控制信号为低电平 0，转换开关接下方，P2 口用作准双向通用 I/O 接口此时工作原理与 P1 相同，只是 P1 口输出端由锁存器 Q̄ 端接 V1，而 P2 口是由锁存器 Q 端经反相器 3 接 V1。此外，P2 口内部也已带上拉电阻，能够实现 1 信号正常输出。输入时，也须先向输出锁存器写 1。P2 口负载能力与 P1 口相同。

4. P3 口

P3 口的一位结构如图 6-11 所示。它的输出驱动由与非门 3、V1 组成，下面的输入支路

比 P0、P1、P2 口多了一个缓冲器 4。

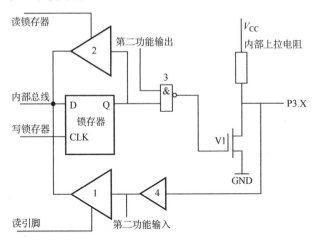

图 6-11　P3 口的一位结构

P3 口除了作为准双向通用 I/O 接口使用外，它的每一根线还具有第二种功能，见表 6-5。

表 6-5　P3 口的第二功能

P3 口的引脚		第二功能
P3.0	RXD	串行口输入端
P3.1	TXD	串行口输出端
P3.2	$\overline{INT0}$	外部中断 0 请求输入端，低电平有效
P3.3	$\overline{INT1}$	外部中断 1 请求输入端，低电平有效
P3.4	T0	定时器/计数器 0 外部计数脉冲输入端
P3.5	T1	定时器/计数器 1 外部计数脉冲输入端
P3.6	$\overline{WR}$	外部数据存储器写信号，低电平有效
P3.7	$\overline{RD}$	外部数据存储器读信号，低电平有效

当 P3 口作为通用 I/O 接口时，第二功能输出线为高电平，与非门 3 的输出取决于锁存器的状态。这时，P3 是一个准双向口，它的工作原理、负载能力与 P2、P1 口相同。

当 P3 口作为第二功能使用时，输出锁存器被固定地置 1，输出端 Q 为高电平。第二功能输出时，第二功能输出线的状态经与非门 3 和输出驱动电路后从 P3 口引脚输出；第二功能输入时，P3 口引脚的信息通过下面支路经缓冲器 4 送入内部相应的功能模块。

6.3　51 系列单片机的外部引脚及片外总线

51 系列单片机芯片的引脚是互相兼容的，它们的引脚情况基本相同，不同芯片之间的引脚功能只是略有差异。

6.3.1　51 系列单片机的外部引脚

标准的 51 系列单片机有 40 个引脚，采用 HMOS 工艺制造。型号带有字母 C 的机型，采用 CHMOS 工艺制造，具有低功耗的特点，如 80C31、80C51 等。通常采用双列直插式封装，也有采用方形表面贴片封装结构。双列直插式封装引脚如图 6-12 所示。

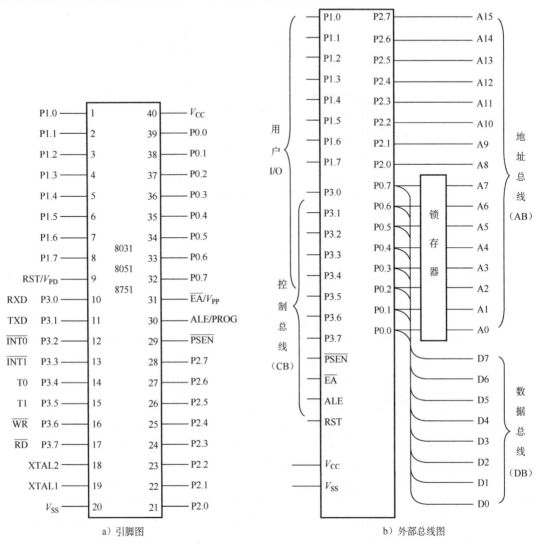

a）引脚图   b）外部总线图

图 6-12   51 系列单片机引脚与外部总线结构图

引脚说明分别如下。

1．输入/输出引脚

（1）P0 口（39～32 引脚）

P0.0～P0.7 统称为 P0 口。在不接片外存储器与不扩展 I/O 接口时，作为准双向输入/输出接口。在接有片外存储器或扩展 I/O 接口时，P0 口分时复用为低 8 位地址总线和双向数据总线。

（2）P1 口（1～8 引脚）

P1.0～P1.7 统称为 P1 口，可作为准双向 I/O 接口使用。对于 52 子系列，P1.0 与 P1.1 还有第二功能：P1.0 可用作定时器/计数器 2 的计数脉冲输入端 T2，P1.1 可用作定时器/计数器 2 的外部控制端 T2EX。

（3）P2 口（21～28 引脚）

P2.0～P2.7 统称为 P2 口。一般可作为准双向 I/O 接口使用；在接有片外存储器或扩展 I/O

90

接口且寻址范围超过 256 字节时，P2 口用作高 8 位地址总线。

（4）P3 口（10～17 引脚）

P3.0～P3.7 统称为 P3 口。除作为准双向 I/O 接口使用外，每一位还具有独立的第二功能，P3 口的第二功能见表 6-5。

2．主电源引脚

V_{CC}（40 引脚）：接+5V 电源正端。

V_{SS}（20 引脚）：接+5V 电源地端。

3．外接晶体引脚

XTAL1、XTAL2（19、18 引脚）：当 51 系列单片机使用内部振荡电路时，这两个引脚用来外接石英晶体和微调电容，如图 6-13a 所示。在单片机内部，它是一个反相放大器的输入端，这个放大器构成了片内振荡器。当采用外部时钟时，对于 HMOS 单片机，XTAL1 引脚接地，XTAL2 接片外振荡脉冲输入（带上拉电阻），如图 6-13b 所示；对于 CHMOS 单片机，XTAL2 引脚接地，XTAL1 接片外振荡脉冲输入（带上拉电阻），如图 6-13c 所示。

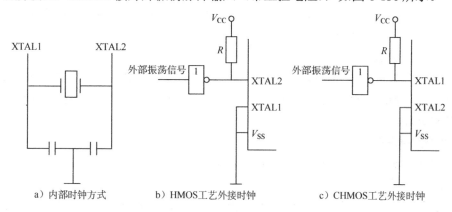

图 6-13　时钟电路

4．控制线

（1）ALE/PROG（30 引脚）

ALE 为地址锁存信号输出端。ALE 在每个机器周期内输出两个脉冲。在访问片外程序存储器期间，下降沿用于控制锁存 P0 输出的低 8 位地址；在不访问片外程序存储器期间，可作为对外输出的时钟脉冲或用于定时。但要注意，在访问片外数据存储器期间，ALE 脉冲会跳空一个，此时作为时钟输出就不妥了。

PROG 为编程脉冲输入端。对于片内含有 EPROM 的机型，在编程期间，编程脉冲通过该引脚输入。

（2）PSEN（29 引脚）

片外程序存储器读选通信号输出端，低电平有效。在从外部程序存储器读取指令或常数期间，每个机器周期该信号有效两次，通过数据总线 P0 口读指令或常数。在访问片外数据存储器期间，PSEN 信号不出现。

（3）RST/V_{PD}（9 引脚）

RST 即为 RESET，该引脚为 51 系列单片机的复位端。当单片机正常工作时，该引脚上为低电平，当出现两个或两个以上机器周期（12 个时钟周期）的高电平，由高电平到低电平跳变时实现复位，使单片机恢复到初始状态。上电时，考虑到振荡器有一定的起振时间，其他电路也要有一定的稳定时间，该引脚上高电平必须持续 10ms 以上才能保证有效复位。

V_{PD} 为备用电源。当 V_{CC} 发生故障，掉电或降到低电平规定值时，CPU 停止运行，V_{PD} 为内部 RAM 供电，以保证 RAM 中的数据不丢失。

（4）$\overline{EA}/V_{PP}$（31 引脚）

$\overline{EA}$ 为片外程序存储器选用端。该引脚为低电平时，使用低端地址 0000H~0FFFH 时从片外程序存储器读取程序或指令，高电平或悬空时从片内程序存储器读取程序或指令。

V_{PP} 为编程电源输入端。在 51 系列单片机片内 EPROM 编程时，21V 编程电源通过此引脚输入。

6.3.2 51 系列单片机的片外总线

外部器件和 51 系列单片机连接除了可以通过引脚直接连接外，还可以按总线方式连接。实际上 51 系列单片机的引脚除了电源线、复位线、时钟输入以及用户 I/O 接口外，其余的引脚都是为了实现系统扩展而设置的。这些引脚构成了 51 系列单片机的片外地址总线、数据总线和控制总线，如图 6-12b 所示。

1. 片外地址总线

51 系列单片机片外地址总线宽度为 16 位，寻址范围为 64KB。由 P0 口经地址锁存器提供低 8 位（A7~A0），P2 口提供高 8 位（A15~A8）而形成。可对片外程序存储器和片外数据存储器寻址。

2. 片外数据总线

51 系列单片机片外数据总线宽度为 8 位，由 P0 口直接提供。

3. 片外控制总线

控制总线由第二功能状态下的 P3 口和 4 根独立的控制线 RST、$\overline{EA}$、ALE 和 $\overline{PSEN}$ 组成。

4. 用户 I/O 线

图 6-12b 中 P1 口为用户 I/O 线。实际上，对于 P3 口第二功能没有使用的信号线也可以用来作用户 I/O 线。

6.4 51 系列单片机的时序

时序就是在执行指令过程中，CPU 产生的各种控制信号在时间上的相互关系。每执行一条指令，CPU 的控制器就会产生一系列特定的控制信号，不同的指令产生的控制信号也不一样。

CPU 发出的控制信号有两类：一类是用于计算机内部的，这类信号很多，但用户不能直接接触此类信号，故本书不做介绍；另一类是通过控制总线送到片外的，这部分信号是计算机使用者所关心的。完成具体指令所需的控制信号有很多，这里简要介绍几类时序信号。

6.4.1 时钟周期、机器周期和指令周期

时钟周期（振荡周期）：单片机内部时钟电路产生（或外部时钟电路送入）的信号周期。单片机的时序信号是以时钟周期信号为基础而形成的，在它的基础上形成了机器周期、指令周期和各种时序信号。

机器周期：机器周期是单片机的基本操作周期，每个机器周期包含 S1, S2, …, S6 共 6 个状态，每个状态包含两拍 P1 和 P2，每一拍为一个时钟周期（振荡周期）。因此，一个机器周期包含 12 个时钟周期，依次可表示为 S1P1, S1P2, S2P1, S2P2, …, S6P1, S6P2，如图 6-14a 所示。

指令周期：计算机从取一条指令开始，到执行完该指令所需要的时间称为指令周期，不同的指令，指令长度不同，指令周期也不一样。但指令周期以机器周期为单位。51 系列单片机大多数指令的指令周期由一个机器周期或两个机器周期组成的，只有乘法、除法指令需要 4 个机器周期指令。

另外，每一个机器周期中，ALE 信号固定地输出两次，分别在 S1P2 和 S4P2，每出现一次，CPU 就进行一次取指令的操作。此外，如果有需要，ALE 信号又可以作为其他设备的输入时钟。

6.4.2 51 系列单片机指令的时序

图 6-14b 为单字节单周期指令，图 6-14c 为双字节单周期指令。单字节指令和双字节指令都在 S1P2 期间由 CPU 取指令，将指令码读入指令寄存器，同时程序计数器（PC）加 1。在 S4P2 再读出一个字节，单字节指令取得的是下一条指令，故读后丢弃不用，PC 也不加 1；

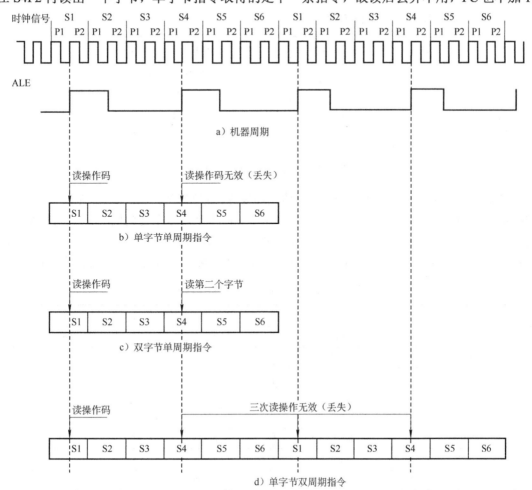

图 6-14　51 单片机的指令周期

双字节指令读出第二个字节后，送给当前指令使用，并使 PC 加 1。两种指令都在 S6P2 结束时完成操作。

图 6-14d 为单字节双机器周期指令，两个机器周期中发生了 4 次读操作码的操作，第一次读出为操作码，读出后 PC 加 1，后 3 次读取操作都无效，自然丢失，PC 也不会改变。

6.5　51 系列单片机的工作方式

单片机的工作方式包括：复位方式、程序执行方式、单步执行方式、掉电和节电方式，以及 EPROM 编程和校验方式。

6.5.1　复位方式

计算机在启动时需要复位，复位是使 CPU 和内部其他部件处于一个确定的初始状态，从这个状态开始工作。

51 系列单片机有一个复位引脚 RST，高电平有效。在时钟电路工作以后，当外部电路使得 RST 端出现两个机器周期（24 个时钟周期）以上的高电平，系统内部复位。复位有两种方式：上电复位和按钮复位，如图 6-15 所示。

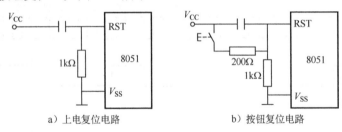

a）上电复位电路　　　　　　　b）按钮复位电路

图 6-15　51 系列单片机复位电路

只要 RST 保持高电平，51 系列单片机将循环复位。复位期间，ALE（地址锁存允许信号）、$\overline{\text{PSEN}}$（外部程序存储器读选通信号）输出高电平。RST 从高电平变为低电平后，PC 指针变为 0000H，使单片机从程序存储器地址为 0000H 的单元开始执行程序。复位后，内部寄存器的初始内容见表 6-6。当单片机执行程序出错或进入死循环时，也可按复位按钮重新启动。

表 6-6　复位后内部寄存器的初始内容

特殊功能寄存器	初始内容	特殊功能寄存器	初始内容
A	00H	TCON	00H
PC	0000H	TL0	00H
B	00H	TH0	00H
PSW	00H	TL1	00H
SP	07H	TH1	00H
DPTR	0000H	SCON	00H
P0～P3	FFH	SBUF	xxxxxxxxB
IP	xx000000B	PCON	0xxx0000B
IE	0x000000B	TMOD	00H

6.5.2　程序执行方式

程序执行方式是单片机的基本工作方式，也是单片机最主要的工作方式。单片机在实现用户功能时通常采用这种方式。单片机执行的程序放置在程序存储器中，可以是片内 ROM，也可以是片外 ROM。由于系统复位后，PC 指针总是指向 0000H，即总是从 0000H 开始执行程序，因从 0003H 到 0032H 是中断服务程序区，所以用户程序都放置在中断服务区后面，在0000H 处放一条长转移指令转移到用户程序。

6.5.3　单步执行方式

所谓单步执行，是指在外部单步脉冲的作用下，使单片机一个单步脉冲执行一条指令后就暂停下来，再一个单步脉冲执行一条指令后又暂停下来。单步执行方式通常用于调试程序、跟踪程序执行和了解程序执行过程。

在一般的微型计算机中，单步执行由单步执行中断完成，而单片机没有单步执行中断，51 系列单片机的单步执行要利用中断系统完成。51 系列单片机的中断系统规定，从中断服务程序中返回之后，至少要再执行一条指令，才能重新进入中断。这样，将外部脉冲加到 $\overline{INT0}$引脚，平时让它为低电平，通过编程规定 $\overline{INT0}$ 为电平触发。那么，不来脉冲时 $\overline{INT0}$ 总处于响应中断的状态。

在 $\overline{INT0}$ 的中断服务程序中安排下面的指令：

```
PAUSE0:JNB  P3.2,PAUSE0    ;若 INT0 =0,不往下执行
PAUSE1:JB   P3.2,PAUSE1    ;若 INT0 =1,不往下执行
RETI                       ;返回主程序执行下一条指令
```

当 $\overline{INT0}$ 不来外部脉冲时，$\overline{INT0}$ 保持低电平，一直响应中断，执行中断服务程序。在中断服务程序中，第一条指令在 $\overline{INT0}$ 为低电平时为死循环，不返回主程序执行。当通过一个按钮向 $\overline{INT0}$ 端送一个正脉冲时，中断服务程序的第一条指令结束循环，执行第二条指令；在高电平期间，第二条指令又死循环，高电平结束，$\overline{INT0}$ 回到低电平，第二条指令结束循环；执行第三条指令，中断返回到主程序，由于这时 $\overline{INT0}$ 又为低电平，请求中断，而中断系统规定，从中断服务程序中返回之后，至少要再执行一条指令，才能重新进入中断。因此，当执行主程序的一条指令后，响应中断，进入中断服务程序，又在中断服务程序中暂停下来。这样，总体看来，按一次按钮，$\overline{INT0}$ 端产生一次高脉冲，主程序执行一条指令，实现单步执行。

6.5.4　掉电和节电方式

单片机经常在野外、井下、空中、无人值守的监测站等供电困难的场合，或在长期运行的监测系统中被使用，这就要求系统的功耗要很小，节电方式就能使系统满足这样的要求。

在 51 系列单片机中，有 HMOS 和 CHMOS 两种工艺芯片，它们有不同的节电方式。

1. HMOS 单片机的掉电方式

HMOS 芯片本身运行的功耗较大，这类芯片没有设置低功耗运行方式。因此，为了减小系统的功耗，设置了掉电方式。RST/V_{PD} 端接有备用电源，即当单片机正常运行时，单片机内部的 RAM 由主电源 V_{CC} 供电，当 V_{CC} 掉电，或 V_{CC} 电压低于 RST/V_{PD} 端备用电源电压时，由备用电源向 RAM 维持供电，从而保证 RAM 中的数据不丢失。这时系统的其他部件都停止

工作，包括片内振荡器。

在应用系统中经常这样处理：当用户检测到掉电发生时，就通过 $\overline{INT0}$ 或 $\overline{INT1}$ 向 CPU 发出中断请求，并在主电源掉至下限工作电压之前，通过中断服务程序把一些重要信息转存到片内 RAM 中，然后由备用电源为 RAM 供电。在主电源恢复之前，片内振荡器被封锁，一切部件都停止工作。当主电源恢复时，备用电源保持一定的时间，以保证振荡器启动，系统完成复位。

2. CHMOS 的节电运行方式

CHMOS 芯片运行时耗电少，它有两种节电运行方式，即待机方式和掉电保护方式，以进一步降低功耗，它们特别适用于电源功耗要求低的应用场合。

CHMOS 型单片机的工作电源和备用电源加在同一个引脚 V_{CC} 上，正常工作时电流为 11～20mA，待机方式时为 1.7～5mA，掉电保护方式时为 5～50μA。在待机方式中，振荡器保持工作，时钟继续输出到中断、串行口、定时器等部件，使它们继续工作，全部信息被保存下来，但时钟不送给 CPU，CPU 停止工作。在掉电保护方式中，振荡器停止工作，单片机内部所有功能部件停止工作，备用电源为片内 RAM 和特殊功能寄存器供电，使它们的内容被保存下来。

在 51 系列的 CHMOS 型单片机中，待机方式和掉电保护方式都可以由电源控制寄存器（PCON）中的有关控制位控制。该寄存器的单元地址为 87H，它的各位的含义如图 6-16 所示。

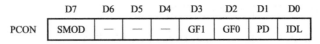

	D7	D6	D5	D4	D3	D2	D1	D0
PCON	SMOD	—	—	—	GF1	GF0	PD	IDL

图 6-16　电源控制寄存器 PCON 的格式

SMOD（PCON.7）：比特率加倍位。SMOD=1，当串行口工作于方式 1、2、3 时（第 9.3 节介绍），比特率加倍。

GF1、GF0：通用标志位。

PD（PCON.1）：掉电保护方式位。当 PD=1 时，进入掉电保护方式。

IDL（PCON.0）：待机方式位。当 IDL=1 时，进入待机方式。

当 PD 和 IDL 同时为 1 时，则取 PD 为 1。复位时 PCON 的值为 0xxx0000B，单片机处于正常运行方式。

退出待机方式有两种方法：第一种方法是激活任何一个被允许的中断。当中断发生时，由硬件对 PCON.0 位清零，结束待机方式。另一种方法是采用硬件复位。

退出掉电方式的唯一方法是硬件复位。但应注意，在这之前应使 V_{CC} 恢复到正常工作电压值。

6.5.5　编程和校验方式

在 51 系列单片机中，对于内部集成有 EPROM 的机型，可以工作于编程或校验方式。不同型号的单片机，EPROM 的容量和特性不一样，相应 EPROM 的编程、校验和加密的方法也不一样。这里以内部集成 4KB EPROM 的 8751 单片机为例来进行介绍。

1. EPROM 编程

编程时时钟频率应定在 4～6MHz 的范围，各引脚的接法如下：

P1 口和 P2 口的 P2.3～P2.0 提供 12 位地址。

P0 口输入编程数据。

P2.6～P2.4 以及 $\overline{PSEN}$ 为低电平，P2.7 和 RST 为高电平。

以上除 RST 的高电平为 2.5V，其余的均为 TTL 电平。

$\overline{EA}/V_{PP}$ 端加电压为 21V 的编程脉冲，不能大于 21.5V，否则会损坏 EPROM。

ALE/PROG 端加宽度为 50ms 的负脉冲作为写入信号。每来一次负脉冲，则把 P0 口的数据写入到由 P1 和 P2 口低 4 位提供的 12 位地址指向的片内 EPROM 单元。

8751 的 EPROM 编程一般通过专门的单片机开发系统完成。

2. EPROM 校验

在程序的保密位未设置时，无论在写入时或写入后，均可以将 EPROM 的内容读出进行校验。校验时各引脚的连接与编程时的连接基本相同，只有 P2.7 引脚改为低电平。在校验过程中，读出的 EPROM 单元内容由 P0 输出。

3. EPROM 加密

8751 的 EPROM 内部有一个程序保密位，当把该位写入后，就可禁止任何外部方法对片内程序存储器进行读/写，也不能再对 EPROM 编程，从而对片内 EPROM 建立了保密机制。设置保密位时不需要单元地址和数据，所以 P0 口、P1 口和 P2.3～P2.0 为任意状态。引脚在连接时，除了将 P2.6 引脚改为 TTL 高电平，其他引脚的连接与编程时相同。

当加了保密位后，就不能对 EPROM 编程，也不能执行外部存储器的程序。如果要对片内 EPROM 重新编程，只有解除保密位。对保密位的解除，只有将 EPROM 全部擦除时保密位才能一起被擦除，擦除后可以再次写入。

思考题与习题

6-1　51 系列单片机内部由哪几个基本部分组成？

6-2　8051 的标志寄存器有多少位？各位的含义是什么？

6-3　8051 单片机的程序存储空间总共有多少字节？地址范围是多少？片内有多少个字节？地址范围是多少？片外可以通过只读存储器扩展多少个字节？地址范围是多少？片内和片外有什么关系？如何区分？

6-4　8051 单片机内部数据存储器的随机存储块有多少个字节？地址范围是多少？可分为几个区域？占用的地址范围是多少？各有什么特点？

6-5　8051 单片机片外数据存储空间总共有多少个字节？地址范围是多少？低端 256 字节单元和高端字节单元在使用时有什么区别？

6-6　什么是堆栈？堆栈分哪几种？8051 单片机的堆栈是哪一种？

6-7　51 系列单片机有多少根 I/O 线？它们和单片机的外部总线有什么关系？

6-8　51 系列单片机如何实现复位？复位后 PC、SP、PSW 的值各是多少？

6-9　什么是机器周期？什么是指令周期？51 系列单片机的一个机器周期包括多少个时钟周期？

6-10　如果时钟周期的频率为 6MHz，机器周期的频率是多少？ALE 信号的频率是多少？

第7章　51系列单片机汇编程序设计

导读

基本内容：汇编语言是机器语言的符号表示，是最接近硬件的语言。本章首先介绍了51系列单片机汇编指令格式及标识；紧接着对51系列单片机的寻址方式进行了讲述，包含常数寻址、寄存器数寻址、存储器数寻址、位数据寻址和指令寻址；随后详细介绍了51系列单片机的指令系统，包含数据传送类、算术运算类、逻辑操作类、控制转移类及位操作类指令；最后介绍了51系列单片机汇编程序常用伪指令及常见汇编程序设计，包含数据传送程序、运算程序、代码转换程序、分支程序和延时程序。

学习要点：掌握51系列单片机的寻址方式，51系列单片机的指令系统，常见汇编程序设计；熟悉单片机汇编指令格式，常用伪指令。

7.1　51系列单片机汇编指令格式及标识

指令是使计算机完成基本操作的命令。我们知道计算机工作时是通过执行程序来解决问题的，而程序是由一条条指令按一定的顺序组成的，计算机只能直接识别二进制代码指令。以二进制代码指令形成的计算机语言，称为机器语言。机器语言不便被人们识别、记忆、理解和使用。为便于人们识别、记忆、理解和使用，给每条机器语言指令赋予一个助记符号，这就形成了汇编语言。汇编语言指令是机器语言指令的符号化，它和机器语言指令一一对应。机器语言和汇编语言与计算机硬件密切相关，不同类型的计算机，它们的机器语言和汇编语言指令不一样。

一种计算机能够执行的全部指令的集合，称为这种计算机的指令系统。单片机的指令系统与微型计算机的指令系统不同。51系列单片机指令系统共有111条指令，以及42种指令助记符。这111条指令可分为49条单字节指令、45条双字节指令和17条三字节指令；也可分为64条单机器周期指令，45条双机器周期指令，以及只有乘、除法两条的四机器周期指令。在存储空间和运算速度上，效率都比较高。

7.1.1　指令格式

不同的指令完成不同的操作，实现不同的功能，具体格式也不一样。但从总体上来说，每条指令通常由操作码和操作数两部分组成。操作码表示计算机执行该指令将进行何种操作，操作数表示参加操作的数或操作数所在的地址。51系列单片机汇编语言指令基本格式如下：

[标号：] 操作码助记符 [目的操作数] [,源操作数] [;注释]

其中：

1) 操作码助记符表明指令的功能，不同的指令有不同的指令助记符，它一般是用说明其功能的英文单词的缩写形式表示。

2) 操作数用于给指令的操作提供数据、数据的地址或指令的地址，操作数往往用相应的寻址方式指明。不同的指令，指令中的操作数不一样。51 系列单片机指令系统的指令按操作数的多少可分为无操作数、单操作数、双操作数和三操作数 4 种情况。无操作数指令是指指令中不需要操作数或操作数采用隐含形式指明。例如 RET 指令，它的功能是返回调用子程序的调用指令的下一条指令位置，指令中不需要操作数。单操作数指令是指指令中只需提供一个操作数或操作数地址。例如："INC A" 指令，它的功能是对累加器 A 中的内容加 1，操作中只需一个操作数。双操作数指令是指指令中需要两个操作数，这种指令在 51 系列单片机指令系统中最多，通常第一个操作数为目的操作数，接收数据，第二个操作数为源操作数，提供数据。例如 "MOV A，#21H"，它的功能是将源操作数，即立即数 21H 传送到目的操作数累加器 A 中。三个操作数的指令在 51 系列单片机指令系统中只有一条，即比较转移指令 CJNE。它的具体使用方法后面再做详细介绍。

3) 标号是该指令的符号地址，后面需带冒号。它主要为转移指令提供转移的目的地址。

4) 注释是对该指令的解释，前面需带分号。它们是编程者根据需要加上去的，用于对指令进行说明。对于指令本身功能而言是可以不要的。

需要说明的是，51 系列单片机汇编指令不区分字母的大小写，操作码、操作数和标号中的大小写字母都被当成是一样的进行处理。

7.1.2　指令中用到的标识符

为了便于后面的学习，在这里先对指令中用到的一些符号的约定意义加以说明。约定如下：

- Ri 和 Rn：表示当前工作寄存器区中的工作寄存器。i 取 0 或 1，表示 R0 或 R1。n 取 0～7，表示 R0～R7；
- #data：表示包含在指令中的 8 位立即数；
- #data16：表示包含在指令中的 16 位立即数；
- rel：以补码形式表示的 8 位相对偏移量，范围为-128～127，主要用在相对寻址的指令中；
- addr16 和 addr11：分别表示 16 位直接地址和 11 位直接地址；
- direct：表示直接寻址的地址；
- bit：表示可按位寻址的直接位地址；
- (X)：表示 X 单元中的内容；
- /和→符号：/表示对该位操作数取反，但不影响该位的原值。→表示操作流程，将箭尾一方的内容送入箭头所指一方的单元中去。

7.2　51 系列单片机指令的寻址方式

所谓寻址方式就是指操作数或操作数的地址的寻找方式。对于双操作数指令，源操作数和目的操作数都存在寻址方式的问题。若不特别声明，后面提到的寻址方式均指源操作数的寻址方式。51 系列单片机的寻址方式按操作数的类型可分为数的寻址和指令的寻址。数的寻址根据数的种类有常数寻址（立即寻址）、寄存器数寻址（寄存器寻址）、存储器数寻址（直接寻址方式、寄存器间接寻址方式、变址寻址方式）和位数据寻址（位寻址）。指令的寻址是为了得到转移的目的地址，根据目的地址的提供方式有绝对寻址和相对寻址两种方式。不同的寻址方式格式不同，处理的数据也不一样。

7.2.1　常数寻址（立即寻址）

操作数是常数，使用时直接出现在指令中，紧跟在操作码的后面，作为指令的一部分，与操作码一起存放在程序存储器中，可以立即得到并执行，不需要经过别的途径去寻找。常数又称为立即数，故又称为立即寻址。在 51 系列单片机汇编指令中，立即数前面以#符号作前缀。在程序中通常用于给寄存器或存储器单元赋初值，例如：

```
MOV  A,#20H
```

其功能是把立即数 20H 送给累加器 A，源操作数 20H 就是立即数。指令执行后累加器 A 中的内容为 20H。

7.2.2　寄存器数寻址（寄存器寻址）

操作数在寄存器中，使用时在指令中直接提供寄存器的名称，这种寻址方式称为寄存器寻址。在 51 系列单片机中，这种寻址方式针对的寄存器只能是 R0～R7 这 8 个通用寄存器和部分特殊功能寄存器（如累加器 A、寄存器 B、DPTR 等）中的数据，对于其他的特殊功能寄存器中的内容的寻址方式不属于寄存器寻址。在汇编指令中，寄存器寻址在指令中直接提供寄存器的名称，如 R0、R1、A、DPTR 等。例如：

```
MOV  A,R0
```

其功能是把 R0 寄存器中的数据送给累加器 A。在该条指令中，源操作数 R0 为寄存器寻址，传送的对象为 R0 中的数据。如指令执行前 R0 中的内容为 20H，则指令执行后累加器 A 中的内容为 20H。

7.2.3　存储器数寻址

存储器数寻址针对数据存放在存储器单元中的情况，对存储器单元的内容通过提供存储器单元地址寻址。根据存储器单元地址的提供方式，存储器数的寻址方式有：直接寻址、寄存器间接寻址、变址寻址。

1．直接寻址

直接寻址是在指令中直接提供存储器单元的地址。在 51 系列单片机中，这种寻址方式针对的是片内数据存储器和特殊功能寄存器。在汇编指令中，直接以地址数的形式提供存储器单元的地址。例如：

```
MOV  A,20H
```

其功能是把片内数据存储器 20H 单元的内容送给累加器 A。如果指令执行前片内数据存储器 20H 单元的内容为 30H，则该条指令执行后累加器 A 中的内容为 30H，如图 7-1 所示。该条指令中 20H 是地址数，它是片内数据存储单元的地址。需要注意的是，在

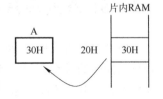

图 7-1　直接寻址示意图

51 系列单片机中，数据前面不加#是指存储单元地址而不是常数，常数前面要加符号#。

对于特殊功能寄存器，在指令中往往通过特殊功能寄存器的名称来使用，而特殊功能寄存器名称实际上是特殊功能寄存器单元的符号地址，因此它们是直接寻址。例如：

```
MOV  A,P0
```

其功能是把 P0 口的内容送给累加器 A。P0 是特殊功能寄存器 P0 口的符号地址，该条指令在被翻译成机器码时，P0 就转换成直接地址 80H。

2. 寄存器间接寻址

寄存器间接寻址是指存储器单元的地址存放在寄存器中，在指令中通过提供寄存器来使用对应的存储单元。形式为"@寄存器名"。例如：

```
MOV  A,@R1
```

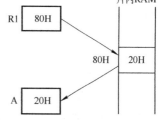

其功能是将以工作寄存器 R1 中的内容为地址的片内 RAM 单元的数据传送到累加器 A 中去。该条指令的源操作数是寄存器间接寻址。若 R1 中的内容为 80H，片内 RAM 中 80H 地址单元的内容为 20H，则执行该指令后，累加器 A 的内容为 20H。寄存器间接寻址示意图如图 7-2 所示。

图 7-2　寄存器间接寻址示意图

在 51 系列单片机中，寄存器间接寻址用到的寄存器只能是通用寄存器 R0、R1 和数据指针寄存器（DPTR），它能访问片内数据存储器和片外数据存储器中的数据。对于片内数据存储器，只能用 R0 和 R1 作指针间接访问；对于片外数据存储器，可以用 DPTR 作指针间接访问整个 64KB 空间，也可以用 R0 或 R1 作指针间接访问低端的 256 字节单元。用 R0 和 R1 既可对片内 RAM 间接访问，也可对片外 RAM 低端 256 字节间接访问，那如何区分呢？它们之间用指令来区分，访问片内 RAM 用 MOV 指令，访问片外 RAM 用 MOVX 指令。

3. 变址寻址

变址寻址是指操作数的地址由基址寄存器中存放的地址加上变址寄存器中存放的地址而得到。在 51 系列单片机系统中，基址寄存器可以是数据指针寄存器（DPTR）或程序计数器（PC），变址寄存器只能是累加器（A），两者的内容相加得到存储单元的地址，所访问的存储器为程序存储器。这种寻址方式通常用于访问程序存储器中的表格型数据，表首单元的地址为基址放于基址寄存器，要访问的单元相对于表首的位移量为变址放于变址寄存器，通过变址寻址可得到程序存储器相应单元的数据。例如：

```
MOVC  A,@A+DPTR
```

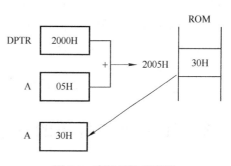

其功能是将数据指针寄存器（DPTR）的内容和累加器（A）中的内容相加作为程序存储器的地址，从对应的单元中取出内容送到累加器（A）中。在该条指令中，源操作数的寻址方式为变址寻址，设指令执行前数据指针寄存器（DPTR）的值为 2000H，累加器（A）的值为 05H，程序存储器 2005H 单元的内容为 30H，则指令执行后，累加器（A）中的内容为 30H。变址寻址示意图如图 7-3 所示。

图 7-3　变址寻址示意图

变址寻址可以用数据指针寄存器（DPTR）作基址寄存器，也可以用程序计数器（PC）作基址寄存器。当使用 PC 时，由于 PC 用于控制程序的执行，在程序执行过程中用户不能随意改变，它始终是指向下一条指令的地址，因而就不能直接把基址放在 PC 中。那基址如何得到呢？基址值可以通过由当前的 PC 值加上一个相对于表首位置的差值得到。这个差值不能加到 PC 中，可以通过加到累加器（A）中来实现。这个过程我们将会在后面详细介绍。

7.2.4　位数据寻址（位寻址）

在 51 系列单片机中，有一个独立的位处理器，它能够进行各种位运算，位运算的操作对象是各种位数据。位数据是通过提供相应的位地址来访问的。位数据的寻址方式称为位寻址方式。

在 51 系列单片机系统中，位地址的提供方式有以下几种：

1）直接位地址（00H～0FFH）。例如，20H。

2）字节地址带位号。例如，20H.3 表示 20H 单元的 3 位。

3）特殊功能寄存器名带位号。例如，P0.1 表示 P0 口的 1 位。

4）位符号地址。例如，TR0 是定时器/计数器 T0 的启动位。

7.2.5　指令寻址

指令寻址用在控制转移指令中，它的功能是得到转移的目的地址。因此，操作数用于提供目的地址。在 51 系列单片机系统中，目的地址的提供可以通过两种方式，分别对应两种寻址方式。

1. 绝对寻址

绝对寻址是在指令的操作数中直接提供目的地址或地址的一部分。在 51 系列单片机系统中，长转移和长调用提供 16 位目的地址，绝对转移和绝对调用提供 16 位目的地址的低 11 位，它们都为绝对寻址。

2. 相对寻址

相对寻址是以当前程序计数器（PC）的值加上指令中给出的偏移量（rel）得到目的地址。在 51 系列单片机系统中，相对转移指令的操作数属于相对寻址。

在使用相对寻址时要注意以下两点：

1）当前 PC 值是指转移指令执行时的 PC 值，它等于转移指令的地址加上转移指令的字节数。实际上是转移指令的下一条指令的地址。例如，若转移指令的地址为 2010H，转移指令的长度为 2 个字节，则转移指令执行时的 PC 值为 2012H。

2）rel 是 8 位有符号数，以补码表示，它的取值范围为–128～+127。为负值时表示向前转移，为正数时表示向后转移。

相对寻址的目的地址为

目的地址=当前 PC+rel=转移指令的地址+转移指令的字节数+rel

7.3　51 系列单片机的指令系统

51 系列单片机的指令系统功能强、指令短、执行快。从功能上可分成五大类：数据传送类指令、算术运算类指令、逻辑操作类指令、控制转移类指令和位操作类指令。下面将分别进行介绍。

7.3.1　数据传送类指令

所谓"数据传送"，是把源地址提供的数据传送到目的地址去。指令执行后一般源地址中的内容不变。在 51 系列单片机系统中，数据传送类指令有 29 条，是指令系统中数量最多、使用最频繁的一类指令。用到的助记符有 MOV、MOVX、MOVC、XCH、XCHD、SWAP、PUSH 和 POP。这类指令可分为 3 组：普通数据传送指令、数据交换指令和堆栈操作指令。

1. 普通数据传送指令

普通传送指令以助记符 MOV 为基础，分成片内数据存储器传送指令 MOV、片外数据存储器传送指令 MOVX 和程序存储器传送指令 MOVC。

（1）片内数据存储器传送指令 MOV

指令格式：

MOV　目的操作数，源操作数

其中，源操作数可以为 A、Rn、@Ri、direct、#data[16]，目的操作数可以为 A、Rn、@Ri、direct、DPTR，组合起来总共 16 条，如图 7-4 所示。

片内数据存储器传送指令按目的操作数的寻址方式可划分为 5 组：

1）以 A 为目的操作数。

```
MOV  A,Rn          ;A←Rn
MOV  A,direct      ;A←(direct)
MOV  A,@Ri         ;A←(Ri)
MOV  A,#data       ;A←#data
```

2）以 Rn 为目的操作数。

```
MOV  Rn,A          ;Rn←A
MOV  Rn,direct     ;Rn←(direct)
MOV  Rn,#data      ;Rn←#data
```

3）以直接地址 direct 为目的操作数。

```
MOV  direct,A      ;(direct)←A
MOV  direct,Rn     ;(direct)←Rn
MOV  direct,direct ;(direct)←(direct)
MOV  direct,@Ri    ;(direct)←(Ri)
MOV  direct,#data  ;(direct)←#data
```

4）以间接地址@Ri 为目的操作数。

```
MOV  @Ri,A         ;(Ri)←A
MOV  @Ri,direct    ;(Ri)←(direct)
MOV  @Ri,#data     ;(Ri)←#data
```

5）以 DPTR 为目的操作数。

```
MOV  DPTR,#data16  ;DPTR←#data16
```

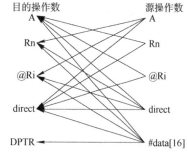

图 7-4　16 条 MOV 指令

MOV 指令在使用时应注意：源操作数和目的操作数中的 Rn 和@Ri 不能相互配对。如不允许有"MOV　Rn,Rn""MOV　@Ri,Rn"这样的指令。在 **MOV** 指令中，不允许在一条指令中同时出现两个工作寄存器，无论它是寄存器寻址还是寄存器间接寻址。

（2）片外数据存储器传送指令 MOVX

在 51 系列单片机系统中只能通过累加器（A）与片外数据存储器进行数据传送。访问时，只能通过@Ri 和@DPTR 以间接寻址的方式进行。MOVX 指令共有 4 条：

```
MOVX   A,@DPTR      ;A←(DPTR)
MOVX   @DPTR,A      ;(DPTR)←A
MOVX   A,@Ri        ;A←(Ri)
MOVX   @Ri,A        ;(Ri)←A
```

其中，前两条指令通过 DPTR 间接寻址，可以对整个 64KB 片外数据存储器进行访问。后两条指令通过@Ri 间接寻址，只能对片外数据存储器低端的 256B 进行访问，访问时将低 8 位地址放于 Ri 中。

（3）程序存储器传送指令 MOVC

程序存储器传送指令只有两条：一条是用 DPTR 变址寻址，一条是用 PC 变址寻址。

```
MOVC   A,@A+DPTR    ;A←(A+DPTR)
MOVC   A,@A+PC      ;A←(A+PC)
```

这两条指令通常用于访问程序存储器中的表格数据，因此也称为查表指令。

【例 7-1】　写出可以完成下列功能的程序段。

1）将 R0 的内容送 R6 中。

```
MOV    A,R0
MOV    R6,A
```

2）将片内 RAM 30H 单元的内容送片外 60H 单元中。

```
MOV    A,30H
MOV    R0,#60H
MOVX   @R0,A
```

3）将片外 RAM 1000H 单元的内容送片内 20H 单元中。

```
MOV    DPTR,#1000H
MOVX   A,@DPTR
MOV    20H,A
```

4）将 ROM 2000H 单元的内容送片内 RAM 的 30H 单元中。

```
MOV    A,#0
MOV    DPTR,#2000H
MOVC   A,@A+DPTR
MOV    30H,A
```

2．数据交换指令

普通数据传送指令实现将源操作数的数据传送到目的操作数，指令执行后源操作数中内容不变，数据传送是单向的。数据交换指令中数据做双向传送，传送后，前一个操作数原来的内容传送到后一个操作数中，后一个操作数原来的内容传送到前一个操作数中。

数据交换指令要求第一个操作数必须为累加器（A），共有 5 条：

```
XCH    A,Rn          ;A<=> Rn
XCH    A,direct      ;A<=>(direct)
XCH    A,@Ri         ;A<=>(Ri)
XCHD   A,@Ri         ;A0~A3<=>(Ri)0~(Ri)3
SWAP   A             ;A0~A3<=>A4~A7
```

【例 7-2】 若 R0 的内容为 30H，片内 RAM 30H 单元的内容为 23H，累加器 A 的内容为 45H，则执行 "XCH　A,@R0" 指令后片内 RAM 30H 单元的内容为 45H，累加器 A 中的内容为 23H。

3．堆栈操作指令

堆栈是在片内 RAM 中按"先进后出，后进先出"的原则设置的专用存储区。数据的进栈和出栈由指针 SP 统一管理。在 51 系列单片机系统中，堆栈操作指令有两条：

```
PUSH   direct    ;SP←SP+1,(SP)←(direct)
POP    direct    ;(direct)←(SP),SP←SP-1
```

其中，PUSH 为入栈指令，POP 为出栈指令。操作时以字节为单位。入栈时 SP 指针先加 1，再入栈。出栈时内容先出栈，SP 指针再减 1。用堆栈保护数据时，先入栈的内容后出栈；后入栈的内容先出栈。

7.3.2　算术运算类指令

算术运算指令有 24 条，包含加法指令、减法指令、乘法指令、除法指令和十进制调整指令。指令助记符有 ADD、ADDC、INC、SUBB、DEC、MUL、DIV 和 DA。

1．加法指令

加法指令有一般的加法指令 ADD、带进位的加法指令 ADDC 和加 1 指令 INC。

（1）一般的加法指令 ADD

一般的加法指令有 4 条：

```
ADD  A,Rn          ;A←A+Rn
ADD  A,direct      ;A←A+(direct)
ADD  A,@Ri         ;A←A+(Ri)
ADD  A,#data       ;A←A+#data
```

这 4 条指令第一个操作数必须为累加器 A。执行过程如下：先把累加器（A）的内容与第二个操作数的内容相加，然后把相加后的结果送回到累加器（A）中。累加器（A）相加时作为一个加数，相加完后又用于存放结果，执行前后内容发生变化，而第二个操作数执行前后内容不变。另外，在进行加法运算过程中会影响标志位 CY、AC、OV 和 P。

无论是哪一条加法指令，参加运算的都是两个 8 位二进制数。对于使用者来说，这 8 位二进制数可以看成无符号数（0～255），也可以看成有符号数，即补码数（-128～+127）。例如，对于一个二进制数 10011011，用户可以认为它是无符号数，即为十进制数 155，也可以认为它是有符号数，即为十进制负数-101。但计算机在作加法运算时，总按以下规定进行：

1）在求和时，只是把两个操作数直接相加，而不做其他任何处理。例如，若 A=10011011，R0=01001011 或 11001011，执行指令 "ADD　A，R0" 时，其加法过程如图 7-5 和图 7-6 所示，相加后 A=1110 0110 或 01100110，若认为是无符号数，则表示十进制数 230 或 102；若认为是有符号数，则表示十进制数–26 或+102。

2）对于进位标志（CY），当相加时最高位向前还有进位则置 1，否则清 0。对于两个无符号数相加，若进位标志（CY）置 1，则表示溢出（超过 255）；对于有符号数，进位标志没有意义。各标志位如图 7-5 和图 7-6 所示。

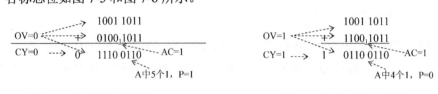

图 7-5　加法过程示意图 1　　　　　图 7-6　加法过程示意图 2

3）对于溢出标志（OV），当相加的两个操作数最高位相同，而结果的最高位又与它们不同，则溢出标志（OV）置 1，否则清 0。溢出标志用于有符号数的溢出判断，对于无符号数没有意义。当一个为正数（符号位为 0）和一个负数（符号位为 1）相加时，结果肯定不会溢出，（OV）清 0；当两个正数（符号位为 0）相加结果为负数（符号位为 1），或者两个负数（符号位为 1）相加结果为正数（符号位为 0），结果都会溢出，超出有符号数的范围（–128～+127），溢出标志（OV）置 1。如图 7-5 和图 7-6 所示。

4）对于辅助进位标志（AC），当相加时低 4 位向高 4 位有进位则置 1，否则清 0。

5）对于奇偶标志（P），当运算结果中 1 的个数为奇数置 1，否则清 0。

（2）带进位的加法指令 ADDC

带进位的加法指令有 4 条：

```
ADDC  A,Rn        ;A←A+Rn+C
ADDC  A,direct    ;A←A+(direct)+C
ADDC  A,@Ri       ;A←A+(Ri)+C
ADDC  A,#data     ;A←A+#data+C
```

这 4 条指令做加法时，除了要把指令中两个操作数的内容相加，还要加上当前的进位标志（CY）中的值。指令的其他处理过程与一般的加法相同。另外，如果执行时 CY=0，则它们与一般加法指令执行结果完全相同。

在 51 系列单片机中，常由 ADD 和 ADDC 配合使用来实现多字节加法运算。

【例 7-3】 试把两个分别存放在 R1R2 和 R3R4 中的两字节数相加，结果存于 R5R6 中。

处理时，低字节 R2 和 R4 用 ADD 指令相加，结果存放于 R6 中，高字节 R1 和 R3 用 ADDC 指令相加，结果存放于 R5 中，程序如下：

```
MOV   A,R2
ADD   A,R4
MOV   R6,A
MOV   A,R1
ADDC  A,R3
MOV   R5,A
```

（3）加 1 指令 INC

加 1 指令有 5 条：

```
INC  A             ;A←A+1
INC  Rn            ;Rn←Rn+1
```

```
INC  direct             ;(direct)←(direct)+1
INC  @Ri                ;(Ri)←(Ri)+1
INC  DPTR               ;DPTR←DPTR+1
```

INC 指令实现把指令后面的操作数中的内容加 1。前 4 条是对字节进行处理，最后一条是对 16 位的数据指针（DPTR）加 1。INC 指令中除了"INC A"指令要影响 P 标志位外，其他指令对标志位都没有影响。

2. 减法指令

减法指令有带借位减法指令 SUBB 和减 1 指令 DEC。

（1）带借位的减法指令 SUBB

带借位的减法指令有 4 条：

```
SUBB  A,Rn              ;A←A-Rn-C
SUBB  A,direct          ;A←A-(direct)-C
SUBB  A,@Ri             ;A←A-(Ri)-C
SUBB  A,#data           ;A←A-#data-C
```

在 51 系列单片机汇编系统中，没有一般的减法指令，只有带借位的减法指令。第一个操作数也必须是累加器（A）。执行过程如下：先用累加器（A）中的内容减去第二个操作数的内容，再减借位标志（CY），最后把结果送回累加器（A）。与加法运算类似，SUBB 指令既可作无符号数运算，又可作有符号数运算。

减法指令也影响标志 CY、AC、OV 和 P。其中，借位标志（CY）可作为无符号数比较大小的标志。当累加器（A）中的内容大于第二个操作数的内容，则 CY 清 0；若累加器（A）的内容小于第二个操作数的内容，则 CY 置 1。借位标志（CY）对无符号数没有意义。

溢出标志（OV）对无符号减法没有意义。溢出标志（OV）也用于溢出判断，对于减法，当正数（符号位为 0）减正数或负数减负数，结果肯定不会溢出，OV 清 0；当正数减负数结果为负数或负数减正数结果为正数，结果超出范围，溢出，OV 置 1。

对于辅助借位标志（AC），如果相减时低 4 位向高 4 位有借位则置 1，否则清 0。奇偶标志 P 也是结果中 1 的个数为奇数置 1，否则清 0。

由于没有一般的减法指令，因此一般的减法只能通过带借位的减法来实现，在做带借位的减法前，先把借位标志（CY）清 0，即可实现一般的减法。

（2）减 1 指令 DEC

减 1 指令有 4 条：

```
DEC  A                  ;A←A-1
DEC  Rn                 ;Rn←Rn-1
DEC  direct             ;direct←(direct)-1
DEC  @Ri                ;(Ri)←(Ri)-1
```

减 1 指令只能对上面 4 种字节单元内容减 1，没有对 DPTR 减 1 的指令。除了"DEC A"指令要影响 P 标志位外，对其他标志位也都没有影响。

3. 乘法指令 MUL

在 51 系列单片机汇编系统中，乘法指令只有一条：

```
MUL  AB
```

该条指令执行时将对存放于累加器 A 中的无符号被乘数和放于寄存器 B 中的无符号乘数

相乘，积的高字节存放于寄存器 B 中，低字节存放于累加器 A 中。

指令执行后将影响标志 CY 和 OV，CY 复位。对于标志 OV，当积大于 255 时（即 B 中不为 0），OV 置 1，否则 OV 清 0。

4. 除法指令 DIV

在 51 系列单片机汇编系统中，除法指令也只有一条：

```
DIV  AB
```

该条指令执行时将对存放在累加器 A 中的无符号被除数与存放在寄存器 B 中的无符号除数相除，除得的结果，商存于累加器 A 中，余数存于寄存器 B 中。

该条指令执行后将影响 CY 和 OV 标志位。一般情况下 CY 和 OV 都清 0，只有当寄存器 B 中的除数为 0 时，CY 和 OV 才被置 1。

5. 十进制调整指令

在 51 系列单片机汇编系统中，十进制调整指令只有一条：

```
DA  A
```

它只能用在 ADD 或 ADDC 指令的后面，用来对两个二位压缩的 BCD 码数通过用 ADD 或 ADDC 指令相加后存于累加器 A 中的结果进行调整，使之得到正确的十进制结果。通过该指令可实现两位十进制 BCD 码的加法运算。

它的调整过程为

1）若累加器 A 的低 4 位为十六进制的 A～F 或辅助进位标志 AC 为 1，则累加器 A 低 4 位加 0110B 调整。

2）若累加器 A 的高 4 位为十六进制的 A～F 或进位标志 CY 为 1，则累加器 A 高 4 位加 0110B 调整。

【例 7-4】 在 R3 中有十进制数 67，在 R2 中有十进制数 85，用十进制运算，运算的结果放于 R5 中。

```
MOV  A,R3
ADD  A,R2
DA   A
MOV  R5,A
```

十进制数 67 在 R3 中的压缩 BCD 码表示为 0110 0111B（67H），十进制数 85 在 R2 中的压缩 BCD 码表示为 1000 0101B（85H），加法过程与调整过程如图 7-7 所示。

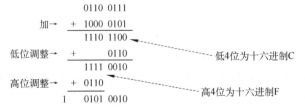

图 7-7 BCD 调整过程示意图

加法过程得到的结果为 1110 1100B（ECH）。调整过程分两步：①低 4 位为十六进制数 C，低 4 位加 0110（6）调整；②低 4 位调整后高 4 位为十六进制的 F，再对高 4 位加 0110（6）调整。调整后的进位放于 CY 中作为结果的最高位，所以调整后结果为 0001 0101 0010（152）。

7.3.3　逻辑运算类指令

逻辑运算指令有 24 条，包括逻辑与指令、或指令、异或指令、清零和求反，以及循环移位指令。指令助词符号有 ANL、ORL、XRL、CLR、CPL、RL、RR、RLC 和 RRC。

1．逻辑与指令 ANL

逻辑与指令实现把目的操作数和源操作数的内容按位与，结果放回目的操作数中。ANL 指令共有 6 条：

```
ANL  A,Rn              ;A←A∧Rn
ANL  A,direct          ;A←A∧(direct)
ANL  A,@Ri             ;A←A∧(Ri)
ANL  A,#data           ;A←A∧data
ANL  direct,A          ;(direct)←(direct)∧A
ANL  direct,#data      ;(direct)←(direct)∧data
```

2．逻辑或指令 ORL

逻辑或指令实现把目的操作数和源操作数的内容按位或，结果放回目的操作数中。ORL 指令共有 6 条：

```
ORL  A,Rn              ;A←A∨Rn
ORL  A,direct          ;A←A∨(direct)
ORL  A,@Ri             ;A←A∨(Ri)
ORL  A,#data           ;A←A∨data
ORL  direct,A          ;(direct)←(direct)∨A
ORL  direct,#data      ;(direct)←(direct)∨data
```

3．逻辑异或指令 XRL

逻辑异或指令实现把目的操作数和源操作数的内容按位异或，结果放回目的操作数中。XRL 指令共有 6 条：

```
XRL  A,Rn              ;A←A∀Rn
XRL  A,direct          ;A←A∀(direct)
XRL  A,@Ri             ;A←A∀(Ri)
XRL  A,#data           ;A←A∀data
XRL  direct,A          ;(direct)←(direct)∀A
XRL  direct,#data      ;(direct)←(direct)∀data
```

逻辑与、或、异或运算都各有 6 条指令，其中累加器 A 为目的操作数的为 4 条，直接地址为目的操作数的为 2 条。逻辑运算都是按位进行的，例如，若 A=01010011,R0=01100101，则执行与指令“ANL　A,R0”。

$$
\begin{array}{r}
0101\quad0011\\
\wedge\quad0110\quad0101\\
\hline
0100\quad0001
\end{array}
$$

执行该条指令后，累加器 A 中的内容为 A=01000001。

逻辑与用于实现对指定位清 0，其余位不变，清 0 的位和 0 相与，维持不变的位和 1 相与；逻辑或用于实现对指定位置 1，其余位不变，置 1 的位和 1 相或，维持不变的位和 0 相或；逻辑异或用于实现指定位取反，其余位不变，取反的位和 1 相异或，维持不变的位和 0

相异或。

【例 7-5】 写出完成下列功能的指令段。

（1）对累加器 A 中的 1、3、5 位清 0，其余位不变。

```
ANL  A,#11010101B
```

（2）对累加器 A 中的 2、4、6 位置 1，其余位不变。

```
ORL  A,#01010100B
```

（3）对累加器 A 中的 0、1 位取反，其余位不变。

```
XRL  A,#00000011B
```

4. 清零和求反指令

（1）清零指令：CLR

```
CLR  A  ;A←0
```

（2）求反指令：CPL

```
CPL  A  ;A←Ā
```

在 51 系列单片机系统中，只能对累加器 A 中的内容进行清零和求反，如要对其他的寄存器或存储器单元进行清零和求反，则需放在累加器 A 中进行，运算后再放回原位置。

5. 循环移位指令

51 系列单片机系统有 4 条对累加器 A 的循环移位指令，前两条只在累加器 A 中进行循环移位，后两条还要带进位标志（CY）进行循环移位。每一次移一位。4 条移位指令分别如下：

1）累加器 A 循环左移指令 RL：

```
RL    A
```

2）累加器 A 循环右移指令 RR：

```
RR  A
```

3）带进位的循环左移指令 RLC：

```
RLC    A
```

4）带进位的循环右移指令 RRC：

```
RRC    A
```

它们的移位过程如图 7-8 所示。

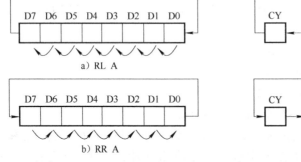
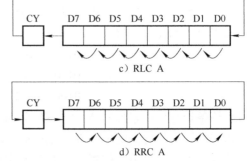

图 7-8　循环移位指令移位过程示意图

7.3.4　控制转移类指令

控制转移指令通常用于实现循环结构和分支结构，共有 17 条，包括无条件转移指令、条件转移指令、子程序调用及返回指令。指令助记符有 LJMP、AJMP、SJMP、JMP、JZ、JNZ、CJNE、DJNZ、LCALL、ACALL、RET 和 RETI。

1. 无条件转移指令

无条件转移指令是指当执行该指令后，程序将无条件地转移到指令指定的地方去。无条件转移指令包括长转移指令、绝对转移指令、相对转移指令和间接转移指令。

（1）长转移指令 LJMP

指令格式：

```
LJMP addr16    ;PC←addr16
```

助记符后面带 16 位目的地址，执行时直接将该 16 位地址送给程序指针（PC），程序无条件地转到 16 位目的地址指明的位置去。指令中提供的是 16 位目的地址，所以可以转移到 64KB 程序存储器的任意位置，故得名为"长转移"。该指令不影响标志位，使用方便。其缺点是执行时间长，字节数多。

（2）绝对转移指令 AJMP

指令格式：

```
AJMP addr11    ;PC10~PC0←addr11
```

111

助记符后面带的是目的地址中低 11 位直接地址，执行时先将程序指针（PC）的值加 2（该指令长度为 2 字节），然后把指令中的 11 位地址 addr11 送给程序指针（PC）的低 11 位，而程序指针的高 5 位不变，执行后转移到 PC 指针指向的新位置。

由于 11 位地址 addr11 的范围是 00000000000~11111111111，即 2KB 范围，而目的地址的高 5 位不变，所以程序转移的位置只能是和当前 PC 位置（AJMP 指令地址加 2）在同一 2KB 范围内。转移可以向前也可以向后，指令执行后不影响标志位。

（3）相对转移指令 SJMP

指令格式：

```
SJMP rel       ;PC←PC+2+rel
```

助记符后面的操作数 rel 是 8 位带符号补码数，执行时，先将程序指针（PC）的值加 2（该指令长度为 2 字节），然后再将程序指针（PC）的值与指令中的位移量 rel 相加得到转移的目的地址。即

转移的目的地址=SJMP 指令所在地址+2+rel

因为 8 位补码的取值范围为–128~+127，所以该指令的转移范围是：相对 PC 当前值向前 128B，向后 127B。

对于 SJMP 指令，要注意以下两点：

1）在单片机汇编程序设计中，通常用到一条 SJMP 指令：

```
SJMP  $
```

该指令的功能是在自己本身上循环，进入等待状态。其中符号 $ 表示转移到本身，它的

机器码为 80FEH。在程序设计中，程序的最后一条指令通常用它，使程序不再向后执行以避免执行后面的内容而出错。

2）用汇编语言编程时，无论长转移、绝对转移还是相对转移，指令的操作数一般不直接带地址，而带目的地址的标号，汇编时自动转换成相应的地址。这时就要注意，如果是长转移，则目的地址可在程序存储器 64KB 空间的任意位置；如果是绝对转移，则目的地址与转移指令要在同一个 2KB 以内（地址的高 5 位相同）；如果是相对转移，则目的地址只能在转移指令的向前 128B 向后 127B 范围内。如果不是这样，汇编时则会报错。

（4）间接转移指令 JMP

指令格式：

```
JMP  @A+DPTR    ;PC←A+DPTR
```

它是 51 系列单片机中唯一一条间接转移指令，转移的目的地址是由数据指针寄存器（DPTR）的内容与累加器（A）中的内容相加得到，指令执行后不会改变 DPTR 及 A 中原来的内容。DPTR 的内容一般为基址，A 的内容为相对偏移量，在 64KB 范围内无条件转移。在 51 系列单片机中，这条指令可以和一个无条件转移指令表一起实现多分支转移程序，因而又称为多分支转移指令。具体情况后面程序设计部分再详细介绍。

2. 条件转移指令

条件转移指令是指当条件满足时，程序转移到指定位置，条件不满足时，程序将继续顺次执行。在 51 系列单片机系统中，条件转移指令有 3 种：累加器（A）判零条件转移指令、比较转移指令、减 1 不为 0 转移指令。

（1）累加器（A）判零条件转移指令 JZ 和 JNZ

判 0 指令 JZ：

```
JZ  rel    ;若 A=0,则 PC←PC+2+rel,否则,PC←PC+2
```

判非 0 指令 JNZ：

```
JNZ  rel    ;若 A≠0,则 PC←PC+2+rel,否则,PC←PC+2
```

（2）比较转移指令 CJNE

比较转移指令用于对两个数做比较，并根据比较情况进行转移。比较转移指令有 4 条：

```
CJNE  A,#data,rel      ;若 A=data,则 PC←PC+3,不转移,继续执行
                       ;若 A>data,则 C=0,PC←PC+3+rel,转移
                       ;若 A<data,则 C=1,PC←PC+3+rel,转移
CJNE  Rn,#data,rel     ;若 Rn=data,则 PC←PC+3,不转移,继续执行
                       ;若 Rn>data,则 C=0,PC←PC+3+rel,转移
                       ;若 Rn<data,则 C=1,PC←PC+3+rel,转移
CJNE  @Ri,#data,rel    ;若 (Ri)=data,则 PC←PC+3,不转移,继续执行
                       ;若 (Ri)>data,则 C=0,PC←PC+3+rel,转移
                       ;若 (Ri)<data,则 C=1,PC←PC+3+rel,转移
CJNE  A,direct,rel     ;若 A=(direct),则 PC←PC+3,不转移,继续执行
                       ;若 A>(direct),则 C=0,PC←PC+3+rel,转移
                       ;若 A<(direct),则 C=1,PC←PC+3+rel,转移
```

（3）减 1 不为 0 转移指令 DJNZ

这种指令是先减 1 后判断，若不为 0 则转移。指令有 2 条：

```
DJNZ  Rn,rel        ;先将 Rn 中的内容减 1,再判断 Rn 中的内容是否等于 0,若不为 0,
                    ;则转移
DJNZ  direct,rel    ;先将(direct)中的内容减 1,再判断(direct)中的内容是否
                    ;等于 0,若不为 0,则转移
```

在 51 系列单片机中,通常用条件转移指令实现分支结构和循环结构的程序。

3. 子程序调用及返回指令

像高级语言一样,为了使程序的结构清楚,并减少重复指令所占的存储空间,在汇编语言程序中,也可以采用子程序,故需要有子程序调用指令。子程序调用也是要中断原有的指令执行顺序,转移到子程序的入口地址去执行子程序。但与转移指令有一点重大的区别,即子程序执行完毕后,要返回到原有程序中断的位置,继续往下执行。因此,子程序调用指令还必须能将程序中断点位置的地址保存起来,一般都是放在堆栈中保存的。堆栈的先入后出的存取方式正好适合于存放断点地址的要求,特别是适合于存放子程序嵌套时的断点地址。

图 7-9a 所示是一个两层嵌套的子程序调用,图 7-9b 为两层子程序调用后,堆栈中断点地址存放的情况。主程序执行到断点 1 时调用子程序 1,先存入断点 1 地址,再转去执行子程序 1,在执行子程序 1 过程中又调用子程序 2,于是在堆栈中又存入断点 2 地址,再转去执行子程序 2。断点地址存放时,先存低 8 位,后存高 8 位。从子程序返回时,先从堆栈中取出断点 2 地址,返回继续执行子程序 1,然后再取出断点 1 地址,返回继续执行主程序。

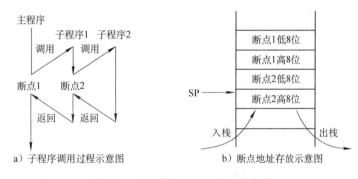

a)子程序调用过程示意图　　　　b)断点地址存放示意图

图 7-9　子程序调用与断点地址存放

子程序处理中,子程序调用使用子程序调用指令来实现,它要完成以下两个功能:

1)断点地址入栈保护。断点地址是子程序调用指令的下一条指令的地址,取决于调用指令的字节数,它可以是 PC+2 或 PC+3,这里 PC 是指调用指令所在地址。

2)子程序的入口地址送到程序计数器(PC),转移到子程序。

子程序返回由返回指令实现,它把当前堆栈指针(SP)指向的两个字节出栈,送给 PC,返回被调用位置。

在 51 系列单片机中,子程序调用及返回指令有 4 条:2 条子程序调用指令,2 条返回指令。

(1)长调用指令 LCALL

指令格式:

```
LCALL  addr16       ;PC←PC+3
                    ;SP←SP+1
                    ;(SP)←PC7~PC0
                    ;SP←SP+1
                    ;(SP)←PC15~PC8
```

```
                           ;PC←addr16,转移到子程序去执行
```

该指令执行时，先将当前的 PC（指令的 PC 加指令的字节数 3）值压入堆栈保存，入栈时先低字节，后高字节。然后转移到指令中 addr16 所指定的地方执行。由于后面带 16 位地址，因而可以转移到程序存储空间的任意位置。

（2）绝对调用指令 ACALL

指令格式：

```
    ACALL    addr11       ;PC←PC+2
                          ;SP←SP+1
                          ;(SP)←PC7～PC0
                          ;SP←SP+1
                          ;(SP)←PC15～PC8
                          ;PC10～PC0←addr11,转移到子程序去执行
```

该指令执行过程与 LCALL 指令类似，只是该指令与 AJMP 一样只能实现在 2KB 范围内转移，执行的结果是将指令中的 11 位地址 addr11 送给 PC 指针的低 11 位。

对于 LCALL 和 ACALL 两条子程序调用指令，在汇编程序中，指令后面通常带转移位置的标号。用 LCALL 指令调用，转移位置可以是程序存储空间的任意位置；用 ACALL 指令调用，转移位置与 ACALL 指令的下一条指令必须在同一个 2KB 范围内，即它们的高 5 位地址相同。

（3）子程序返回指令 RET

指令格式：

```
    RET                  ;PC←PC+1
                         ;PC15～PC8←(SP)
                         ;SP←SP-1
                         ;PC7～PC0←(SP)
                         ;SP←SP-1;返回执行调用指令的下一条指令
```

执行时将子程序调用指令压入堆栈的地址出栈，第一次出栈的内容送 PC 的高 8 位，第二次出栈的内容送 PC 的低 8 位。执行完后，程序转移到新的 PC 位置执行指令。由于子程序调用指令执行时压入的内容是调用指令的下一条指令的地址，因而 RET 指令执行后，程序将返回到调用指令的下一条指令执行。

该指令通常放在子程序的最后，用于实现返回到主程序。另外，在 51 系列单片机程序设计中，也常用 RET 指令来实现程序转移，处理时先将转移位置的地址用两条 PUSH 指令入栈，低字节在前，高字节在后，然后执行 RET 指令，执行后程序转移到相应的位置去执行。

（4）中断返回指令 RETI

指令格式：

```
    RETI                 ;PC←PC+1
                         ;PC15～PC8←(SP)
                         ;SP←SP-1
                         ;PC7～PC0←(SP)
                         ;SP←SP-1;返回执行中断断点位置的下一条指令
```

该指令的执行过程与 RET 基本相同，只是 RETI 在执行后，在转移之前将清除中断的优

先级触发器。该指令用于中断服务子程序后面,作为中断服务子程序的最后一条指令。它的功能是返回主程序中断的断点位置,继续执行断点位置后面的指令。

在 51 系列单片机中,中断都是硬件中断,没有软件中断调用指令。硬件中断时,由一条长转移指令使程序转移到中断服务程序的入口位置,在转移之前,由硬件把相应的中断优先级触发器置 1,并将当前的断点地址压入堆栈保存,以便于以后通过中断返回指令返回到断点位置后继续执行。

7.3.5 位操作类指令

在 51 系列单片机中,除了有一个 8 位的运算器 A 以外,还有一个位运算器 C(实际为进位标志 CY),可以进行位处理,这对于控制系统很重要。在 51 系列单片机汇编系统中,有 17 条位处理指令,可以实现位传送、位逻辑运算、位控制转移和空操作。指令助记符有 MOV、CLR、SETB、CPL、ANL、ORL、JC、JNC、JB、JNB、JBC 和 NOP。

1. 位传送指令

位传送指令有两条,用于实现位运算器 C 与一般位之间的相互传送。

```
MOV  C,bit       ;C←(bit)
MOV  bit,C       ;(bit)←C
```

指令在使用时必须有位运算器 C 参与,不能直接实现两位之间的传送。如果进行两位之间的传送,可以通过位运算器 C 来实现传送。

2. 位逻辑运算指令

位逻辑运算指令包括位清 0、置 1、取反、位与和位或,总共 10 条指令。

(1) 位清 0

```
CLR  C           ;C←0
CLR  bit         ;(bit)←0
```

(2) 位置 1

```
SETB C           ;C←1
SETB bit         ;(bit)←1
```

(3) 位取反

```
CPL  C           ;C←C̄
CPL  bit         ;(bit)←(/bit)
```

(4) 位与

```
ANL  C,bit       ;C←C∧(bit)
ANL  C,/bit      ;C←C∧(/bit)
```

(5) 位或

```
ORL  C,bit       ;C←C∨(bit)
ORL  C,/bit      ;C←C∨(/bit)
```

利用位逻辑运算指令可以实现各种逻辑功能。

【例 7-6】 利用位逻辑运算指令编程实现图 7-10 所示硬件逻辑电路的功能。

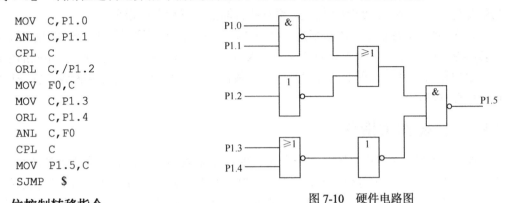

```
MOV   C,P1.0
ANL   C,P1.1
CPL   C
ORL   C,/P1.2
MOV   F0,C
MOV   C,P1.3
ORL   C,P1.4
ANL   C,F0
CPL   C
MOV   P1.5,C
SJMP  $
```

图 7-10　硬件电路图

3. 位控制转移指令

位转移指令有以 C 为条件的位转移指令和以 bit 为条件的位转移指令，共 5 条。

（1）以 C 为条件的位转移指令

```
JC    rel          ;若 C=1,则转移,PC←PC+2+rel,否则程序继续执行
JNC   rel          ;若 C=0,则转移,PC←PC+2+rel,否则程序继续执行
```

（2）以 bit 为条件的位转移指令

```
JB    bit,rel      ;若(bit)=1,则转移,PC←PC+3+rel,否则程序继续执行
JNB   bit,rel      ;若(bit)=0,则转移,PC←PC+3+rel,否则程序继续执行
JBC   bit,rel      ;若(bit)=1,则转移,PC←PC+3+rel,且(bit)←0
                   ;否则程序继续执行
```

利用位转移指令可进行各种测试。

4. 空操作指令

```
NOP                ;PC←PC+1
```

这是一条单字节指令。执行时，不做任何操作（即空操作），仅将 PC 加 1，使 CPU 指向下一条指令继续执行程序。它要占用一个机器周期，常用来产生时间延迟，构造延时程序。

7.4　51 系列单片机汇编程序设计过程及常用伪指令

前面介绍了 51 系列单片机汇编语言指令系统。在用 51 系列单片机设计应用系统时，可通过用汇编指令来编写程序，用汇编指令编写的程序称为汇编语言源程序。汇编语言源程序必须翻译成机器代码才能运行，翻译通常由计算机通过汇编程序来完成，翻译的过程称为汇编。

7.4.1　51 系列单片机汇编程序设计过程

用汇编语言设计程序和用高级语言设计程序有相似之处，其设计过程大致可以分为以下几个步骤：

1）明确项目的具体内容，包括对程序功能、运算精度、执行速度等方面的要求及硬件条件。

2）把复杂问题分解为若干个模块，确定各模块的处理方法，画出程序流程图（简单问题可以不画）。对复杂问题可分别画出分模块流程图和总流程图。

3）明确存储器资源分配，如各程序段的存放地址、数据区地址、工作单元分配等。

4）编制程序，根据程序流程图选择合适的指令和寻址方式来编制源程序。

5）对程序进行汇编、调试和修改。将编制好的源程序进行汇编，检查修改程序中的错误，执行目标程序，对程序运行结果进行分析，直至正确为止。

另外，用汇编语言进行程序设计时，对于程序、数据在存储器的存放位置，工作寄存器、片内数据存储单元、堆栈空间等安排都要由编程者自己安排。编写过程中要特别注意。

7.4.2　51 系列单片机汇编程序常用伪指令

伪指令是放在汇编语言源程序中用于指示汇编程序如何对源程序进行汇编的指令。它不同于指令系统中的指令：指令系统中的指令在汇编时能够产生相应的指令代码，而伪指令在汇编时不会产生代码，只是对汇编过程进行相应的控制和说明。

伪指令通常在汇编语言源程序中用于定义数据、分配存储空间、控制程序的输入/输出等。51 系列单片机汇编程序中常用的伪指令有以下几条：

1. ORG

```
ORG   地址    ;地址用十六进制表示
```

这条伪指令放在一段源程序或数据的前面，汇编时用于指明程序或数据从程序存储空间的什么位置开始存放。ORG 后的地址是程序或数据的起始地址。

【例 7-7】

```
ORG  0100H
MOV  R0,#10H
MOV  R1,#20H
    ⋮
```

指明后面的程序从程序存储器的 0100H 单元开始存放，编译后在程序存储器的存放情况如图 7-11 所示。

2. DB

```
[标号：]  DB  项或项表
```

DB 用于定义字节数据，可以定义一个字节，也可定义多个字节。定义多个字节时，两两之间用逗号间隔，定义的多个字节在存储器中是连续存放的。定义的字节可以是一般常数，也可以是字符，还可以是字符串。字符和字符串以引号括起来，字符数据在存储器中以 ASCII 码的形式存放。

在定义时前面可以带标号，定义的标号在程序中是起始单元的地址。

【例 7-8】

```
        ORG  3000H
TAB1:   DB   12H,34H
        DB   '5','A','abc'
```

汇编后，各个数据在存储单元中的存放情况如图 7-12 所示。

0100H	78H
0101H	10H
0102H	79H
0103H	20H

图 7-11　ORG 存储器单元分配图

3000H	12H
3001H	34H
3002H	35H
3003H	41H
3004H	61H
3005H	62H
3006H	63H

图 7-12　DB 存储单元分配图

117

3. DW

> [标号：] DW 项或项表

这条指令与 DB 相似，但用于定义字数据。项或项表所定义的一个字在存储器中占两个字节。汇编时，机器自动按高字节在前低字节在后存放，即高字节存放在低地址单元，低字节存放在高地址单元。

【例 7-9】

```
      ORG  3000H
TAB2: DW   1234H,5678H
```

汇编后，各个数据在存储单元中的存放情况如图 7-13 所示。

3000H	12H
3001H	34H
3002H	56H
3003H	78H

图 7-13 DW 存储单元分配图

4. DS

> [标号：] DS 数值表达式

该伪指令用于在存储器中保留一定数量的字节单元。保留的存储空间主要是为了以后存放数据。保留的字节单元数由表达式的值决定。

【例 7-10】

```
      ORG  3000H
TAB1: DB   12H,34H
      DS   4H
      DB   '5'
```

汇编后，各个数据在存储单元中的存放情况如图 7-14 所示。

注意：在 51 系列单片机中，伪指令 DB、DW、DS 定义的数据都位于程序存储器。

3000H	12H
3001H	34H
3002H	—
3003H	—
3004H	—
3005H	—
3006H	35H

图 7-14 DS 存储单元分配图

5. EQU

> 符号 EQU 项

该伪指令的功能是将指令中项的值赋予 EQU 前面的符号。项可以是常数、地址标号或表达式。在后面的程序中可以通过使用该符号使用相应的项。

【例 7-11】

```
TAB1  EQU  1000H
TAB2  EQU  2000H
```

汇编后 TAB1、TAB2 分别等于 1000H、2000H。后面程序使用 1000H、2000H 的地方就可以用符号 TAB1、TAB2 替换。

用 EQU 对某标号赋值后，该符号的值在整个程序中不能再改变。

6. DATA

> 符号 DATA 直接字节地址

该伪指令用于给片内 RAM 字节单元地址赋予 DATA 前面的符号。符号以字母开头，同一单元地址可以赋予多个符号。赋值后可用该符号代替 DATA 后面的片内 RAM 字节单元地址。

【例 7-12】

```
RESULT  DATA  60H
    ⋮
MOV RESULT,A
```

汇编后，RESULT 就表示片内 RAM 的 60H 单元，程序后面用片内 RAM 的 60H 单元的地方就可以用 RESULT。

7．BIT

```
符号  BIT  位地址
```

该伪指令用于给位地址赋予符号，经赋值后可用该符号代替 BIT 后面的位地址。

【例 7-13】

```
PLG   BIT  F0
A1    BIT  P1.0
```

定义后，在程序中位地址 F0、P1.0 就可以通过 PLG 和 A1 来使用。

8．END

```
END
```

该指令放于程序的最后位置，用于指明汇编语言源程序的结束位置。当汇编程序汇编到 END 时，汇编结束。END 后面的指令，汇编程序都不予处理。一个源程序只能有一个 END 命令，否则就有一部分指令不能被汇编。

需要说明的是，51 系列单片机汇编伪指令不区分字母大小写，无论是伪指令本身，还是里面的标号和符号，大小写字母都被看成是一样的。

7.5　51 系列单片机汇编程序设计

7.5.1　数据传送程序

【例 7-14】　把片内 RAM 的 40H~4FH 的 16 个字节的内容传送到片外 RAM 的 2000H 单元位置处。

分析：数据传送通过数据传送指令实现。片内数据存储器与片外数据存储器数据传送要通过累加器 A 过渡。每个字节的传送方法相同，可用循环程序实现，片内 RAM 和片外 RAM 分别用寄存器作指针指向，每传送一次指针向后移一个单元，循环 16 次即可实现。

具体处理过程如下：在循环体外，用 R0 指向片内 RAM 的 40H 单元，用 DPTR 指向片外 RAM 的 2000H 单元，用 R2 作循环变量，初值为 16。在循环体中把 R0 指向的片内 RAM 单元内容传送到 DPTR 指向的片外 RAM 单元，改变 R0、DPTR 指针指向下一个单元，用 DJNZ 指令控制循环 16 次即可。程序流程图如图 7-15 所示。

程序如下：

```
ORG  0000H
LJMP  MAIN

ORG  0100H
```

```
MAIN:   MOV    R0,#40H
        MOV    DPTR,#2000H
        MOV    R2,#16
LOOP:   MOV    A,@R0
        MOVX   @DPTR,A      ;@R0→@DPTR
        INC    R0
        INC    DPTR
        DJNZ   R2,LOOP
        SJMP   $
        END
```

7.5.2 运算程序

1. 多字节无符号数加法

【例 7-15】 设片内 RAM 30H 单元和 40H 单元有两个 16 字节数，把它们相加，将结果放于 30H 单元开始的位置处（设结果不溢出）。

分析：加法用加法指令实现，51 系列单片机汇编系列有两条加法指令：一般加法指令 ADD 和带进位的加法指令 ADDC。多字节相加时，最低字节用一般加法，其余字节用带进位的加法。这里为了统一处理方便，减少程序量，最低字节也用带进位的加法。运算之前先把进位标志 CY 清零。每个字节加法过程相同，可用循环程序实现，片内 RAM 30H 单元和 40H 单元分别用寄存器作指针指向，每加一次指针向后移一个单元，循环 16 次即可实现。

具体处理过程如下：在循环体外，用 R0 作指针指向片内 RAM 30H 单元，用 R1 作指针指向片内 RAM 40H 单元，用 R2 作循环变量，初值为 16，CY 清零。在循环体中用 ADDC 指令把 R0 指针指向的单元数据与 R1 指针指向的单元数据相加，加得的结果放回 R0 指向的单元，改变 R0、R1 指针指向下一个单元，循环 16 次。

程序流程图如图 7-16 所示。

程序如下：

```
        ORG    0000H
        LJMP   MAIN

        ORG    0100H
MAIN:   MOV    R0,#30H
        MOV    R1,#40H
        MOV    R2,#16
        CLR    C
LOOP:   MOV    A,@R0
        ADDC   A,@R1
        MOV    @R0,A
        INC    R0
        INC    R1
        DJNZ   R2,LOOP
        SJMP   $
        END
```

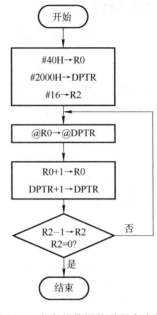

图 7-15 多字节数据传送程序流程图

图 7-16 多字节无符号数加法程序流程图

2. 两字节无符号数乘法

【例 7-16】　设被乘数的高字节放在 R7 中，低字节放在 R6 中；乘数的高字节放在 R5 中，低字节放在 R4 中。乘得的积有 4 个字节，按由低字节到高字节的次序存于片内 RAM 中以 ADDR 为首地址的区域中。

分析：乘法用乘法指令实现，51 系列单片机只有一条乘法指令"MUL AB"。这是一条单字节无符号数乘法指令，要求参加运算的两个字节放在累加器 A 和寄存器 B 中，而乘得的结果的高字节放在寄存器 B 中，低字节放在累加器 A 中。因此 R7R6×R5R4 需用 4 次乘法指令来实现，即 R6×R4、R7×R4、R6×R5 和 R7×R5，设 R6×R4 的结果为 B1A1，R7×R4 的结果为 B2A2，R6×R5 的结果为 B3A3，R7×R5 的结果为 B4A4，乘得的结果需按图 7-17 所示的关系相加。

即乘积的最低字节 C1 只由 A1 这部分得到，乘积的第 2 字节 C2 由 B1、A2 和 A3 相加得到，乘积的第 3 字节 C3 由 B2、B3、A4 以及 C2 部分的进位相加得到，乘积的第 4 字节 C4 由 B4 和低字节的进位相加得到。由于在计算机内部不能同时实现多个数相加，因而我们用累加的方法来计算 C2、C3 和 C4 部分，用 R3 寄存器来累加 C2 部分，用 R2 寄存器来累加 C3 部分，用 R1 寄存器来累加 C4 部分。另外，用 R0 作指针来依次存放 C1、C2、C3、C4 到存储器。

		R7	R6
×		R5	R4
		B1	A1
	B2	A2	
	B3	A3	
+	B4	A4	
	C4	C3	C2	C1

图 7-17　双节无符号数乘法运算过程

程序如下：

```
        ORG   0000H
        LJMP  MAIN

        ORG   0100H
MAIN:   MOV   R0,#ADDR
MUL1:   MOV   A,R6
        MOV   B,R4
        MUL   AB          ;R6×R4,结果的低字节直接存入积的第 1 字节单元
        MOV   @R0,A
        MOV   R3,B         ;结果的高字节存入 R3 中暂存起来
MUL2:   MOV   A,R7
        MOV   B,R4
        MUL   AB          ;R7×R4,结果的低字节与 R3 相加后,再存入 R3 中
        ADD   A,R3
        MOV   R3,A
        MOV   A,B          ;结果的高字节加上进位位后存入 R2 中暂存起来
        ADDC  A,#00
        MOV   R2,A
MUL3:   MOV   A,R6
        MOV   B,R5
        MUL   AB          ;R6×R5,结果的低字节与 R3 相加存入积的第 2 字节单元
        ADD   A,R3
        INC   R0
        MOV   @R0,A
        MOV   A,R2
        ADDC  A,B          ;结果的高字节加 R2 再加进位位后,再存入 R2 中
```

```
        MOV    R2,A
        MOV    A,#00
        ADDC   A,#00        ;相加的进位位存入 R1 中
        MOV    R1,A
MUL4:   MOV    A,R7
        MOV    B,R5
        MUL    AB           ;R7×R5,结果的低字节与 R2 相加存入积的第 3 字节单元
        ADD    A,R2
        INC    R0
        MOV    @R0,A
        MOV    A,B
        ADDC   A,R1         ;结果的高字节加 R1 再加进位位后存入积的第 4 字节单元
        INC    R0
        MOV    @R0,A
        SJMP   $
        END
```

7.5.3 代码转换程序

对于代码转换，如果要转换的内容与代码之间有规律，则可利用它们的规律用运算方式实现转换；如果没有规律，可以通过用查表方式实现转换。

【例 7-17】 将一位十六进制数转换成 ASC1I 码。设十六进制数放于 R2 中，要求转换的结果放回 R2 中。

分析：一位十六进制数有 16 个符号 0～9、A～F。其中，0～9 的 ASCII 码为 30H～39H，A～F 的 ASCII 码为 41H～46H。转换时，只要判断十六进制数是在 0～9 之间还是在 A～F 之间，若在 0～9 之间，则加 30H，若在 A～F 之间，则加 37H，即可得到其 ASCII 码。具体流程如图 7-18 所示。

程序如下：

```
        ORG    0200H
        MOV    A,R2
        CLR    C
        SUBB   A,#0AH       ;减去 0AH,判断是在 0～9 之间,还是
                              在 A～F 之间
        MOV    A,R2
        JC     ADD30        ;若在 0～9 之间,则直接加 30H
        ADD    A,#07H       ;若在 A～F 之间,则先加 07H 再加 30H
ADD30:  ADD    A,#30H
        MOV    R2,A
        RET
```

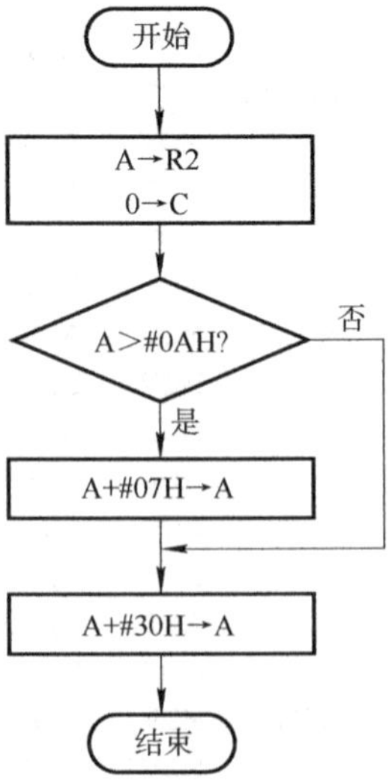

图 7-18 一位十六进制数转换成 ASCII 码流程图

【例 7-18】 将一位十六进制数转换成 8 段式数码管显示码。设十六进制数放于 R2 中，要求转换的结果放回 R2 中。

分析：一位十六进制数 0～9、A～F 的 8 段式数码管的共阴极显示码为 3FH、06H、5BH、4FH、66H、6DH、7DH、07H、7FH、67H、77H、7CH、39H、5EH、79H、71H。由于数与显示码没有规律，所以不能通过运算得到，只能通过查表方式得到。首先用数据定义伪指令 DB 建一张由十六进制数 0～9、A～F

的 8 段式数码管的共阴极显示码组成的表，查表时先找到表首，然后用这一位十六进制数作位移量就可以找到相应的显示码。

在 51 系列单片机中，查表指令有两条："MOVC　A,@A+DPTR"和"MOVC　A,@A+PC"。用它们构造的查表程序分别如下：

（1）用"MOVC A,@A+DPTR"构造的查表程序

```
            ORG    0200H
CONVERT: MOV    DPTR,#TAB        ;DPTR 指向表首地址
            MOV    A,R2             ;转换的数放于 A
            MOVC   A,@A+DPTR        ;查表指令转换
            MOV    R2,A
            RET
TAB:        DB     3FH,06H,5BH,4FH,66H,6DH,7DH,07H
            DB     7FH,67H,77H,7CH,39H,5EH,79H,71H    ;显示码表
```

用"MOVC A,@A+DPTR"查表时，DPTR 直接存放表首地址，累加器 A 中存放要转换的数字。执行查表指令后累加器 A 中即可得到相应的显示码。

（2）用"MOVC A,@A+PC"构造的查表程序

```
            ORG    0200H
CONVERT: MOV    A,R2             ;转换的数放于 A
            ADD    A,#02H           ;加查表指令相对于表首的位移量
            MOVC   A,@A+PC          ;查表指令转换
            MOV    R2,A
            RET
TAB:        DB     3FH,06H,5BH,4FH,66H,6DH,7DH,07H
            DB     7FH,67H,77H,7CH,39H,5EH,79H,71H    ;显示码表
```

用"MOVC A,@A+PC"查表时，由于 PC 不能直接赋值，在程序处理过程中它始终指向下一条指令。查表时如何得到表首地址呢？处理时，可以用"MOVC A,@A+PC"指令执行时的 PC 值加一个差值来得到，这个差值为"MOVC A,@A+PC"指令执行时的 PC 值相对于表首的位移量。在本例中，这个差值为 02H。在 51 系列单片机中，PC 又不能直接和位移量相加，那又如何解决呢？处理时可以将这个差值加到累加器 A 中。上面程序就是在把当前要转换的数字放于累加器 A 后，再把差值 02H 加到累加器 A，然后执行查表指令，累加器 A 中即可得到相应的显示码。

7.5.4　分支程序

在 51 系列单片机中，分支程序可分为一般分支程序和多分支程序。通过指令系统中的控制转移指令来实现。

1. 一般分支程序

一般分支程序通常用条件转移指令实现。

【例 7-19】 从片外 RAM 的 1000H 单元开始存放了 200 个英文符号，要求统计它们当中字符 A 的个数，并将结果存放于 R7 中。

分析：用 R2 作循环变量，最开始置初值为 200，用 DJNZ 指令对 R2 减 1 转移进行循环控制。在循环体外，给 R7 清 0，给片外 RAM 指针 DPTR 置初值 1000H；在循环体中用 DPTR

指针依次取出片内 RAM 中的数据，用 CJNE 指令判断，如为 A（41H），则 R7 中的内容加 1。循环完成后 R7 中的数字就是字符 A 的个数。

程序如下：

```
        ORG    0000H
        LJMP   MAIN

        ORG    0100H
MAIN:   MOV    R2,#200
        MOV    DPTR,#1000H
        MOV    R7,#0
LOOP:   MOVX   A,@DPTR
        CJNE   A,#41H,NEXT
        INC    R7
NEXT:   INC    DPTR
        DJNZ   R2,LOOP
        SJMP   $
        END
```

2．多分支程序

多分支转移程序通过"JMP @A+DPTR"指令来实现。"JMP @A+DPTR"指令是 51 系列单片机中的间接转移指令，又称为多分支转移指令（散转指令），该指令执行时，由 DPTR 的内容与累加器 A 中的内容相加得到转移的目的地址。用该指令来实现多分支时，先要构造一个无条件转移指令表，表首地址存放在 DPTR 中，累加器 A 中存放转移的分支信息，然后执行"JMP @A+DPTR"指令，即可转移到相应的分支去。

【例 7-20】 编写一个有 10 路分支的多分支转移程序。设分支号为 0～9，存放在 R2 中。即当

(R2)=0，转向 OPR0

(R2)=1，转向 OPR1

⋮

(R2)=9，转向 OPR9

分析：先用无条件转移指令 AJMP 或 LJMP 按顺序构造一个转移指令表，执行转移指令表中的第 n 条指令，就可以转移到第 n 个分支。将转移指令表的首地址装入 DPTR 中，将 R2 中的分支信息装入累加器 A 中形成变址值。然后执行多分支转移指令"JMP @A+DPTR"转到转移指令表的相应无条件转移指令，再通过无条件转移指令转移到对应的分支。

程序如下：

```
        MOV    DPTR,#TAB      ;DPTR 指向转移指令表的首地址
        MOV    A,R2
        RL     A              ;分支信息乘 2 形成变址值送累加器 A 中
        JMP    @A+DPTR        ;转到转移指令表的相应无条件转移指令
TAB:    AJMP   OPR0           ;转移指令表
        AJMP   OPR1
        ⋮
        AJMP   OPR9
```

在例 7-20 中，转移指令表中的转移指令是由 AJMP 指令构成的，每条 AJMP 指令长度为两个字节，变址值的取得是通过分支信息乘以指令长度 2。

AJMP 指令的转移范围不超出 2KB 的字节空间，如果各分支程序比较长，在 2KB 范围内无法全部存放，这时应改用 LJMP 指令构造转移指令表。每条 LJMP 指令长度为 3 个字节，变址值应由分支信息乘以 3。

程序如下：

```
        ORG   0200H
        MOV   DPTR,#TAB        ;DPTR 指向转移指令表的首地址
        MOV   A,R2
        MOV   B,#3
        MUL   AB               ;分支信息乘 3 形成变址值送累加器 A 中
        JMP   @A+DPTR          ;转到转移指令表的相应无条件转移指令
TAB:    LJMP  OPR0             ;转移指令表
        LJMP  OPR1
        LJMP  OPR2
        ⋮
        LJMP  OPR9
```

7.5.5　延时程序

每条指令执行都要占用一定的机器周期，指令执行时间见附录 A。延时程序通过执行多条指令来实现，一般采用循环结构。

【例 7-21】　编写延时 1ms 的程序，设系统时钟频率 12MHz。

程序如下：

```
DEL10ms: MOV   R6,#2           ;1 个机器周期
DEL1:    MOV   R7,#248         ;1 个机器周期
         DJNZ  R7,$            ;2 个机器周期
         DJNZ  R6,DEL1         ;2 个机器周期
         RET                   ;2 个机器周期
```

系统时钟频率 12MHz，则机器周期 1μs。延时时间计算如下：

$$T=[2+2\times(248\times2+1+2)+1]\times1\mu s=1.001ms$$

思考题与习题

7-1　什么是数的寻址？什么是指令寻址？

7-2　在 51 系列单片机中，片内 RAM 可以用哪几种寻址方式？片外 RAM 可以用哪几种寻址方式？ROM 可以用哪几种寻址方式？

7-3　用 Ri 间接寻址可以访问哪些存储器单元？用 DPTR 间接寻址可以访问哪些存储器单元？

7-4　绝对寻址目的地址如何取得？相对寻址目的位置地址又如何取得？

7-5　在 51 系列单片机汇编系统中，位地址的表示方式有几种？

7-6　写出完成下列操作的指令。

（1）将 R2 中的内容送到 R3 中。

（2）将片内 RAM 的 20H 单元内容送到片内 RAM 的 40H 单元中。

（3）将片内 RAM 的 30H 单元内容送到片外 RAM 的 50H 单元中。

（4）将片内 RAM 的 50H 单元内容送到片外 RAM 的 3000H 单元中。

（5）将片外 RAM 的 2000H 单元内容送到片外 RAM 的 20H 单元中。

（6）将 ROM 的 1000H 单元内容送到片外 RAM 的 1000H 单元中。

7-7　区分下列指令有什么不同？

（1）"MOV　A,20H" 和 "MOV　A,#20H"。

（2）"MOV　A,@R0" 和 "MOVX　A,@R0"。

（3）"MOV　A,R0" 和 "MOV　A,@R0"。

（4）"MOVX　A,@R0" 和 "MOVX　A,@DPTR"。

7-8　设片内 RAM 的(10H)=20H,(20H)=30H,(30H)=10H,(P1)=40H,(SP)=60H。分析执行下列指令后片内 RAM 的 10H、20H、30H 单元以及 A、P1、P2、SP 中的内容。

```
MOV    R0,#10H
MOV    A,@R0
PUSH   ACC
MOV    R1,A
MOV    A,@R1
PUSH   ACC
MOV    @R0,P1
POP    P2
MOV    @R1,P2
POP    P1
```

7-9　已知(A)=02H,(R1)=40H,(DPTR)=2FFCH,片内 RAM(40H)=70H,片外 RAM(2FFEH)=11H,ROM(2FFEH)=64H，试分别写出以下各条指令执行后目标单元的内容。

（1）MOV　A,@R1

（2）MOVX　@DPTR,A

（3）MOVC　A,@A+DPTR

（4）XCHD　A,@R1

7-10　已知(A)=34H,(R1)=50H,(B)=03H,CY=1,片内 RAM(50H)=0A0H,(60H)=6CH,(70H)=6CH，试分别写出下列指令执行后目标单元的结果和相应标志位的值。

（1）ADD　A,@R1

（2）SUBB　A,#77H

（3）MUL　AB

（4）DIV　AB

（5）ANL　60H,#78H

（6）ORL　A,#0FH

（7）XRL　70H,A

7-11　写出完成下列要求的指令。

（1）累加器 A 的低 4 位清 0，其余位不变。

（2）累加器 A 的高 4 位置 1，其余位不变。

（3）累加器 A 的低 4 位取反，其余位不变。

（4）累加器 A 第 1 位、3 位、5 位、7 位取反，其余位不变。

7-12　说明 LJMP、AJMP 与 SJMP 指令的区别。

7-13　设当前指令"CJNE　A,#12H"，10H 的地址是 1000H，若累加器 A 的值为 10H，则该指令执行后 PC 的值为多少？若累加器 A 的值为 12H 呢？

7-14　用位处理指令写出实现 P1.4=P1.0∨(P1.1∧P1.2)∨/P1.3 的程序段。

7-15　下列程序段汇编后，从 1000H 单元开始的单元内容是什么？

```
        ORG   0100H
TAB:  DB    12H,34H
        DS    3
        DW    35678,89H
```

7-16　试编一段程序，将片外RAM的20H～2FH单元的内容依次存入片内RAM的2FH～20H 单元中。

7-17　编程实现将片外 RAM 的 1000H～102FH 单元的内容，移到片内 RAM 的 30H 单元的开始位置，并将原位置清零。

7-18　编程将从片外 RAM 的 1000H 单元开始的 200 个字节的数据相加，结果存放于 R7R6 中。

7-19　编程实现 R4R3×R2，结果存放于 R7R6R5 中。

7-20　用查表的方法实现将一位十六进制数转换成 ASCII 码。

7-21　设时钟频率为 12MHz，分别编写程序实现延时 10ms、500ms。

7-22　设时钟频率为 12MHz，51 系列单片机的 P2 口接了 8 个发光二极管，输出高电平亮，编写程序实现从 P2.0 开始，连接的发光二极管轮流点亮，每个点亮时间为 1s，一直重复。

第8章　51系列单片机C语言程序设计

导读

基本内容：C语言是现在单片机系统开发中广泛使用的程序设计语言，大型、复杂的单片机应用系统通常用C语言开发程序。本章首先介绍了C51的基础知识，指出C51与标准C语言有区别的几个方面，然后针对这几个方面分别进行了叙述，包括C51的数据类型、变量的定义与使用、绝对地址访问和函数的定义与使用。

学习要点：掌握C51普通变量的存储器类型、特殊功能寄存器变量和特殊功能位变量使用、绝对地址访问与中断函数的定义和使用；熟悉C51的数据类型、一般位变量的使用以及函数的参数传递。

8.1　单片机C语言基础知识

以前计算机系统软件和应用程序主要是用汇编语言来编写的。用汇编语言编写的程序对硬件操作很方便，编写的程序代码短，但是汇编语言使用起来很不方便，可读性和可移植性都很差，而且汇编语言程序在编写时，应用系统设计的周期长，调试和排错也比较难。为了能提高计算机应用系统和应用程序的效率，改善程序的可读性和可移植性，可采用高级语言来进行应用程序设计。高级语言的种类有很多，其他的高级语言虽然编程很方便，但不能对计算机硬件直接进行操作，而C语言是国际普遍使用的一种程序设计语言，其功能丰富，表达能力强，使用灵活方便，应用面广，目标程序效率高，可移植性好，而且也能直接对计算机硬件进行操作，既有高级语言的特点，也具有汇编语言的特点，因而现在在计算机硬件系统设计中，特别是在单片机应用系统开发中，往往使用C语言来进行开发和设计。

C语言作为一种非常普遍的程序设计语言，学生在学习单片机前一般都先学习了这门课程。因而本书不打算花太多的篇幅介绍C语言的基本语法和程序设计方法，而把重点放在介绍单片机C语言与标准C语言的区别上。

51系列单片机C语言（简称C51）是在标准C语言的基础上发展来的，总体上与标准C语言相同，其中，语法规则、程序结构及程序设计方法等与标准C语言完全相同。但标准C语言针对的是通用微型计算机，C51面向的是51系列单片机，它们的硬件资源与存储器结构都不一样，51系列单片机相对于微型计算机系统资源要贫乏得多。C51在数据类型、变量类型、输入/输出处理、函数等方面与标准的C语言不一样。

C51与标准C语言的区别主要体现在以下几个方面：

1）C51中的数据类型与标准C语言的数据类型有一定的区别。C51一方面对标准C语言的数据类型进行了扩展，在标准C语言的数据类型基础上增加了对51系列单片机位数据访问的位类型（bit和sbit）和内部特殊功能寄存器访问的特殊功能寄存器型（sfr和sfr16）；

另一方面对部分数据类型的存储格式进行改造以适应 51 系列单片机。

　　2）C51 在变量定义与使用上与标准 C 语言不一样。一方面，C51 在标准 C 语言基础上增加了位变量与特殊功能寄存器变量；另一方面，由于 51 系列单片机的存储器结构与通用微型计算机的存储器结构不同，C51 中变量增加了存储器类型选项，以指定变量在存储器中的存放位置。

　　3）为了方便对 51 系列单片机硬件资源进行访问，C51 在绝对地址访问上对标准 C 语言进行了扩展。除可通过指针来进行绝对地址访问，还增加了一个绝对地址访问函数库 absacc.h，在函数库中定义了一些宏定义，可通过这些宏定义进行绝对地址访问。另外，C51 专门提供了一个关键字"_at_"，可把变量定位到某个固定的地址空间，实现绝对地址访问。

　　4）C51 中函数的定义与使用与标准 C 语言也不完全相同。C51 的库函数和标准 C 语言定义的库函数不同，标准 C 语言定义的库函数是针对通用微型计算机的，而 C51 中的库函数是按 51 系列单片机来定义的。C51 中用户可定义编写中断函数，而标准 C 语言中用户一般不自己定义中断函数。

　　下面，我们主要通过以上几个有区别的方面对 C51 做相应的介绍。

8.2　C51 的数据类型

　　数据的格式通常称为数据类型。C51 的数据类型与标准 C 语言的数据类型基本相同，但又有一定的区别。C51 的基本数据类型有字符型（char）、短整型（short）、整型（int）、长整型（long）、浮点型（float）和双精度型（double），都分无符号和有符号两种情况。但 short 型与 char 型相同，double 型与 float 型相同，而且 int 型和 long 型在存储器中的存储格式与标准 C 语言不一样。另外，C51 还专门针对 MCS-51 系列单片机扩展了特殊功能寄存器型和位类型。有关 C51 的数据类型见表 8-1。

表 8-1　Keil C51 编译器能够识别的基本数据类型

基本数据类型	名　　　称	长　　度	取值范围
unsigned char	无符号字符型	1 字节	0～255
signed char	有符号字符型	1 字节	−128～+127
unsigned int	无符号整型	2 字节	0～65535
signed int	有符号整型	2 字节	−32768～+32767
unsigned long	无符号长整型	4 字节	0～4294967295
signed long	有符号长整型	4 字节	−2147483648～+2147483647
float	浮点型	4 字节	±1.175494E-38～±3.402823E+38
bit	位型	1 位	0 或 1
sbit	特殊位型	1 位	0 或 1
sfr	8 位特殊功能寄存器型	1 字节	0～255
sfr16	16 位特殊功能寄存器型	2 字节	0～65535

8.2.1　C51 的基本数据类型

1. 字符型（char）

char 有 signed char 和 unsigned char 之分，默认为 signed char。它们的长度均为一个字节，

用于存放一个单字节的数据。signed char 用于定义有符号字节数据，其字节的最高位为符号位，0 表示正数，1 表示负数，补码表示，所能表示的数值范围是–128～+127；unsigned char 用于定义无符号字节数据或字符，可以存放一个字节的无符号数，其所能表示的数值范围为 0～255。unsigned char 既可以用来存放无符号数，也可以用来存放西文字符，一个西文字符占一个字节，在计算机内部用 ASCII 码形式存放。

2. 整型（int）

int 有 signed int 和 unsigned int 之分，默认为 signed int。它们的长度均为两个字节，用于存放一个双字节数据。signed int 用于定义双字节有符号数，补码表示，所能表示的数值范围为–32768～+32767。unsigned int 用于定义双字节无符号数，数值范围为 0～65535。int 整型数据在 C51 中存放格式与标准 C 语言不同：标准 C 语言是高字节存放在高地址单元，低字节存放在低地址单元；而 C51 中是高字节存放在低地址单元，低字节存放在高字节单元。如图 8-1 所示。

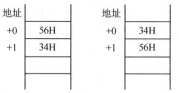

a）标准 C 语言中存放格式　　b）C51 中存放格式

图 8-1　int 型数据 0x3456 存放格式

3. 长整型（long）

long 有 signed long 和 unsigned long 之分，默认为 signed long。它们的长度均为 4 个字节，用于存放一个 4 字节数据。signed long 用于定义 4 字节有符号数，补码表示，所能表示的数值范围为–2147483648～+2147483647。unsigned long 用于定义 4 字节无符号数，所能表示的数值范围为 0～4294967295。C51 中 long 型数据在存放格式与 int 型类似，也是高字节存放在低地址单元，低字节存放高字节单元。如图 8-2 所示。

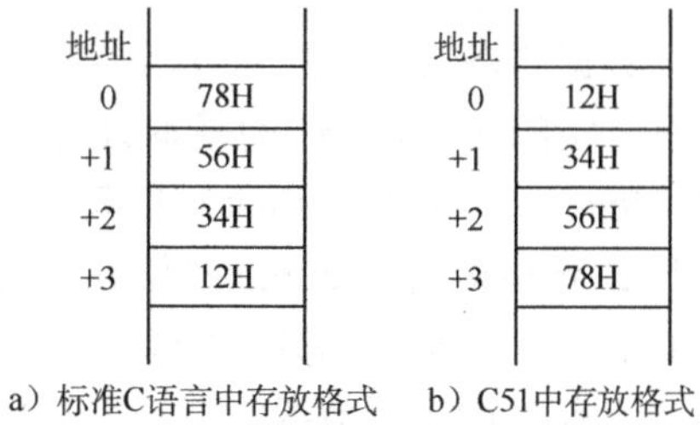

a）标准 C 语言中存放格式　　b）C51 中存放格式

图 8-2　long 型数据 0x12345678 存放格式

4. 浮点型（float）

float 型数据的长度为 4 个字节，Keil C51 浮点数格式符合 IEEE-754 标准，包含指数和尾数两部分，最高位为符号位，1 表示负数，0 表示正数，其次的 8 位为阶码，最后的 23 位为尾数的有效数位，由于尾数的整数部分隐含为 1，所以尾数的精度为 24 位。在存储器中的格式见表 8-2。

表 8-2　单精度浮点数的格式

字节地址	3	2	1	0
浮点数的内容	SEEEEEEE	EMMMMMMM	MMMMMMMM	MMMMMMMM

其中，S 为符号位，E 为阶码位，共 8 位，用移码表示。阶码 E 的正常取值范围为 1～254，而对应的指数实际取值范围为–126～+127；M 为尾数的小数部分，共 23 位，尾数的整数部分始终为 1。故一个浮点数的取值范围为 $(-1)^s \times 2^{E-127} \times (1.M)$。

例如，浮点数 +124.75=+1111100.11B=+1.11110011$\times 2^{+110}$，符号位为 0，8 位阶码 E 为 +110+1111111=10000101B，23 位数值位为 11110011000000000000000B，32 位浮点表示形式为 01000010 11111001 10000000 00000000B=42F98000H，在存储器中的存放形式如图 8-3 所示。

图 8-3　浮点数的存放格式

8.2.2　C51 的特有数据类型

1．特殊功能寄存器型

这是 C51 扩充的数据类型，用于访问 MCS-51 系列单片机的特殊功能寄存器，它分为 sfr 和 sfr16 两种类型。其中，sfr 为单字节型特殊功能寄存器类型，占一个内存单元，可以访问 MCS-51 内部的所有特殊功能寄存器；sfr16 为双字节型特殊功能寄存器类型，占两个字节单元，可以访问 MCS-51 内部的所有两个字节的特殊功能寄存器。在 C51 中，对特殊功能寄存器的访问必须先用 sfr 或 sfr16 进行声明。

2．位类型

这也是 C51 扩充的数据类型，用于访问 MCS-51 系列单片机的可寻址的位单元。在 C51 中，支持两种位类型：bit 型和 sbit 型。它们在内存中都只占一个二进制位，其值可以是 1 或是 0。其中，用 bit 定义的位变量在用 C51 编译器编译时，不同的时候分配的位地址不一样；而用 sbit 定义的位变量必须与 MCS-51 系列单片机的一个可以位寻址的位单元联系在一起，在 C51 编译器编译时，其位地址是不可变的。

下面就有符号和无符号的使用做一点说明。在 C51 中，如果不进行负数运算，应尽可能地使用无符号数，因为它能直接被 51 系列单片机接受。有符号数虽然与无符号数占用的字节数相同，但需要进行额外的操作来测试符号位。

131

8.3　C51 的变量与存储器类型

变量是指程序运行过程中其值可以改变的量。一个变量由两部分组成：变量名和变量值。每个变量都有一个变量名，在存储器中占用一定的存储单元，变量的数据类型不同，占用的存储单元数也不一样。在存储单元中存放的内容就是变量值。

8.3.1　C51 的普通变量及定义

C51 中，普通变量使用前必须对其进行定义，定义的总体格式与标准 C 语言相同。但由于 51 系列单片机的存储器组织与通用的微型计算机不一样，51 系列单片机的存储器分片内数据存储器、片外数据存储器和程序存储器，另外还有位寻址区，不同的存储器访问的方法不同，同一段存储区域又可以用多种方式访问，因而在定义变量时必须指明变量的存储器区域，以便编译系统为它分配相应的存储单元与访问方式。这通过在变量定义时加数据类型修饰符来指明。C51 中变量的定义格式如下：

[存储种类]　数据类型说明符　[存储器类型]　变量名 1[=初值]，变量名 2[=初值]…；

1．数据类型说明符

数据类型说明符用来指明变量的数据类型，指明变量在存储器中占用的字节数。可以是系统已有的数据类型说明符，也可以是用 typedef 或#define 自定义的类型别名。

为了增加程序的可读性，允许用户为系统固有的数据类型说明符用 typedef 或#define 起别名，格式如下：

typedef　C51 固有的数据类型说明符　别名；

或

```
#define  别名  C51 固有的数据类型说明符;
```

定义别名后，就可以用别名代替数据类型说明符对变量进行定义。别名可以用大写，也可以用小写，但为了区别一般用大写字母表示。

【例 8-1】 typedef 或#define 的使用。

```
typedef  unsigned int  WORD;
#define  BYTE  unsigned char;
BYTE  a1=0x12;
WORD  a2=0x1234;
```

2. 变量名

变量名是为区分不同变量，为不同变量取的名称。在 C51 中规定，变量名可以由字母、数字和下画线 3 种字符组成，且第一个字母必须为字母或下画线。变量名有两种：普通变量名和指针变量名。它们的区别是指针变量名前面要带*号。

3. 存储种类

存储种类是指变量在程序执行过程中的作用范围。C51 变量的存储种类与标准 C 语言一样，有 4 种，分别是自动（auto）、外部（extern）、静态（static）和寄存器（register）。

（1）auto

使用 auto 定义的变量称为自动变量，其作用范围在定义它的函数体或复合语句内部。当定义它的函数体或复合语句执行时，C51 才为该变量分配内存空间，结束时其占用的内存空间被释放。自动变量一般分配在内存的堆栈空间中。定义变量时，如果省略存储种类，则默认该变量为自动变量。

（2）extern

使用 extern 定义的变量称为外部变量。在一个函数体内，要使用一个已在该函数体外或其他程序中定义过的外部变量时，该变量在该函数体内要用 extern 说明。外部变量被定义后分配固定的内存空间，在程序整个执行时间内都有效，直到程序结束才释放。

（3）static

使用 static 定义的变量称为静态变量，可以分为内部静态变量和外部静态变量。在函数体内部定义的静态变量称为内部静态变量，它在对应的函数体内有效，一直存在，但在函数体外不可见。这样不仅使变量在定义它的函数体外可以被保护，还可以实现当离开函数体时值不被改变。外部静态变量是在函数体外部定义的静态变量，它在程序中一直存在，但在定义的范围之外是不可见的。如在多文件或多模块处理中，外部静态变量只在文件内部或模块内部有效。

（4）register

使用 register 定义的变量称为寄存器变量。它定义的变量存放在 CPU 内部的寄存器中，处理速度快，但数目少。C51 编译器编译时能自动识别程序中使用频率最高的变量，并自动将其作为寄存器变量，用户无须专门声明。

4. 存储器类型

存储器类型用于指明变量所处的单片机的存储器区域与访问方式。C51 编译器的存储器类型有 data、bdata、idata、pdata、xdata 和 code，见表 8-3。

表 8-3　C51 的存储器类型描述

存储器类型	描　　述
data	变量位于片内 RAM 低 128B 空间，直接寻址，访问速度快
bdata	变量位于片内 RAM 的可位寻址区（20H～2FH），允许字节和位混合访问
idata	变量位于片内 RAM 256B 空间，间接寻址，允许访问全部片内 RAM
pdata	变量位于片外 RAM 低 256B 空间，Ri 间接寻址
xdata	变量位于片外 RAM 整个 64KB 空间，DPTR 间接寻址
code	变量位于 ROM 64KB 空间

具体描述如下：

（1）data 区

data 区为片内数据存储器低端 128B，通过直接寻址方式访问。它定义的变量访问速度最快，所以应把经常使用的变量放在 data 区。但 data 区的空间小，而且除了包含程序变量外，还包含堆栈和寄存器组，所以能存放的变量少。

（2）bdata 区

bdata 区实际是 data 区中的可位寻址区，在片内数据存储器 20H～2FH 单元。在这个区域中变量可进行位寻址，可定义成位变量使用。

（3）idata 区

如果是 51 系列单片机的 51 子系列，则 idata 与 data 存储区域相同，只是访问方式不同，data 为直接寻址，idata 为寄存器间接寻址。如果是 52 子系列，idata 比 data 多高端 128B。idata 区一般也用来存储使用比较频繁的变量，只是由于是寄存器间接寻址，速度比直接寻址慢。

（4）pdata 和 xdata 区

pdata 和 xdata 区同属于片外数据存储器，只是 pdata 定义的变量只能存放在片外数据存储器的低 256B，通过 8 位寄存器 R0 和 R1 间接寻址，而 xdata 定义的变量可以存放在片外数据存储器 64KB 空间的任意位置，通过 16 位的数据指针 DPTR 间接寻址。

（5）code 区

用 code 定义的变量是存放在 51 系列单片机的程序存储器中。由于程序存储器具有只读属性，所以只能通过下载的方式把程序写入到程序存储器中，变量也会与程序一起写入。写入后就不能通过程序再修改，否则会产生错误。因而要求 code 属性的变量在定义时一定要初始化。一般用 code 属性定义表格型数据，而且在程序中永远不改变。

5. 变量的存储模式

定义变量有时也省略"存储器类型"项，省略时 C51 编译器将按存储模式默认变量的存储器类型，C51 中变量支持 3 种存储模式：small 模式、compact 模式和 large 模式。不同的存储模式对变量默认的存储器类型也不一样。

（1）small 模式

small 模式称为小编译模式，在 small 模式下，编译时变量被默认放在片内 RAM 中，存储器类型为 data。

（2）compact 模式

compact 模式称为紧凑编译模式，在 compact 模式下，编译时变量被默认放在片外 RAM

的低 256B 空间，存储器类型为 pdata。

（3）large 模式

large 模式称为大编译模式，在 large 模式下，编译时变量被默认放在片外 RAM 的 64KB 空间，存储器类型为 xdata。

在程序中变量存储模式的指定通过#pragma 预处理命令来实现。如果没有指定，则系统都默认为 small 模式。

【例 8-2】 C51 变量定义情况。

```
char   data  var1;       /*在片内 RAM 低 128B 空间定义用直接寻址方式访问的字符型变量 var1*/
int   idata  var2;       /*在片内 RAM 256B 空间定义用间接寻址方式访问的整型变量 var2*/
auto  unsigned  long  data  var3;
/*在片内 RAM 128B 空间定义用直接寻址方式访问的自动无符号长整型变量 var3*/
extern  float  xdata  var4;
/*在片外 RAM 64KB 空间定义用间接寻址方式访问的外部实型变量 var4*/
int  code  var5;         /*在 ROM 空间定义整型变量 var5*/
unsigned  char  bdata  var6;
/*在片内 RAM 位寻址区 20H～2FH 单元定义可字节处理和位处理的无符号字符型变量 var6*/
#pragma  small          /*变量的存储模式为 SMALL*/
char  k1;               /*k1 变量的存储器类型默认为 data*/
int  xdata  m1;         /*m1 变量的存储器类型为 xdata*/
#pragma  compact        /*变量的存储模式为 compact*/
char  k2;               /*k2 变量的存储器类型默认为 pdata*/
int  xdata  m2;         /*m2 变量的存储器类型为 xdata*/
```

8.3.2　C51 的特殊功能寄存器变量

特殊功能寄存器变量是 C51 中特有的一种变量。MCS-51 系列单片机片内有许多特殊功能寄存器，每个特殊功能寄存器功能不一样，通过这些特殊功能寄存器可以控制 MCS-51 系列单片机的定时器/计数器、串口、I/O 口及其他功能部件。每一个特殊功能寄存器在片内 RAM 中都对应一个字节单元或两个字节单元。

在 C51 中，允许用户对这些特殊功能寄存器进行访问，访问时需通过 sfr 或 sfr16 类型说明符进行定义，定义时需指明它们所对应的片内 RAM 单元的地址。格式如下：

sfr 或 sfr16　特殊功能寄存器变量名=地址；

sfr 用于对 MCS-51 系列单片机中单字节的特殊功能寄存器进行定义，sfr16 用于对双字节特殊功能寄存器进行定义。为了与一般变量相区别，特殊功能寄存器变量名一般用大写字母表示。地址一般用直接地址形式。为了使用方便，特殊功能寄存器变量名取名时一般与相应的特殊功能寄存器名相同。

【例 8-3】 特殊功能寄存器的定义。

```
sfr   PSW=0xd0;
sfr   SCON=0x98;
sfr   TMOD=0x89;
sfr   P1=0x90;
sfr16  DPTR=0x82;
sfr16  T0=0X8A;
```

8.3.3　C51 的位变量

位变量也是 C51 中特有的一种变量。MCS-51 系列单片机的片内数据存储器和特殊功能寄存器中有一些位可以按位方式处理。C51 中，这些位可通过位变量来使用，使用时需用位类型符进行定义。位类型符有 bit 和 sbit 两个。可以定义两种位变量：一般位变量和特殊功能位变量。

1. 一般位变量

bit 位类型符用于定义一般的位变量，定义的位变量位于片内数据存储器的位寻址区。它的格式如下：

```
bit  位变量名;
```

在格式中可以加上各种修饰，但需要注意的是，存储器类型只能是 bdata、data、idata，只能是片内 RAM 的可位寻址区，严格来说只能是 bdata。而且定义时不能指定地址，只能由编译器自动分配为 bdata。

【例 8-4】　bit 型变量的定义。

```
bit  data   a1;      /*正确*/
bit  bdata  a2;      /*正确*/
bit  pdata  a3;      /*错误*/
bit  xdata  a4;      /*错误*/
```

2. 特殊功能位变量

sbit 位类型符用于定义特殊功能位变量，定义时必须指明其位地址。可以是位直接地址，也可以是可位寻址的变量带位号，还可以是可位寻址的特殊功能寄存器变量带位号。定义的位变量可以在片内数据存储器位寻址区，也可为特殊功能寄存器中的可位寻址位。格式如下：

```
sbit  位变量名=位地址;
```

若位地址为位直接地址，则其取值范围为 0x00～0xFF；若位地址是可位寻址变量带位号或特殊功能寄存器名带位号，则在它前面需对可位寻址变量（在 bdata 区域）或可位寻址特殊功能寄存器变量（字节地址能被 8 整除）进行定义。字节地址与位号之间、特殊功能寄存器与位号之间一般用"^"作间隔。另外，sbit 通常用来对 MCS-51 系列单片机的特殊功能寄存器中的特殊功能位进行定义，定义时位变量名一般取成大写，而且名称与相应的特殊功能位名称相同。

【例 8-5】　sbit 型变量的定义。

```
sbit  OV=0xd2;
sbit  CY=0xd7;
unsigned char bdata flag;
sbit  flag0=flag^0;
sfr   P1=0x90;
sbit  P1_0=P1^0;
sbit  P1_1=P1^1;
sbit  P1_2=P1^2;
sbit  P1_3=P1^3;
sbit  P1_4=P1^4;
```

```
sbit  P1_5=P1^5;
sbit  P1_6=P1^6;
sbit  P1_7=P1^7;
```

在 C51 中，为了用户使用方便，C51 编译器把 51 系列单片机的特殊功能寄存器和特殊功能位进行了定义，定义的变量名称与特殊功能寄存器名称和特殊功能位名称相同，放在 reg51.h 或 reg52.h 的头文件中。当用户要使用时，只需要用一条预处理命令 "#include <reg51.h>" 把这个头文件包含到程序中，即可直接使用特殊功能寄存器和特殊功能位了。所以，一般 C51 程序的第一条语句都是 "#include <reg51.h>"。

8.3.4 C51 的指针变量

指针是 C 语言中的一个重要概念，它也是 C51 语言的特色之一。使用指针可以方便有效地表示复杂的数据结构；可以动态地分配存储器，直接处理内存地址。

指针就是地址，数据或变量的指针就是存放该数据或变量的地址。C51 中指针、指针变量的定义与用法和标准的 C 语言基本相同，只是增加了存储器类型的属性。也就是说，除了要表明指针本身所处的存储空间外，还需要表明该指针所指对象的存储空间。

C51 的指针可分为 "存储器型指针" 和 "一般指针" 两种。存储器型指针的定义含有指针本身及所指数据的存储器类型，编译时存储器类型已确定，使用这种指针可以高效地访问对象，并且只需 1～2 个字节；当定义一个指针变量未指明它所指向数据的存储器类型，则该指针变量被认为是一般指针，对于一般指针，编译器预留 3 个字节，1 个字节放存储器类型代码，2 个字节存放所指向数据的单元地址。

（1）存储器型指针

存储器型指针在定义时指明了所指向数据的存储器类型，例如：

```
char  xdata  *p2;
```

它定义了一个指向存储在 xdata 存储器区域的字符型变量的指针变量。如果所指向数据的存储器类型为 code 和 xdata，则长度为 2 个字节；如果所指向数据的存储器类型为 idata、data 和 pdata，则长度为 1 个字节。指针变量自身存放在默认的存储器（由编译模式决定）。

定义时也可指明指针变量自身的存储器空间，例如：

```
char  xdata  *data p2;
```

除了指明指针变量自身位于 data 区而外，其他与上面例子相同，它与编译模式无关。

（2）一般指针

当指针定义时没有指明所指向数据的存储器类型，该指针就为一般指针。一般指针在存储器中占 3 个字节，其中第 1 个字节为指针所指向数据的存储器类型代码。后面 2 个字节存放地址。一般指针中的存储器类型代码和指针变量存放形式见表 8-4 和表 8-5。

表 8-4 一般指针的存储器类型代码表

存储器类型	idata	xdata	pdata	data	code
代码	1	2	3	4	5

如果所指向数据的存储器类型为 code 和 xdata，所指向的数据需要 16 位地址，则第 2 个

字节和第 3 个字节分别存放所指向数据的高 8 位地址和低 8 位地址；如果所指向数据的存储器类型为 idata、data 和 pdata，所指向的数据只需要 8 位地址，则第 2 个字节存放 0，第 3 个字节存放数据的 8 位地址。

表 8-5　一般指针变量的存放形式

字节地址	+0	+1	+2
内容	存储器类型代码	地址高字节	地址低字节

例如，定义了一般指针，访问的是地址为 0x1234 的片外数据存储器（存储器类型为 xdata），则该指针变量在存储器中的存放形式见表 8-6。

表 8-6　访问片外数据存储器，地址为 0x1234 的一般指针存放形式

字节地址	+0	+1	+2
内容	0x02	0x12	0x34

8.4　绝对地址的访问

在 C51 中，可以通过变量的形式访问 MCS-51 系列单片机的存储器，但一般变量编译时分配的存储器单元是不确定的，而 51 系列单片机系统中，往往需要对确定的存储单元进行访问，这可以通过 C51 的绝对地址访问方式来实现。C51 的绝对地址访问形式有 3 种：宏定义、指针和关键字 "_at_"。

8.4.1　使用 C51 运行库中预定义宏

C51 编译器提供了一组宏定义来对 51 系列单片机的 code、data、pdata 和 xdata 空间进行绝对寻址。规定只能以无符号数方式访问，定义了 8 个宏定义，其函数原型如下：

```
#define  CBYTE((unsigned char volatile*)0x50000L)
#define  DBYTE((unsigned char volatile*)0x40000L)
#define  PBYTE((unsigned char volatile*)0x30000L)
#define  XBYTE((unsigned char volatile*)0x20000L)

#define  CWORD((unsigned int volatile*)0x50000L)
#define  DWORD((unsigned int volatile*)0x40000L)
#define  PWORD((unsigned int volatile*)0x30000L)
#define  XWORD((unsigned int volatile*)0x20000L)
```

这些函数原型放在 absacc.h 文件中。使用时需用预处理命令把该头文件包含到程序中，形式为 "#include <absacc.h>"。

其中，CBYTE 为以字节形式对 code 区寻址，DBYTE 为以字节形式对 data 区寻址，PBYTE 为以字节形式对 pdata 区寻址，XBYTE 为以字节形式对 xdata 区寻址，CWORD 为以字节形式对 code 区寻址，DWORD 为以字节形式对 data 区寻址，PWORD 为以字节形式对 pdata 区寻址，XWORD 为以字节形式对 xdata 区寻址。访问形式如下：

宏名 [地址]

宏名为 CBYTE、DBYTE、PBYTE、XBYTE、CWORD、DWORD、PWORD 或 XWORD。地址为存储单元的绝对地址，一般用十六进制形式表示。

【例 8-6】 绝对地址对存储单元的访问。

```
#include <absacc.h>              /*将绝对地址头文件包含在文件中*/
#include <reg52.h>               /*将寄存器头文件包含在文件中*/
#define uchar unsigned char      /*定义符号 uchar 为数据类型符 unsigned char*/
#define uint unsigned int        /*定义符号 uint 为数据类型符 unsigned int*/
void main(void)
{
  uchar var1;
  uint var2;
  var1=XBYTE[0x0005];            /*XBYTE[0x0005]访问片外 RAM 的 0005H 字节单元*/
  var2=XWORD[0x0002];            /*XWORD[0x0002]访问片外 RAM 的 0002H 字单元*/
    ⋮
  while(1);
}
```

在上面的程序中，XBYTE[0x0005]就是以绝对地址方式访问的片外 RAM 0005H 字节单元，XWORD[0x0002]就是以绝对地址方式访问的片外 RAM 0002H 字单元。

8.4.2 通过指针访问

可以在 C51 程序中采用指针的方法对任意指定的存储器单元进行访问。

【例 8-7】 通过指针实现绝对地址的访问。

```
#define uchar unsigned char      /*定义符号 uchar 为数据类型符 unsigned char*/
#define uint unsigned int        /*定义符号 uint 为数据类型符 unsigned int*/
void func(void)
{
  uchar data var1;
  uchar pdata *dp1;              /*定义一个指向 pdata 区的指针 dp1*/
  uint xdata *dp2;               /*定义一个指向 xdata 区的指针 dp2*/
  uchar data *dp3;               /*定义一个指向 data 区的指针 dp3*/
  dp1=0x30;                      /*给 dp1 指针赋值,指向 pdata 区的 30H 单元*/
  dp2=0x1000;                    /*给 dp2 指针赋值,指向 xdata 区的 1000H 单元*/
  *dp1=0xFF;                     /*将数据 0xFF 送到片外 RAM 30H 单元*/
  *dp2=0x1234;                   /*将数据 0x1234 送到片外 RAM 1000H 单元*/
  dp3=&var1;                     /*将变量 var1 的地址送指针变量 dp3*/
  *dp3=0x20;                     /*通过指针 dp3 给变量 var1 赋值 0x20*/
}
```

8.4.3 使用 C51 扩展关键字_at_

使用_at_关键字对指定的存储器空间的绝对地址进行访问，一般格式如下：

[存储器类型] 数据类型说明符 变量名 _at_ 地址常数;

其中，存储器类型为 data、bdata、idata、pdata 等，若省略，则按存储模式规定的默认存储器类型确定变量的存储器区域；数据类型为 C51 支持的数据类型；地址常数用于指定变量的绝对地址，必须位于有效的存储器空间之内；使用_at_定义的变量必须为全局变量。

【例 8-8】　通过 _at_ 实现绝对地址的访问。

```
#define  uchar  unsigned char    /*定义符号 uchar 为数据类型符 unsigned char*/
#define  uint  unsigned int      /*定义符号 uint 为数据类型符 unsigned int*/
data  uchar  x1 _at_ 0x40;       /*在 data 区中定义字节变量 x1,它的地址为 40H*/
xdata  uint  x2 _at_ 0x2000;     /*在 xdata 区中定义字变量 x2,它的地址为 2000H*/
void  main(void)
{
  x1=0xFF;
  x2=0x1234;
    ⋮
  while(1);
}
```

8.5　C51 中的函数

函数是 C 语言中的一种基本模块,实际上一个 C 语言程序就是由若干函数所构成。C 语言程序总是由主函数 main( )开始,并在主函数中结束。在进行程序设计时,如果所设计的程序较大,一般将其分成若干个子程序模块,每个子程序模块完成一种特定的功能。在 C 语言中,子程序是用函数来实现的。在标准 C 语言中,对于一些经常使用的函数,编译器已经为用户设计好,做成专门的函数库——标准库函数,以供用户可以反复调用,用户只需在调用前用预处理命令 include 将相应的函数库文件包含到当前程序中。用户还可自己定义函数——用户自定义函数,定义后在需要时直接使用。

C51 程序与标准 C 语言类似,程序也由若干函数组成,程序也由主函数 main( )开始,并在主函数中结束,除了主函数而外,也有标准库函数和用户自定义函数。标准库函数是 C51 编译器提供的,不需要用户进行定义,可以直接调用。另外,用户也可自己定义函数。它们的使用方法与标准 C 语言基本相同。但 C51 针对的是 51 系列单片机,C51 的函数在有些方面还是与标准 C 语言存在不同:参数传递和返回值与标准 C 语言中是不一样的;而且 C51 对标准 C 语言做了相应的扩展,包括选择存储模式,指定一个函数作为一个中断函数,选择所用的寄存器组,指定重入等。下面针对这些不同做详细的介绍。

8.5.1　C51 函数的参数传递

C51 中函数具有特定的参数传递规则。C51 中参数传递的方式有两种:一种是通过寄存器 R0~R7 传递参数,不同类型的实参会存入相应的寄存器;第二种是通过固定存储区传递。C51 规定调用函数时最多可通过工作寄存器传递 3 个参数,余下的通过固定存储区传递。

不同的参数用到的寄存器不一样,不同的数据类型用到的寄存器也不同。通过寄存器传递的参数见表 8-7。

表 8-7　传递参数用到的寄存器

参数类型	char	int	long/float	通用指针
第 1 个	R7	R6、R7	R4~R7	R1、R2、R3
第 2 个	R5	R4、R5	R4~R7	R1、R2、R3
第 3 个	R3	R2、R3	无	R1、R2、R3

其中，int 型和 long 型数据传递时高位数据在低位寄存器中，低位数据在高位寄存器中；float 型数据满足 32 位的 IEEE 格式，指数和符号位在 R7 中；通用指针存储类型在 R3，高位在 R2。一般函数的参数传递举例见表 8-8。

表 8-8　函数参数传递举例

声　明	说　明
func1(int a)	唯一一个参数 a 在寄存器 R6 和 R7 中传递
func2(int b,int c,int *d)	第一个参数 b 在寄存器 R6 和 R7 中传递，第二个参数 c 在寄存器 R4 和 R5 中传递，第三个参数 d 在寄存器 R1、R2 和 R3 中传递
func3(long e,long f)	第一个参数 e 在寄存器 R4、R5、R6 和 R7 中传递，第二个参数 f 不能用寄存器，因为 long 类型可用的寄存器已被第一个参数所用，这个参数用固定存储区传递
func4(float g,char h)	第一个参数 g 在寄存器 R4、R5、R6 和 R7 中传递，第二个参数 h 不能用寄存器传递，只能用固定存储区传递

C51 中函数也通过固定存储区传递参数，用作参数传递的固定存储区可能在内部数据存储器或外部数据存储器，由存储模式决定。small 模式的参数段用内部数据存储器，compact 和 large 模式用外部数据存储器。

8.5.2　C51 函数的返回值

函数返回值通常用寄存器传递。函数的返回值和所用的寄存器见表 8-9。

表 8-9　函数返回值用到的寄存器

返回值类型	寄存器	说　明
bit	C	由位运算器 C 返回
(unsigned)char	R7	在 R7 返回单个字节
(unsigned)int	R6、R7	高位在 R6，低位在 R7
(unsigned) long	R4~R7	高位在 R4，低位在 R7
float	R4~R7	32 位 IEEE 格式
通用指针	R1、R2、R3	存储类型在 R3，高位在 R2，低位在 R1

8.5.3　C51 函数的存储模式

C51 函数的存储模式与变量相同，也有 3 种：small 模式、compact 模式和 large 模式，通过函数定义时后面加相应的参数（small、compact 或 large）来指明。不同的存储模式，函数的形式参数和变量默认的存储器类型与前面变量定义情况相同，这里不再重复。

【例 8-9】　C51 函数的存储模式。

```
int  func1(int  x1,int  y1)  large    /*函数的存储模式为large*/
{
  int  z1;
  z1=x1+y1;
  return(z1);                          /*x1,y1,z1变量的存储器类型默认为xdata*/
}
int  func2(int  x2,int  y2)            /*函数的存储模式默认为small*/
```

```
{
  int z2;
  z2=x2-y2;
  return(z2);                    /*x2,y2,z2 变量的存储器类型默认为 data*/
}
```

8.5.4　C51 的中断函数

中断函数是 C51 的一个重要特点，C51 允许用户创建中断函数。在 C51 程序设计中经常用中断函数来实现系统实时性，提高程序处理效率。

在 C51 程序设计中，若定义函数时后面用了 interrupt m 修饰符，则把该函数定义成中断函数。系统对中断函数编译时会自动加上程序头段和尾段，并按 51 系统中断的处理方式把它安排在程序存储器中的相应位置。在该修饰符中，m 的取值为 0～31，对应的中断情况如下：

0——外部中断 0；

1——定时/计数器 T0；

2——外部中断 1；

3——定时/计数器 T1；

4——串行口中断；

5——定时/计数器 T2；

其他值预留。

编写 C51 中断函数时需要注意如下几点：

1）中断函数不能进行参数传递，如果中断函数中包含任何参数声明都将导致编译出错。

2）中断函数没有返回值，如果企图定义一个返回值，将得不到正确的结果。建议在定义中断函数时将其定义为 void 类型，以明确说明没有返回值。

3）在任何情况下都不能直接调用中断函数，否则会产生编译错误。因为中断函数的返回是由 8051 单片机的 RETI 指令完成的，RETI 指令影响 8051 单片机的硬件中断系统。如果在没有实际中断的情况下直接调用中断函数，RETI 指令的操作结果将会产生一个致命的错误。

4）如果在中断函数中调用了其他函数，则被调用函数所使用的寄存器必须与中断函数的相同，否则会产生不正确的结果。

5）C51 编译器对中断函数编译时会自动在程序开始和结束处加上相应的内容，具体如下：在程序开始处对 ACC、B、DPH、DPL 和 PSW 入栈，结束时出栈。中断函数未加 "using n" 修饰符的，开始时还要将 R0～R1 入栈，结束时出栈。若中断函数加 "using n" 修饰符，则在程序开始将 PSW 入栈后还要修改 PSW 中的工作寄存器组选择位。

6）C51 编译器从绝对地址 8m+3 处产生一个中断向量，其中 m 为中断号，也即 interrupt 后面的数字。该向量包含一个到中断函数入口地址的绝对跳转。

7）中断函数最好写在文件的尾部，并且禁止使用 extern 存储类型说明，防止其他程序调用。

【例 8-10】　编写一个用于统计外中断 0 的中断次数的中断服务程序。

```
extern  int  x;
void  int0()  interrupt  0  using  1
{
  x++;
}
```

8.5.5 C51 函数的寄存器组选择

C51 程序执行时编译系统都会将其翻译成机器语言（或者汇编语言），程序中就会出现 51 系列单片机系统中的工作寄存器 R0～R7。而在前面单片机基本原理的介绍中，我们已经知道，51 系列单片机工作寄存器有 4 组：0 组、1 组、2 组和 3 组。每组有 8 个寄存器，分别用 R0～R7 表示。那么当前程序用的是哪一组呢？在 C51 中允许函数定义时带 "using n" 修饰符，用于指定本函数内部使用的工作寄存器组，其中 n 的取值为 0～3，表示寄存器组号。例如：

```
void  func3(void) using  1        /*指定函数内部用的是 1 组工作寄存器*/
{
  ...
}
```

对于 "using n" 修饰符的使用，应注意以下几点：

1）加入 "using n" 后，C51 在编译时自动在函数的开始处和结束处加入以下指令：

```
{
  PUSH  PSW                       ;标志寄存器入栈
  MOV   PSW,#与寄存器组号 n 相关的常量    ;常量值为(psw&OXET)&n*8
  ⋮
  POP   PSW                       ;标志寄存器出栈
}
```

2）"using n" 修饰符不能用于有返回值的函数，因为 C51 函数的返回值是放在寄存器中的。若寄存器组改变了，返回值就会出错。

8.5.6 C51 的重入函数

在标准 C 语言中，调用函数时会将函数的参数和函数中使用的局部变量压入堆栈进行保存。由于 51 系列单片机内部堆栈空间有限（在片内数据存储器中），因而 C51 没有像标准 C 语言中那样使用堆栈，而是使用压缩栈的方法，为每一个函数设定一个空间用于存放参数和局部变量。

一般函数中的每个变量都存放在这个空间的固定位置，当函数递归调用时会导致变量覆盖，所以就会出错。但在某些实时应用中，因为函数调用时可能会被中断函数中断，而在中断函数中可能再调用这个函数，这就出现对函数的递归调用。为解决这个问题，C51 允许将一个函数声明成重入函数，声明成重入函数后就可对它进行递归调用。重入函数又称为再入函数，是一种可以在函数体内间接调用其自身的函数。重入函数的参数和局部变量是通过 C51 生成的模拟栈来传递和保存的。递归调用或多重调用时参数和变量不会被覆盖，因为每次函数调用时的参数和局部变量都会单独保存。模拟栈所在的存储器空间根据重入函数存储模式的不同，可以是 data、pdata 或 xdata 存储器空间。

C51 函数定义时，通过后面带 reentrant 修饰符把函数声明为重入函数，例如：

```
char  func4(char a, char b)  reentrant  /*声明函数 func4 是重入函数*/
{
  char  c;
```

```
    c=a+b;
    return (c);
}
```

关于重入函数，需要注意以下几点：

1）用 reentrant 修饰的重入函数被调用时，实参表内不允许使用 bit 类型的参数。函数体内也不允许存在任何关于位变量的操作，更不能返回 bit 类型的值。

2）编译时，系统为重入函数在内部或外部存储器中建立一个模拟堆栈区，称为重入栈。重入函数的局部变量及参数被放在重入栈中，使重入函数可以实现递归调用。

3）在参数的传递上，实际参数可以传递给间接调用的重入函数。无重入属性的间接调用函数不能包含调用参数，但是可以使用定义的全局变量来进行参数传递。

思考题与习题

8-1　C51 特有的数据类型有哪些？

8-2　C51 中的存储器类型有几种？它们分别表示的存储器区域是什么？

8-3　在 C51 中，bit 位与 sbit 位有什么区别？

8-4　位变量和特殊功能寄存器变量有什么作用？

8-5　在 C51 中，通过绝对地址访问存储器的方法有几种？

8-6　什么是存储模式？存储模式和存储器类型有什么关系？

8-7　在 C51 中，修饰符 "using n" 有什么作用？

8-8　在 C51 中，中断函数与一般函数有什么不同？

8-9　按给定的存储类型和数据类型，写出下列变量的说明形式。

1）在 data 区定义字符变量 val1。

2）在 idata 区定义整型变量 val2。

3）在 xdata 区定义无符号字符型数组 val3[4]。

4）在 xdata 区定义一个指向 char 类型的指针 px。

5）定义可寻址位变量 flag。

6）定义特殊功能寄存器变量 P3。

7）定义特殊功能寄存器变量 SCON。

8）定义 16 位的特殊功能寄存器 T0。

第9章 51系列单片机片内接口及应用

导读

基本内容：本章详细介绍了8051单片机内部集成的功能接口部件，包括并行 I/O 接口的应用，定时器/计数器接口、串行接口以及中断接口的内部结构和编程应用。例题的程序分别用汇编语言和 C 语言给出。本章是整本书的重点章节。

学习要点：掌握并行 I/O 接口的编程和应用，熟悉定时器/计数器接口、串行接口以及中断接口的内部结构和应用。

9.1 并行 I/O 接口

51 系列单片机有 4 个 8 位的并行 I/O 接口：P0、P1、P2 和 P3 口。这 4 个口既可以并行输入或输出 8 位数据，又可以按位方式使用，即每一位均能独立作为输入或输出接口用。它们的结构在第 6 章已经介绍过，输入时须先向输出锁存器写 1，输出时 P0 口须带上拉电阻。这里仅介绍它们的应用与编程。

【例 9-1】 利用单片机的 P1 口接 8 个开关，P0 口接 8 个发光二极管，编程实现，当开关动作时，对应的发光二极管亮或灭。

硬件电路：Proteus 中硬件电路如图9-1所示（Proteus 使用方法见本书第 14 章）。在 AT89C51 单片机小系统的基础上，P0 口输出接发光二极管（LED-RED），P1 口输入接开关（SWITCH）。注意：P1 口输入时内部带了上拉电阻，可直接通过开关接地；P0 口输出时须外接上拉电阻，用的是排阻（RESPACK-8），发光二极管与地之间连接了一个小电阻，起一个限流的作用。

程序处理过程：把 P1 口的内容读入（输入）后，再通过 P0 口输出，一直重复。

1）汇编语言程序：

```
      ORG   0000H
      LJMP  MAIN

      ORG   0100H
MAIN: MOV   P1,#0FFH
LOOP: MOV   A,P1
      MOV   P0,A
      SJMP  LOOP
      END
```

2）C 语言程序：

```
#include <reg51.h>
void main(void)
```

```
{
    unsigned char i;
    P1=0xFF;
    for(;;) { i=P1;P0=i; }
}
```

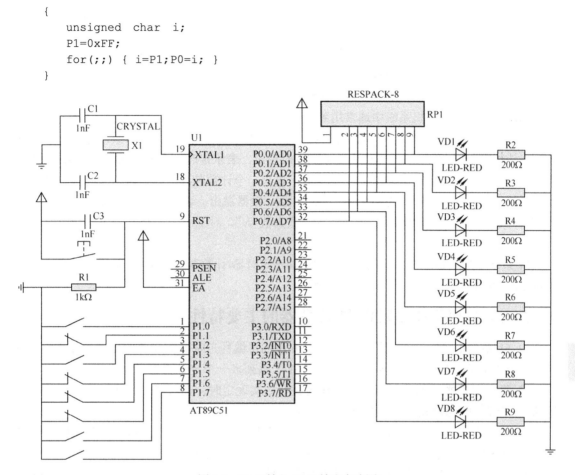

图 9-1　P1 口输入 P0 口输出电路图

9.2　定时器/计数器接口

定时器/计数技术在计算机系统中具有极其重要的作用。计算机系统都需要为 CPU 和外部设备提供定时控制或对外部事件进行计数。例如，分时系统的程序切换，向外部设备输出周期性定时控制信号，对进行外部事件统计等。另外，在检测、控制和智能仪器等设备中也经常会涉及定时。因此，计算机系统必须有定时/计数技术。

9.2.1　定时器/计数器概述

定时/计数的本质是计数，对周期性信号计数就实现定时。实现定时/计数的方法有 3 种：软件定时/计数、硬件定时/计数、可编程定时/计数。

1）软件定时/计数是利用 CPU 执行指令需要若干指令周期的原理，运用软件编程，然后循环执行一段程序而产生延时，再配合简单输出接口可以向外送出定时控制信号。软件定时/计数简单灵活、使用方便，但这种方法要占用 CPU 的时间，降低了 CPU 的利用率。

2）硬件定时/计数是通过硬件电路（多偕振荡器件或单稳态器件）实现定时/计数。起始

145

时间和终止时间可由 CPU 控制,定时/计数过程完全不需要 CPU 处理,提高了 CPU 的利用率,成本较低。但定时参数的调整不灵活,使用不方便。

3)可编程定时/计数结合了软件定时/计数使用灵活和硬件定时/计数独立的特点,它以大规模集成电路为基础,通过编程可改变定时/计数值或工作方式,在进行定时或计数工作时,不占用 CPU 的执行时间,CPU 可处理其他工作,直到定时或计数达到设置值后再通知 CPU 进行相应的处理。计算机系统中通常用到的是可编程定时/计数。

定时器/计数器的计数方法一般有两种:减法计数和加法计数。减法计数:每来一个计数脉冲,计数器中的内容减 1,当值由 1 减到 0 时溢出,表示定时/计数时间到。如果要计 N 个单位,开始给计数器赋初值为 N。加法计数:每来一个计数脉冲,计数器中的内容加 1,当全 1 再加 1 时,计数器中的内容变为 0,定时器/计数器溢出,表示定时/计数时间到。如果要计 N 个单位,开始给计数器赋初值就应为"最大值 $-N$"。对于一个 R 位的二进制计数器,最大值等于 2^R。

51 系列单片机芯片内部集成了可编程的加法定时器/计数器,它是 51 系列单片机中使用最频繁的功能模块。

9.2.2 51 系列单片机定时器/计数器的主要特性

1)51 系列单片机中 51 子系列有 2 个 16 位的可编程定时器/计数器:定时器/计数器 T0 和定时器/计数器 T1;52 子系列有 3 个,比 51 子系列多一个定时器/计数器 T2。

2)每个定时器/计数器既可以对系统时钟计数实现定时,也可以对外部信号计数实现计数功能,定时和计数功能可通过编程来实现。

3)每个定时器/计数器都有多种工作方式,其中 T0 有 4 种工作方式,T1 有 3 种工作方式,T2 有 3 种工作方式。使用时通过编程指定其工作于某种方式。

4)每一个定时器/计数器定时/计数时间到时产生溢出,使相应的溢出位置位。溢出可通过查询或中断方式来处理。

9.2.3 定时器/计数器 T0、T1 的结构及工作原理

定时器/计数器 T0、T1 的结构如图 9-2 所示,它由加法计数器、方式寄存器(TMOD)、控制寄存器(TCON)等组成。

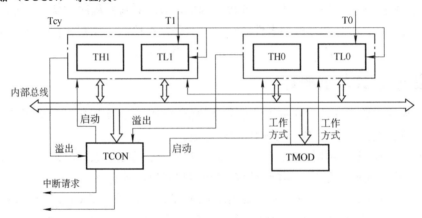

图 9-2 定时器/计数器 T0、T1 的结构框图

定时器/计数器的核心是 16 位加法计数器，在图 9-2 中用特殊功能寄存器 TH0、TL0 及 TH1、TL1 表示。TH0、TL0 是定时器/计数器 T0 加法计数器的高 8 位和低 8 位，TH1、TL1 是定时器/计数器 T1 加法计数器的高 8 位和低 8 位。方式寄存器（TMOD）用于设定定时器/计数器 T0 和 T1 的工作方式，控制寄存器（TCON）用于对定时器/计数器的启动、停止进行控制。

当加法计数器对内部机器周期 Tcy 进行计数时，定时器/计数器用于定时。由于机器周期时间是定值，且一直重复的，所以对 Tcy 的计数就是定时。如 Tcy=1μs，计数 100，则定时 100μs。当加法计数器对单片机芯片引脚 T0（P3.4）或 T1（P3.5）上的输入脉冲进行计数时，定时器/计数器用于计数。每来一个输入脉冲，加法计数器加 1。当由全 1 再加 1 变成全 0 时产生溢出，使溢出位 TF0 或 TF1 置位。若中断允许，则向 CPU 提出定时/计数中断，中断后进行相应处理；若中断不允许，则只有通过 CPU 执行查询程序检查溢出位，如果溢出位为 1，则进行相应处理。

加法计数器在使用时应注意以下两个方面：

1）由于它是加法计数器，每来一个计数脉冲，加法器中的内容加 1 个单位，当由全 1 加到全 0 时计满溢出。因而，如果要计 N 个单位，最大计数值（满值）为 M，首先应向计数器置初值 X，则有

$$X=M-N$$

在不同的计数方式下，所用的二进制位数不同，最大计数值（满值）也不一样。

2）当定时器/计数器工作于计数方式时，对芯片引脚 T0（P3.4）或 T1（P3.5）上的输入脉冲计数，计数过程如下：在每一个机器周期的 S5P2 时刻对 T0（P3.4）或 T1（P3.5）上的信号采样一次，如果上一个机器周期采样到高电平，下一个机器周期采样到低电平，则计数器在下一个机器周期的 S3P2 时刻加 1 计数一次。可以看出，需要两个机器周期才能识别一个计数脉冲，所以外部计数脉冲的频率应小于振荡频率的 1/24。

9.2.4　定时器/计数器的方式寄存器和控制寄存器

1．定时器/计数器的方式寄存器（TMOD）

TMOD 用于设定定时器/计数器 T0 和 T1 的工作方式。它的字节地址为 89H，各位的格式如图 9-3 所示。

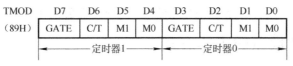

图 9-3　定时器/计数器的 TMOD 格式

1）M1、M0：工作方式选择位，用于对 T0 的 4 种工作方式和 T1 的 3 种工作方式进行选择。选择情况见表 9-1。

2）C/T：定时或计数方式选择位。当 C/T=1 时工作于计数方式，当 C/T=0 时工作于定时方式。

3）GATE：门控位，用于控制定时器/计数器的启动和停止是否受外部中断请求信号的影响。如果 GATE=0，则定时器/计数器 T0、T1 的启动和停止只由软件启动位控制，这时我们说定时器/计数器的控制是纯软件控制；如果 GATE=1，则定时器/计数器 T0、T1 的启动和停

止控制不仅和软件启动位相关，还受芯片外部中断请求信号引脚 $\overline{INT0}$（P3.2）、$\overline{INT1}$（P3.3）的控制，只有当外部中断请求信号引脚 $\overline{INT0}$（P3.2）、$\overline{INT1}$（P3.3）为高电平时定时器/计数器 T0、T1 才能启动计数，这时我们说定时器/计数器的控制是软硬件共同控制。一般情况下 GATE=0。

表 9-1　定时器/计数器的工作方式

M1	M0	工作方式	方式说明
0	0	0	13 位定时器/计数器方式
0	1	1	16 位定时器/计数器方式
1	0	2	8 位自动重置定时器/计数器方式
1	1	3	两个 8 位定时器/计数器方式（只有 T0 有）

2. 定时器/计数器的控制寄存器（TCON）

TCON 用于控制定时器/计数器的启动与溢出，它的字节地址为 88H，可以进行位寻址。各位的格式如图 9-4 所示。

TCON	D7	D6	D5	D4	D3	D2	D1	D0
(88H)	TF1	TR1	TF0	TR0	IE1	IT1	IE0	IT0

图 9-4　定时器/计数器的 TCON 格式

1）TF1：定时器/计数器 T1 的溢出标志位。当定时器/计数器 T1 计满时，由硬件使它置位，若中断允许，则触发 T1 中断，进入中断处理后由内部硬件电路自动清零；如果工作于查询方式，则需用户手动方式清零。

2）TR1：定时器/计数器 T1 的启动位。由软件置位或清零，当 TR1=1 时启动，TR1=0 时停止。

3）TF0：定时器/计数器 T0 的溢出标志位。当定时器/计数器 T0 计满时，由硬件使它置位，若中断允许，则触发 T0 中断，进入中断处理后由内部硬件电路自动清零；如果工作于查询方式，则需用户手动方式清零。

4）TR0：定时器/计数器 T0 的启动位。由软件置位或清零，当 TR0=1 时启动，TR0=0 时停止。

5）TCON：低 4 位是用于外中断控制的，有关内容将会在 9.4 节介绍。

9.2.5　定时器/计数器的工作方式

1. 方式 0——13 位定时器/计数器方式

当 M1M0 两位为 00 时，定时器/计数器工作于方式 0。方式 0 的结构如图 9-5 所示。

在方式 0 下，16 位的加法计数器只用了 13 位，分别是 TL0（或 TL1）的低 5 位和 TH0（或 TH1）的 8 位，TL0（或 TL1）的高 3 位未用。计数时，当 TL0（或 TL1）的低 5 位计满时向 TH0（或 TH1）进位，当 TH0（或 TH1）也计满时则溢出，使 TF0（或 TF1）置位。如果中断允许，则提出中断请求。另外，也可通过查询 TF0（或 TF1）来判断是否溢出。由于采用 13 位的定时/计数方式，因而最大计数值（满值）为 2^{13}，即 8192。若计数值为 N，则置入的初值 X=8192−N。

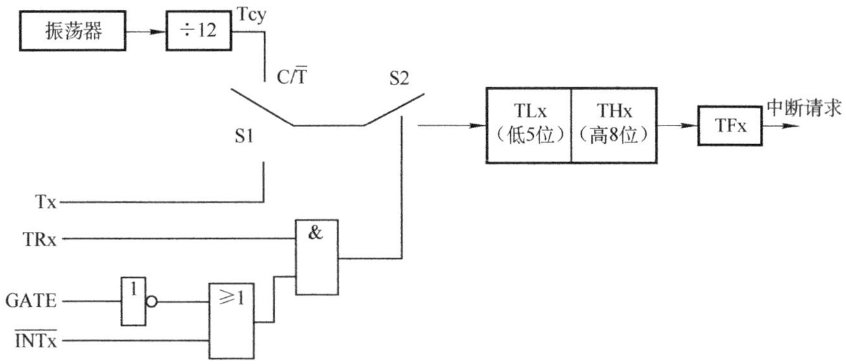

图 9-5　T0、T1 方式 0 的结构

在实际中使用时，先根据计数值计算出初值，然后按位置置入到初值寄存器中。如机器周期为 1μm，T0 定时 1ms，计数值为 1000，则初值为 8192–1000=7192，转换成二进制数为 1110000011000B，则 TH0=11100000B，TL0=00011000B。

在方式 0 计数的过程中，当计数器计满溢出时，计数器的计数过程并不会结束。计数脉冲来时同样会进行加 1 计数，只是这时计数器是从 0 开始计数的，是满值的计数。如果要重新实现 N 个单位的计数，则这时应重新置入初值。

2．方式 1——16 位定时器/计数器方式

当 M1M0 两位为 01 时，定时器/计数器工作于方式 1。方式 1 的结构与方式 0 的结构相同，只是把 13 位变成 16 位。

在方式 1 下，16 位的加法计数器被全部用上，TL0（或 TL1）作低 8 位，TH0（或 TH1）作高 8 位。计数时，当 TL0（或 TL1）计满时向 TH0（或 TH1）进位，当 TH0（或 TH1）也计满时则溢出，使 TF0（或 TF1）置位。同样，可通过中断或查询方式来处理溢出信号 TF0（或 TF1）。由于是 16 位的定时/计数方式，因而最大计数值（满值）为 2^{16}，即 65536。若计数值为 N，则置入的初值 X=65536–N。

若 T0 的计数值为 1000，则初值为 65536–1000=64536，转换成二进制数为 1111110000011000B，则 TH0=11111100B，TL0=00011000B。

对于方式 1 计满后的情况与方式 0 相同。当计数器计满溢出时，计数器的计数过程也不会结束，而是以满值开始计数。如果要重新实现 N 个单位的计数，则也应重新置入初值。

3．方式 2——8 位自动重置定时器/计数器方式

当 M1M0 两位为 10 时，定时器/计数器工作于方式 2。方式 2 的结构如图 9-6 所示。

在方式 2 下，16 位的计数器只用了 8 位（TL0 或 TL1 的 8 位）来计数，而 TH0（或 TH1）用于保存初值。计数时，当 TL0（或 TL1）计满时溢出，一方面使 TF0（或 TF1）置位，另一方面溢出信号又会触发图 9-6 中的三态门，使三态门导通，TH0（或 TH1）的值就自动装入 TL0（或 TL1）。同样，可通过中断或查询方式来处理溢出信号 TF0（或 TF1）。由于是 8 位的定时/计数方式，因而最大计数值（满值）为 2^8，即 256。若计数值为 N，则置入的初值 X=256–N。

若 T0 的计数值为 100，则初值为 256–100=156，转换成二进制数为 10011100B，则 TH0=TL0=10011100B。

由于方式 2 计满后，溢出信号会触发三态门自动把 TH0（或 TH1）的值装入 TL0（或 TL1）

中，因而如果要重新实现 N 个单位的计数，不用重新置入初值。

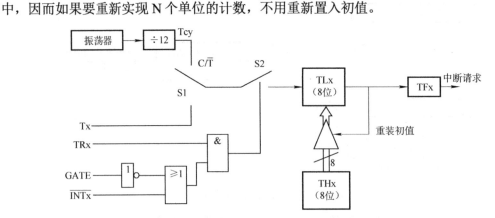

图 9-6 T0、T1 方式 2 的结构

4. 方式 3——两个 8 位定时器/计数器方式

方式 3 只有 T0 才有。当 M1M0 两位为 11 时，T0 工作于方式 3。方式 3 的结构如图 9-7 所示。

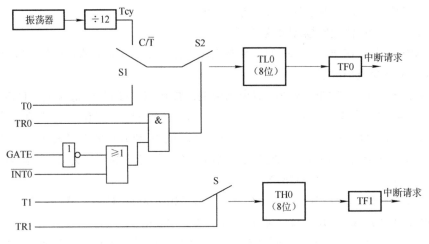

图 9-7 T0 方式 3 的结构

在方式 3 下，T0 被分为两个部分：TL0 和 TH0。其中，TL0 作为 8 位定时器/计数器使用，占用 T0 的全部控制位——GATE、C/T、TR0 和 TF0；而 TH0 固定只能作 8 位计数器使用，对外部信号进行计数，占用 T1 的 TR1 位、TF1 位和 T1 的中断资源。这时，T1 不能使用启动控制位和溢出标志位。

实际上，T0 增加方式 3，主要是解决 51 系列单片机串行口工作于方式 1 或方式 3 占用 T1 作比特率发生器而导致定时器/计数器不够用的问题。当 51 系列单片机串行口工作于方式 1 或方式 3，T1 作串行口的比特率发生器使用，只要赋初值，设置好工作方式（定时、方式 2），启动后便自行工作。启动控制位 TR1 和溢出标志位 TF1 不再需要，因此可以分配给计数器 TH0 使用。若要 T1 的比特率发生器停止工作，只需送入一个将 T1 设置为方式 3 的方式控制字即可。由于 T1 没有方式 3，如果强行把它设置为方式 3，就相当于使其停止工作。

在方式 3 下，计数器的最大计数值、初值的计算与方式 2 完全相同。

对于定时器/计数器的 4 种工作方式，我们通常使用前 3 种，一般根据需要的计数值 N 进行选择，如果 N≤256，则可选择方式 2；如果 256<N≤8192，则可选择方式 0；如果 8192<N≤65536，则可选择方式 1；如果 N>65536，可通过一个定时器/计数器加一个软件计数器或通两个定时器/计数器来实现。需注意的是，如果选择方式 0 和方式 1，重复定时/计数时需重置初值。

9.2.6　定时器/计数器的编程及应用

1. 定时器/计数器的初始化编程

51 系列单片机的定时器/计数器是可编程的，可以设定为对机器周期进行计数实现定时功能，也可以设定为对外部脉冲进行计数实现计数功能。它有 4 种工作方式，使用时可根据情况选择其中的一种。51 系列单片机定时器/计数器初始化过程如下：

1）根据要求计算定时器/计数器的计数值，确定工作方式，再根据工作方式计算初值，写入初值寄存器。

2）根据要求选择工作方式，确定控制字，写入 TMOD。

3）根据需要开放定时器/计数器中断（后面需编写中断服务程序）。

4）设置 TCON 的值，启动定时器/计数器开始工作。

5）等待定时/计数时间到，则执行中断服务程序；如用查询处理则编写查询程序，判断溢出标志，溢出标志等于 1，则进行相应的处理。

通常第 1）和第 2）步连在一起处理。

2. 定时器/计数器的应用

通常利用定时器/计数器来产生周期性的波形。利用定时器/计数器产生周期性波形的基本思想是：利用定时器/计数器产生周期性的定时，定时时间到则对输出端进行相应的处理。例如，产生周期性的方波只需定时时间到对输出端取反一次即可。

【例 9-2】　设系统时钟频率为 12MHz，用定时器/计数器 T0 编程实现从 P1.0 输出周期为 500μs 的方波。

硬件电路：Proteus 中硬件电路如图 9-8 所示，在 AT89C51 单片机小系统基础上 P1.0 接示波器，示波器在配件（Gadgets）工具栏的 Virtual Instruments Mode（虚拟仪表）中，名称为 Oscilloscope，另外连接了一个发光二极管（LED-RED）显示。

编程思想：从 P1.0 输出周期为 500μs 的方波，只需 P1.0 每 250μs 取反一次即可。当系统时钟为 12MHz，T0 工作于方式 2 时，最大的定时时间为 256μs，满足 250μs 的定时要求，方式控制字应设定为 00000010B（02H）。系统时钟为 12MHz，定时 250μs，计数值 N 为 250，初值 X=256–250=6，则 TH0=TL0=06H。

（1）采用中断处理方式的程序

1）汇编语言程序：

```
ORG   0000H
LJMP  MAIN

ORG   000BH            ;中断处理程序
CPL   P1.0
RETI
```

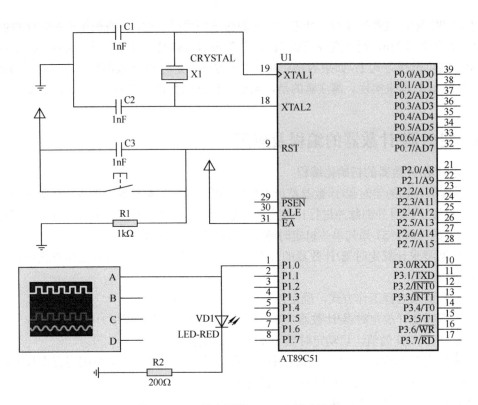

图 9-8   P1.0 输出周期 500μs 方波电路图

```
        ORG    0100H                ;主程序
MAIN:  MOV    TMOD,#02H
        MOV    TH0,#06H
        MOV    TL0,#06H
        SETB   EA
        SETB   ET0
        SETB   TR0
        SJMP   $
        END
```

2）C 语言程序：

```c
#include  <reg51.h>                    //包含特殊功能寄存器库
sbit  P1_0=P1^0;
void  main()
{
    TMOD=0x02;
    TH0=0x06;TL0=0x06;
    EA=1;ET0=1;
    TR0=1;
    while(1);
}
void  time0_int(void)  interrupt  1     //中断服务程序
{
    P1_0=!P1_0;
}
```

（2）采用查询方式处理的程序

1）汇编语言程序如下：

```
        ORG    0000H
        LJMP   MAIN

        ORG    0100H              ;主程序
MAIN:MOV        TMOD,#02H
        MOV    TH0,#06H
        MOV    TL0,#06H
        SETB   TR0
LOOP:JBC        TF0,NEXT          ;查询计数溢出
        SJMP   LOOP
NEXT:CPL        P1.0
        SJMP   LOOP
        SJMP   $
        END
```

2）C 语言程序：

```
#include  <reg51.h>                        //包含特殊功能寄存器库
sbit  P1_0=P1^0;
void  main()
{
    TMOD=0x02;
    TH0=0x06;TL0=0x06;
    TR0=1;
    for(;;)
    {
        if (TF0)  { TF0=0;P1_0=! P1_0;}   //查询计数溢出
    }
}
```

在 Keil C51 中编译程序形成 HEX 文件（Keil C51 的使用方法见第 13 章），在 Proteus 中仿真运行，通过示波器显示波形如图 9-9 所示，波形周期为 500μs。

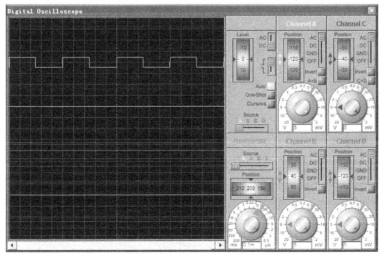

图 9-9　例 9-2 周期 500μs 仿真波形图

153

【例 9-3】 设系统时钟频率为 12MHz，编程实现从 P1.1 输出周期为 1s 的方波。

硬件电路：与例 9-2 面同，只是用示波器测量 P1.1 引脚。

编程思想：根据例 9-2 的处理过程，这时应产生 500ms 的周期性的定时，定时到则对 P1.1 取反即可实现。由于定时时间较长，一个定时器/计数器不能直接实现，可用 T0 产生周期为 10ms 的周期性定时，然后用一个软件计数器对 10ms 计数 50 次来实现。系统时钟为 12MHz，T0 定时为 10ms，计数值 N 为 10000，只能选工作方式 1，方式控制字为 00000001B（01H），则有：

$$X=65\ 536-10\ 000=55\ 536=1101100011110000B$$

则 TH0=11011000B=D8H，TL0=11110000B=F0H。溢出位采用中断处理方式。

1) 汇编语言程序（用寄存器 R2 作计数器进行软件计数）：

```
        ORG    0000H
        LJMP   MAIN

        ORG    000BH
        LJMP   INTT0

        ORG    0100H
MAIN:   MOV    TMOD,#01H
        MOV    TH0,#0D8H
        MOV    TL0,#0F0H
        MOV    R2,#00H
        SETB   EA
        SETB   ET0
        SETB   TR0
        SJMP   $

INTT0:  MOV    TH0,#0D8H
        MOV    TL0,#0F0H
        INC    R2
        CJNE   R2,#32H,NEXT
        CPL    P1.1
        MOV    R2,#00H
NEXT:   RETI
        END
```

2) C 语言程序：

```c
#include  <reg51.h>      //包含特殊功能寄存器库
sbit  P1_1=P1^1;
char  i;                 //i 为软件计数器
void  main()
{
    TMOD=0x01;
    TH0=0xD8;TL0=0xF0;
    EA=1;ET0=1;
    i=0;
    TR0=1;
    while(1);
}
```

```
void time0_int(void)  interrupt 1   //中断服务程序
{
    TH0=0xD8;TL0=0xf0;              //重置初值
    i++;
    if(i= =50)  {P1_1=! P1_1;i=0;}
}
```

图 9-10 是仿真后示波器的显示情况，结果表明得到的波形周期为 1s。

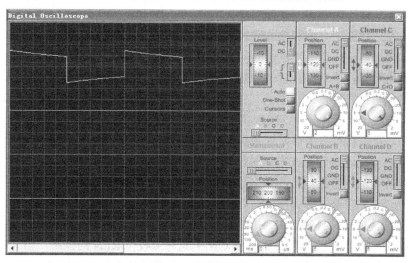

图 9-10　例 9-3 周期 1s 的仿真波形图

9.3　串行接口

串行接口是计算机中一个重要的外部接口，计算机通过它与外部设备之间进行通信。

9.3.1　51 系列单片机串行口的功能

MCS-51 系列单片机具有一个全双工的串行异步通信接口，可以同时发送、接收数据。发送、接收数据可通过查询或中断方式来处理，使用十分灵活，能方便地与其他计算机或串行传送信息的外部设备（如串行打印机、CRT 终端）实现双机、多机通信。它有 4 种工作方式，分别是方式 0、方式 1、方式 2 和方式 3。

1）方式 0 称为同步移位寄存器方式，一般用于外接移位寄存器芯片扩展 I/O 接口。

2）方式 1 称为 8 位异步通信方式，通常用于双机通信。

3）方式 2 和方式 3 称为 9 位的异步通信方式，通常用于多机通信。

不同的工作方式，它的比特率也不一样。方式 0 和方式 2 的比特率直接由系统时钟产生，方式 1 和方式 3 的比特率由定时器/计数器 T1 的溢出率决定。

9.3.2　51 系列单片机串行口的结构

51 系列单片机串行口主要由发送数据寄存器、发送控制器、输出控制门、接收数据寄存器、接收控制器、输入移位寄存器等组成，它的结构如图 9-11 所示。

155

从用户使用的角度看，它由 3 个特殊功能寄存器组成：发送数据寄存器和接收数据寄存器合起用一个特殊功能寄存器，即串行口数据寄存器（SBUF），串行口控制寄存器（SCON）和电源控制寄存器（PCON）（位于比特率发生器）。

SBUF 的字节地址为 99H，实际对应两个寄存器：发送数据寄存器和接收数据寄存器。当 CPU 向 SBUF 写数据时对应的是发送数据寄存器，当 CPU 读 SBUF 时对应的是接收数据寄存器。

发送数据时，当执行一条向 SBUF 写入数据的指令，把数据写入串口发送数据

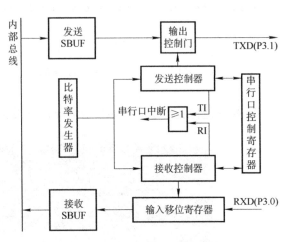

图 9-11　51 系列单片机串行口的结构框图

寄存器，即可启动发送过程。在发送时钟的控制下，先发送一个低电平的起始位，紧接着把发送数据寄存器中的内容按低位在前高位在后的顺序一位一位地发送出去，最后发送一个高电平的停止位。一个字符发送完毕，SCON 中的发送中断标志位 TI 置位。对于方式 2 和方式 3，当发送完数据位后，要将 SCON 中的 TB8 位发送出去后才发送停止位。

接收数据时，串行数据的接收受到 SCON 中允许接收位 REN 的控制。当 REN 置 1 时，接收控制器就开始工作，对接收数据线进行采样，当采样从 1 到 0 负跳变，接收控制器开始接收数据。为了减少干扰的影响，接收控制器在接收数据时，将 1 位的传送时间分成 16 等份，用当中的 7、8、9 这 3 个状态对接收数据线进行采样，3 次采样中，当两次采样为低电平，就认为接收的是 0；两次采样为高电平，就认为接收的是 1。如果接收到的起始位的值不是 0，则起始位无效，复位接收电路；如果起始位为 0，则开始接收其他各位数据。接收的前 8 位数据依次移入输入移位寄存器，接收的第 9 位数据置入 SCON 的 RB8 位中。如果接收有效，则输入移位寄存器中的数据置入接收数据寄存器中，同时 SCON 中的接收中断位 RI 置 1，通知 CPU 来取数据。

9.3.3　串行口控制寄存器

串行口控制寄存器（SCON）的地址为 98H，可以进行位寻址，位地址为 98H～9FH。SCON 用于定义串行口的工作方式、进行接收、发送控制和监控串行口的工作过程。它的格式如图 9-12 所示。

SCON (98H)	D7	D6	D5	D4	D3	D2	D1	D0
	SM0	SM1	SM2	REN	TB8	RB8	TI	RI

图 9-12　串行口控制寄存器（SCON）

1）SM0、SM1：串行口工作方式选择位。用于选择 4 种工作方式，选择情况见表 9-2。表中 f_{osc} 为单片机的时钟频率。

2）SM2：多机通信控制位。在方式 2 和方式 3 接收数据时，当 SM2=1，如果接收到的第 9 位数据（RB8）为 0，则输入移位寄存器中接收的数据不能移入到 SBUF，接收中断标志

位 RI 不置 1，接收无效；如果接收到的第 9 位数据（RB8）为 1，则输入移位寄存器中接收的数据将移入到 SBUF，接收中断标志位 RI 置 1，接收才有效。当 SM2=0 时，无论接收到的第 9 位数据（RB8）是 1 还是 0，输入移位寄存器中接收的数据都将移入到 SBUF，同时 RI 置 1，接收都有效。

表 9-2　串行口工作方式的选择

SM0	SM1	方式	功能	比特率
0	0	方式 0	移位寄存器方式	$f_{osc}/12$
0	1	方式 1	8 位异步通信方式	可变
1	0	方式 2	9 位异步通信方式	$f_{osc}/32$ 或 $f_{osc}/64$
1	1	方式 3	9 位异步通信方式	可变

方式 1 时，若 SM2=1，则只有接收到有效的停止位，接收才有效。

方式 0 时，SM2 必须为 0。

3）REN：接收允许控制位。当 REN=1，则允许接收；当 REN=0，则禁止接收。

4）TB8：发送数据的第 9 位。在方式 2 和方式 3 中，TB8 中为发送数据的第 9 位。它可以用来做奇偶校验位。在多机通信中，它往往用来表示主机发送的是地址还是数据：TB8=0 为数据，TB8=1 为地址。该位可以由软件置位或清零。

5）RB8：接收数据的第 9 位。在方式 2 和方式 3 中，RB8 用于存放接收数据的第 9 位。在方式 1 时，若 SM2=0，则 RB8 为接收到的停止位。在方式 0 时，不使用 RB8。

6）TI：发送中断标志位。在一组数据发送完后被硬件置位。在方式 0 时，当发送数据第 8 位结束后，由内部硬件使 TI 置位；在方式 1、2、3 时，在停止位开始发送时由硬件置位。TI 置位，标志着上一个数据发送完毕，告诉 CPU 可以通过串行口发送下一个数据了。在 CPU 响应中断后，TI 不能自动清零，必须用软件清零。此外，TI 可供查询使用。

7）RI：接收中断标志位。当数据接收有效后由硬件置位。在方式 0 时，当接收数据的第 8 位结束后，由内部硬件使 RI 置位。在方式 1、2、3 时，当接收有效，由硬件使 RI 置位。RI 置位，标志着一个数据已经接收到，通知 CPU 可以从接收数据寄存器中来取接收的数据了。对于 RI 标志，在 CPU 响应中断后，也不能自动清零，必须用软件清零。此外，RI 也可供查询使用。

另外，对于串口发送中断 TI 和接收中断 RI，无论哪个响应，都触发串口中断。到底是发送中断还是接收中断，只有在中断服务程序中通过软件来识别。

在系统复位时，SCON 的所有位都被清零。

9.3.4　电源控制寄存器

电源控制寄存器（PCON）的地址为 87H，不能进行位寻址，只能按字节方式访问。它主要用于电源控制。另外，PCON 中的最高位 SMOD 位，称为比特率加倍位，它用于对串行口的比特率进行控制。具体格式如图 9-13 所示。

PCON	D7	D6	D5	D4	D3	D2	D1	D0
(87H)	SMOD	—	—	—	GF1	GF0	PD	IDL

图 9-13　电源控制寄存器（PCON）

SMOD：比特率加倍位。当 SMOD 为 1，则串行口方式 1、方式 2、方式 3 的比特率加倍。其他位在第 6.4.4 小节中已讲述，这里不再介绍。

9.3.5 串行口的工作方式

51 系列单片机的串行口有 4 种工作方式，由串行口控制寄存器（SCON）中的 SM0 和 SM1 决定。

1. 方式 0——移位寄存器方式

当 SM0 和 SM1 为 00 时，工作于方式 0。它通常用来外接移位寄存器，用作扩展 I/O 接口。方式 0 工作时比特率固定为 $f_{osc}/12$，串行数据通过 RXD 输入和输出，同步时钟通过 TXD 输出。发送和接收数据时低位在前，高位在后，长度为 8 位。

（1）发送过程

在 TI=0 时，若 CPU 执行一条向 SBUF 写数据的指令，如"MOV SBUF,A"，就启动发送过程。经过一个机器周期，写入发送数据寄存器中的数据按低位在前高位在后的顺序从 RXD 依次发送出去，同步时钟从 TXD 送出。8 位数据（一帧）发送完毕后，由硬件使发送中断标志 TI 置位，向 CPU 申请中断。如要再次发送数据，必须用软件将 TI 清零，并再次执行写 SBUF 指令。

（2）接收过程

在 RI=0 时，将 REN（SCON.4）置 1，启动一次接收过程。同步时钟通过 TXD 输出，串行数据通过 RXD 接收，一个同步时钟接收一位。在同步时钟的控制下，RXD 上的串行数据依次移入移位寄存器。当 8 位数据（一帧）全部移入移位寄存器后，接收控制器发出"装载 SBUF"的信号，将 8 位数据并行送入 SBUF 中。同时，由硬件使接收中断标志 RI 置位，向 CPU 申请中断。CPU 响应中断后，从接收数据寄存器中取出数据，然后用软件使 RI 复位，使移位寄存器接收下一帧信息。

2. 方式 1——8 位异步通信方式

当 SM0 和 SM1 为 01 时，工作于方式 1。这时一帧信息为 10 位：1 位起始位（0），8 位数据位（低位在前）和 1 位停止位（1）。TXD 为发送数据端，RXD 为接收数据端。比特率可变，由定时器/计数器 T1 的溢出率和电源控制寄存器 PCON 中的 SMOD 位决定。即

$$比特率 = 2^{SMOD} \times (T1\ 的溢出率)/32$$

因此，在方式 1 时需对 T1 进行初始化，这时 T1 工作于方式 2，即定时，产生周期性的定时，溢出率为定时时间的倒数。

（1）发送过程

在 TI=0 时，若 CPU 执行一条向 SBUF 写数据的指令，如"MOV SBUF,A"，就启动发送过程。数据由 TXD 引脚送出，发送时钟由 T1 送来的溢出信号经过 16 分频或 32 分频后得到。在发送时钟的作用下，先通过 TXD 端送出 1 个低电平的起始位，然后是 8 位数据（低位在前），其后是 1 个高电平的停止位。当一帧数据发送完毕后，由硬件使发送中断标志 TI 置位，向 CPU 申请中断，完成一次发送过程。

（2）接收过程

当允许接收控制位 REN 被置 1，接收器开始工作，由接收器以所选比特率的 16 倍速率对 RXD 引脚上的电平进行采样。当采样到从 1 到 0 负跳变时，启动接收控制器开始接收数据。

在接收时钟的控制下依次把所接收的数据移入移位寄存器。当 8 位数据及停止位全部移入后，根据以下状态，进行响应操作：

1）如果 RI=0 且 SM2=0，接收控制器发出"装载 SBUF"的信号，将输入移位寄存器中的 8 位数据装入 SBUF 中，停止位装入 RB8 中，并置 RI=1，向 CPU 申请中断。如果 RI=0，而 SM2=1，那么当停止位为 1 时才发生上述操作。

2）如果 RI=1，则所接收的数据在任何情况下都不装入 SBUF，即数据丢失。

3．方式 2 和方式 3——9 位异步通信方式

方式 2 和方式 3 时都为 9 位异步通信方式。接收和发送一帧信息长度为 11 位，即 1 个低电平的起始位、9 位数据位、1 个高电平的停止位。发送的第 9 位数据放于 TB8 中，接收的第 9 位数据放于 RB8 中。TXD 为发送数据端，RXD 为接收数据端。方式 2 和方式 3 的区别在于比特率不一样：方式 2 的比特率为 $2^{SMOD} \times f_{osc}/64$；方式 3 的比特率与方式 1 的比特率相同，由 T1 的溢出率和 PCON 中的 SMOD 位决定，即比特率=$2^{SMOD} \times$(T1 的溢出率)/32。

在方式 3 时，也需要对 T1 进行初始化。

（1）发送过程

方式 2 和方式 3 发送的数据为 9 位，其中发送的第 9 位在 TB8 中。在启动发送之前，必须把要发送的第 9 位数据装入 SCON 中的 TB8 中。准备好 TB8 后，即可通过向 SBUF 中写入发送的字符数据来启动发送过程。发送时，前 8 位数据从发送数据寄存器中取得，发送的第 9 位从 TB8 中取得。一帧信息发送完毕，置 TI 为 1。

（2）接收过程

方式 2 和方式 3 的接收过程与方式 1 类似。当 REN 为 1 时启动接收过程，所不同的是接收的第 9 位数据是发送过来的 TB8 位，而不是停止位，接收到后存放到 SCON 中的 RB8 中。对接收是否有判断也是用接收的第 9 位，而不是用停止位。其余情况与方式 1 相同。

9.3.6　串行口的编程及应用

1．串行口的初始化编程

在 51 系列单片机串行口使用之前必须先对它进行初始化编程。初始化编程是指设定串口的工作方式和比特率。初始化编程的过程如下：

（1）串行口控制寄存器各位的确定

根据工作方式确定 SM0、SM1 位。对于方式 2 和方式 3 还要确定 SM2 位。如果是接收端，则置允许接收位 REN 为 1。如果方式 2 和方式 3 发送数据，则应将发送数据的第 9 位写入 TB8 中。

（2）比特率的设置

对于方式 0，不需要对比特率进行设置。

对于方式 2，设置比特率仅需对 PCON 中的 SMOD 位进行设置。

对于方式 1 和方式 3，设置比特率不仅需对 PCON 中的 SMOD 位进行设置，还要对 T1 进行设置。这时 T1 一般工作于方式 2，定时，对机器周期计数，初值可由下面公式求得。由于

$$比特率=2^{SMOD} \times (T1 的溢出率)/32$$

而 T1 工作于方式 2 的溢出率可由下式计算：

$$T1 的溢出率=f_{osc}/(12 \times (256-初值))$$

159

所以，

$$T1 \text{ 的初值}=256-f_{osc}\times 2^{SMOD}/(12\times \text{比特率}\times 32)$$

2．串行口的应用

51 系列单片机的串行口在实际使用中通常用于 3 种情况：利用方式 0 扩展并行 I/O 接口，利用方式 1 实现点对点的双机通信，利用方式 2 或方式 3 实现多机通信。

（1）利用方式 0 扩展并行 I/O 接口

51 系列单片机的串行口工作在方式 0 时，当外接一个串入并出的移位寄存器，就可以扩展并行输出口；当外接一个并入串出的移位寄存器时，就可以扩展并行输入口。

【例 9-4】 用 8051 单片机的串行口外接串入并出的芯片 74HC164，扩展并行输出口控制一组发光二极管，使发光二极管从右至左延时轮流显示。

74HC164 是一块 8 位的串入并出的芯片，共 14 个引脚，如图 9-14 所示。除了电源和地信号外，还有如下引脚：

A、B：串行数据输入端；

CLK：串行时钟信号输入端；

Q0～Q7：8 位数据并行输出端；

$\overline{MR}$：清零端。输入低电平时 74HC164 输出端清零。在 CLK=0、$\overline{MR}$ =1 时，74HC164 保持原来数据。

74HC164 和 51 系列单片机在 Proteus 中连接如图 9-15 所示。

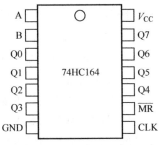

图 9-14 74HC164 引脚图

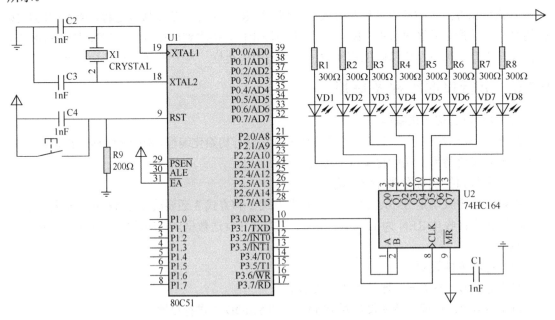

图 9-15 用 74HC164 扩展并行输出口

其中：80C51 串行口工作于方式 0 输出，74HC164 串行数据输入端 AB 连在一起和单片机方式 0 串行数据输出端 RXD 相接；串行时钟信号输入端 CLK 和单片机的方式 0 同步时钟输出端 TXD 相连；74HC164 清零端 $\overline{MR}$ 连电源 V_{CC}，并通过电容接地（GND），系统上电时产生一个负脉冲使 74HC164 复位。CLK 每来一个时钟，74HC164 从串行数据输入端接收一位，接收的数据按 Q7 到 Q0 的顺序依次移入，并通过 Q7~Q0 的 8 位并行输出端输出，输出端输出的接 8 个发光二极管（LED-RED），输出低电平亮。设串行口采用查询方式，显示的延时依靠调用延时子程序来实现。

1）汇编语言程序：

```
        ORG     0000H
        LJMP    MAIN

        ORG     0100H
MAIN:   MOV     SCON,#00H       ;串口初始化方式 0
        MOV     A,#0FEH
START:  MOV     SBUF,A          ;51 单片机串口发送
LOOP:   JNB     TI,LOOP         ;等待发送
        ACALL   DELAY           ;延时
        CLR     TI
        RL      A               ;循环移位改变显示内容
        SJMP    START
DELAY:  MOV     R7,#80H         ;延时子程序
LOOP2:  MOV     R6,#0FFH
LOOP1:  DJNZ    R6,LOOP1
        DJNZ    R7,LOOP2
        RET
        END
```

2）C 语言程序：

```
#include <reg51.h>          //包含特殊功能寄存器库
#include <intrins.h>        //包含内部函数库
void main()
{
    unsigned char i;
    unsigned int j;
    SCON=0x00;              //串口初始化方式 0
    i=0xFE;
    for (; ;)
    {
        SBUF=i;                //串口发送
        while(!TI) { ;}        //等待发送
        TI=0;
        for (j=0;j<=20000;j++) {_nop_();}        //延时
        i=_crol_(i,1);         //改变显示内容
    }
}
```

在 Proteus 中，单片机添加程序，运行仿真后，从 74HC164 并行输出端可以看到流水灯的变化，实现了并行输出口的扩展。

【例 9-5】 用 8051 单片机的串行口外接并入串出的芯片 74HC165 扩展 8 位并行输入口，输入一组开关的状态，并通过二极管显示出来。

74HC165 是一块 8 位的并入串出的芯片，共 16 个引脚，如图 9-16 所示。除了电源和地信号外，还有如下引脚：

D7～D0：8 位并行输入端；

SI：串行数据输入端；

SO、$\overline{QH}$：串行数据同相、反相输出端；

CLK：串行时钟信号输入端；

INH：串行时钟允许输入端，当它为低电平时，允许 CLK 时钟输入；

SH/$\overline{LD}$：串出/并入方式控制输入端，SH/$\overline{LD}$ =1，允许串行输出，SH/$\overline{LD}$ =0 允许并行输入。

74HC165 的一般工作过程如下：

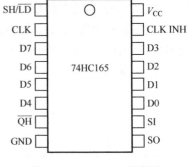

图 9-16　74HC165 引脚图

1）使控制端 SH/$\overline{LD}$ =0，8 位并行数据输入到内部的寄存器。

2）使控制端 SH/$\overline{LD}$ =1，在时钟信号 CLK 的控制下，内部寄存器的内容按从 D7～D0 的顺序从串行输出端依次输出。

74HC165 和 80C51 单片机在 Proteus 中的连接如图 9-17 所示。

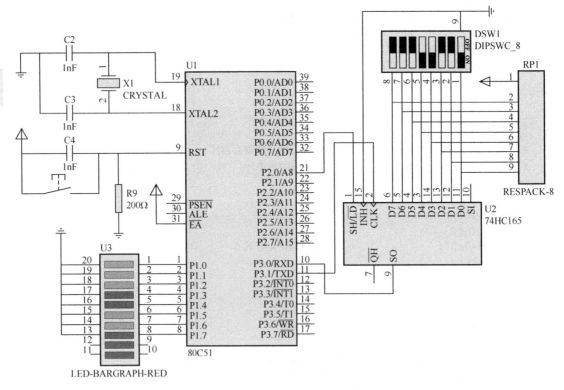

图 9-17　用 74HC165 扩展并行输入口

其中：80C51 单片机串行口工作于方式 0，输入，74HC165 串行数据输出端 SO 和单片机方式 0 串行数据输入端 RXD 相接；串行时钟信号输入端 CLK 和单片机方式 0 同步时钟输出端 TXD 相连；74HC165 串行时钟允许输入端 INH 接地；串出/并入方式控制输入端 SH/$\overline{LD}$ 接 8051 单片机 P2.0，P2.0 输出低电平 74HC165 并行输入，P2.0 输出高电平 74HC165 串行输出。8 位并行输入端 P7～P0 接 8 个开关（DIPSWC_8）并行输入。扩展并口输入的内容通过单片机的 P1 口接的 8 个发光二极管（LED-BARGRAPH-RED）输出显示。

　　串行口方式 0 数据的接收，用 SCON 中的 REN 位来控制，采用查询 RI 的方式来判断数据是否输入。

　　1）汇编语言程序：

```
        ORG   0000H
        LJMP  MAIN

        ORG   0100H
MAIN:   CLR   P2.0              ;74HC165 并入
        NOP
        NOP
        NOP
        SETB  P2.0              ;74HC165 串出
        NOP
        NOP
        NOP
        MOV   SCON,#10H         ;串口初始化方式 0，允许接收
LOOP:   JNB   RI,LOOP           ;接收
        CLR   RI
        MOV   A,SBUF
        MOV   P1,A              ;送 P1 口显示
        SJMP  MAIN
        END
```

　　2）C 语言程序：

```
#include  <reg51.h>          //包含特殊功能寄存器库
#include  <intrins.h>        //包含内部函数库
sbit  P2_0=P2^0;
void  main()
{
    unsigned  char  i;
    while(1)
    {
        P2_0=0;  _nop_();  _nop_();  _nop_();       //74HC165 并入
        P2_0=1;  _nop_();  _nop_();  _nop_();       //74HC165 串出
        SCON=0x10;           //串口初始化方式 0，允许接收
        while(!RI) {;}       //接收
        RI=0;
        i=SBUF;
        P1=i;                //送 P1 口显示
    }
}
```

　　在 Proteus 中，单片机添加程序，运行仿真后。拨动 74HC165 并行输入端的开关，单片机 P1 口连接的发光二极管会亮或灭，实现了并行输入口扩展。

　　（2）利用方式 1 实现点对点的双机通信

　　要实现甲与乙两台单片机点对点的双机通信，其线路只需将甲机的 TXD 与乙机的 RXD 相连，将甲机的 RXD 与乙机的 TXD 相连，地线与地线相连。软件方面选择相同的工作方式，设相同的比特率即可实现。

【例 9-6】 设计双机通信系统。要求：甲机 P1 口开关的状态通过串行口发送到乙机，乙机接收到后通过 P2 口的发光二极管显示；乙机 P1 口开关的状态发送到甲机，甲机接收到后通过 P2 口的发光二极管显示。

Proteus 中硬件电路如图 9-18 所示，连接 P1 口的开关组为 DIPSWC_8，连接 P2 口的发光二极管组为 LED-BARGRAPH-RED，共 10 个发光二极管，用了其中 8 个，其余元器件与前面相同。

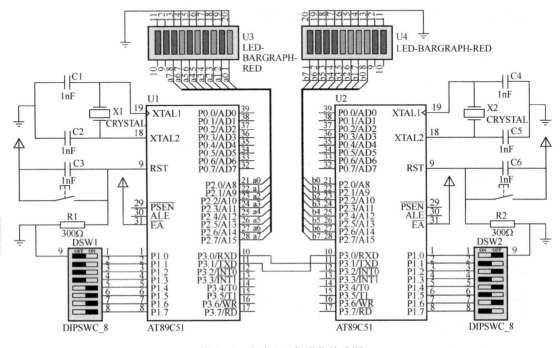

图 9-18　方式 1 双机通信线路图

分析：甲、乙两机处理过程一样，程序相同。方式选择方式 1：8 位异步通信方式，比特率为 1200bit/s，既要发送，也要接收，所以串口控制字为 50H。

由于选择的是方式 1，比特率由定时器/计数器 T1 的溢出率和电源控制寄存器 PCON 中的 SMOD 位决定，则需对 T1 初始化。

设振荡频率为 12MHz，取 SMOD=0，比特率为 1200bit/s，T1 选择为方式 2，则初值如下：

$$初值=256-f_{osc}\times 2^{SMOD}/(12\times 比特率\times 32)$$
$$=256-12000000/(12\times 1200\times 32)\approx 230=E6H$$

根据要求，T1 的方式控制字为 20H。

发送过程采用查询方式，在主程序中读取 P1 口开关状态，通过串口发送；接收过程采用中断方式，接收的内容送 P2 口，通过 P2 口的发光二极管显示。

1）汇编语言程序：

```
    ORG    0000H
    LJMP   MAIN

    ORG    0023H
    LJMP   INS
```

```
        ORG    0030H
MAIN:  MOV    SP,#60H
       MOV    SCON,#50H                ;串行口初始化
       MOV    TMOD,#20H
       MOV    TL1,#0E6H
       MOV    TH1,#0E6H
       SETB   TR1
       SETB   EA
       SETB   ES
LP0:   MOV    P1,#0FFH
       MOV    A,P1
       MOV    SBUF,A                   ;发送
LP1:   JNB    TI,LP1
       CLR    TI
       LJMP   LP0
INS:   CLR    EA                       ;接收
       CLR    RI
       MOV    A,SBUF
       MOV    P2,A
       SETB   EA
       RETI
       END
```

2）C 语言程序：

```c
#include  <reg51.h>
void  main(void)
{
    unsigned  char  i;
    SP=0x60;
    SCON=0x50;                    //串行口初始化
    TMOD=0x20;
    TL1=0xE6;
    TH1=0xE6;
    TR1=1;
    EA=1;
    ES=1;
    while(1)                      //发送
    {
        P1=0xFF;
        i=P1;
        SBUF=i;
        while(TI==0);
        TI=0;
    }
}
void  funins(void)  interrupt 4 //接收
{
    EA=0;
    RI=0;
    P2=SBUF;
```

```
        EA=1;
    }
```

在 Proteus 中，甲、乙两机添加程序，运行仿真后。拨动甲机 P1 口的开关，乙机 P2 口连接的发光二极管会亮或灭；拨动乙机 P1 口的开关，甲机 P2 口连接的发光二极管会亮或灭，实现了双机通信。

9.4　51 系列单片机中断系统

中断是现代计算机中很重要的一个功能部件。在计算机系统中，实时控制、故障处理往往通过中断来实现。计算机与外部设备之间的信息传送常采用中断处理方式。

9.4.1　51 系列单片机的中断系统结构

51 系列单片机的中断系统结构如图 9-19 所示。包含 5 个（或 6 个）硬件中断源，两级中断允许控制，两级中断优先级控制。

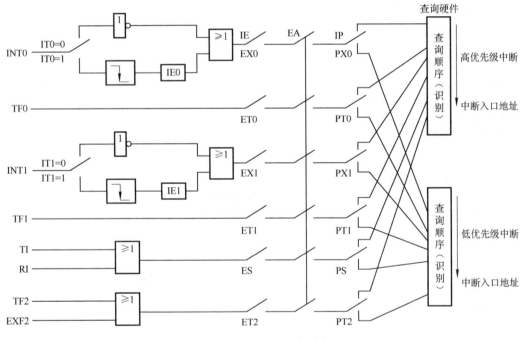

图 9-19　中断系统的逻辑结构图

9.4.2　51 系列单片机的中断源

51 系列单片机没有软件中断，只有硬件中断。51 子系列有 5 个（52 子系列提供 6 个）中断源：2 个外部中断源 $\overline{INT0}$（P3.2）和 $\overline{INT1}$（P3.3），2 个定时器/计数器 T0 和 T1 的溢出中断 TF0 和 TF1；1 个串行口中断（TI 和 RI）。

1. 外部中断 $\overline{INT0}$ 和 $\overline{INT1}$

外部中断源 $\overline{INT0}$ 和 $\overline{INT1}$ 的中断请求信号从外部引脚 P3.2 和 P3.3 输入，主要用于自动控制、实时处理、单片机掉电和设备故障的处理。

外部中断请求 $\overline{INT0}$ 和 $\overline{INT1}$ 有两种触发方式：电平触发和跳变（边沿）触发。这两种触发方式可以通过对特殊功能寄存器（TCON）编程来选择。TCON 在定时器/计数器中使用过，其中高 4 位用于定时器/计数器控制，前面已介绍。低 4 位用于外部中断控制，形式如图 9-20 所示。

TCON	D7	D6	D5	D4	D3	D2	D1	D0
(88H)	TF1	TR1	TF0	TR0	IE1	IT1	IE0	IT0

图 9-20 定时器/计数器控制寄存器（TCON）

IT0（IT1）：外部中断 0（或 1）触发方式控制位。IT0（或 IT1）被设置为 0，则选择外部中断为电平触发方式；IT0（或 IT1）被设置为 1，则选择外部中断为边沿触发方式。

IE0（IE1）：外部中断 0（或 1）的中断请求标志位。在电平触发方式时，CPU 在每个机器周期的 S5P2 采样 P3.2（或 P3.3），若 P3.2（或 P3.3）引脚为高电平，则 IE0（或 IE1）清零，若 P3.2（或 P3.3）引脚为低电平，则 IE0（IE1）置 1，向 CPU 请求中断；在边沿触发方式时，若上一个机器周期采样到 P3.2（或 P3.3）引脚为高电平，下一个机器周期采样到 P3.2（或 P3.3）引脚为低电平时，则 IE0（或 IE1）置 1，向 CPU 请求中断。

在边沿触发方式时，CPU 在每个机器周期都采样 P3.2（或 P3.3）。为了保证检测到负跳变，输入到 P3.2（或 P3.3）引脚上的高电平与低电平至少应保持 1 个机器周期。CPU 响应后能够由硬件自动将 IE0（或 IE1）清零。

对于电平触发方式，只要 P3.2（或 P3.3）引脚为低电平，IE0（或 IE1）就置 1，请求中断，CPU 响应后不能够由硬件自动将 IE0（或 IE1）清零。如果在中断服务程序返回时，P3.2（或 P3.3）引脚还为低电平，则又会中断，这样就会出现发出一次请求，中断多次的情况。为避免发生这种情况，只有在中断服务程序返回前撤销 P3.2（或 P3.3）的中断请求信号，即使 P3.2（或 P3.3）引脚为高电平。通常通过外加如图 9-21 所示的外电路来实现。外部中断请求信号通过 D 触发器加到单片机 P3.2（或 P3.3）引脚上。当外部中断请求信号使 D 触发器的 CLK 端发生正跳变时，由于 D 端接地，Q 端输出 0，向单片机发出中断请求。CPU 响应中断后，利用一根 I/O 接口线 P1.0 作应答线。

在中断服务程序中加以下两条指令来撤除中断请求：

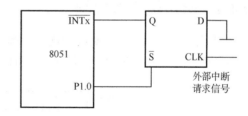

图 9-21 撤销外部中断的外电路

```
ANL  P1,#0FEH
ORL  P1,#01H
```

第一条指令使 P1.0 为 0，而 P1 口其他各位的状态不变。由于 P1.0 与 D 触发器直接置 1 端 $\overline{S}$ 相连，故 D 触发器置 1，撤除了中断请求信号。第二条指令将 P1.0 变成 1，从而 $\overline{S}$=1，使以后产生的新的外部中断请求信号又能向单片机申请中断。

2．定时器/计数器 T0 和 T1 中断

当定时器/计数器 T0（或 T1）溢出时，由硬件置 TF0（或 TF1）为 1，向 CPU 发送中断请求，当 CPU 响应中断后，将由硬件自动清零 TF0（或 TF1）。

3．串行口中断

51 系列单片机的串行口中断对应两个中断标志位：串行口发送中断标志位（TI）和串行

口接收中断标志位（RI）。无论哪个标志位置 1，都请求串行口中断。到底是发送中断 TI 还是接收中断 RI，只有在中断服务程序中通过指令查询来判断。串行口中断响应后，标志位不能由硬件自动清零，必须由软件清零。

9.4.3 两级中断允许控制

51 系列单片机有两级中断允许控制：第一级中断的总体允许控制，当总体不允许时，所有的中断都将关闭；当总体控制允许时第二级允许控制才有意义。两级中断允许控制是由中断允许寄存器（IE）的各位来控制的。IE 的字节地址为 A8H，可以进行位寻址，格式如图 9-22 所示。

IE	D7	D6	D5	D4	D3	D2	D1	D0
(A8H)	EA	—	ET2	ES	ET1	EX1	ET0	EX0

图 9-22 中断允许寄存器（IE）

1) EA：中断总体允许控制位。

2) ET2：定时器/计数器 T2 的溢出中断允许控制位，只用于 52 子系列，51 子系列无此位。

3) ES：串行口中断允许控制位。

4) ET1：定时器/计数器 T1 的溢出中断允许控制位。

5) EX1：外部中断 $\overline{INT1}$ 的中断允许控制位。

6) ET0：定时器/计数器 T0 的溢出中断允许控制位。

7) EX0：外部中断 $\overline{INT0}$ 的中断允许控制位。

各位如果置 1，则允许相应的中断；如果清 0，则禁止相应的中断。系统复位时，IE 中的内容为 00H，如果要开放某个中断源，则必须使 IE 中的总体允许控制位和对应的中断允许控制位置 1。

9.4.4 两级优先级控制

51 系列单片机每个中断源的优先等级有两级：高优先级和低优先级。通过中断优先级寄存器（IP）来设置。IP 的字节地址为 B8H，可以进行位寻址，格式如图 9-23 所示。

IP	D7	D6	D5	D4	D3	D2	D1	D0
(B8H)	—	—	PT2	PS	PT1	PX1	PT0	PX0

图 9-23 中断优先级寄存器（IP）

1) PT2：定时器/计数器 T2 的中断优先级控制位，只用于 52 子系列。

2) PS：串行口的中断优先级控制位。

3) PT1：定时器/计数器 T1 的中断优先级控制位。

4) PX1：外部中断 $\overline{INT1}$ 的中断优先级控制位。

5) PT0：定时器/计数器 T0 的中断优先级控制位。

6) PX0：外部中断 $\overline{INT0}$ 的中断优先级控制位。

如果某位被置 1，则对应的中断源被设为高优先级；如果某位被清零，则对应的中断源被设为低优先级。对于同级中断源，系统有默认的优先级顺序。默认的优先级顺序见表 9-3。

通过 IP 改变中断源的优先等级,可以实现两个方面的功能:改变系统中断源默认的优先权顺序和实现二级中断嵌套。

通过设置 IP 能够在一定程度上改变系统默认的优先权顺序。例如,要把外部中断 $\overline{INT1}$ 的中断优先级设为最高,其他的按系统默认的顺序,即可将 PX1 位设为 1,其余位设为 0,5 个中断源的优先级顺序就设置为 $\overline{INT1} \rightarrow \overline{INT0} \rightarrow T0 \rightarrow T1 \rightarrow ES$。但不能把优先级顺序设置为 $T1 \rightarrow T0 \rightarrow \overline{INT0} \rightarrow \overline{INT1} \rightarrow ES$,

表 9-3 同级中断源的优先级顺序

中断源	优先级顺序
外部中断 0	最高
定时器/计数器 T0 中断	
外部中断 1	
定时器/计数器 T1 中断	↓
串行口中断	
定时器/计数器 T2 中断	最低

因为如果定时器/计数器 0 和定时器/计数器 1 比外中断 0 优先权高,那么它们应设置为高优先级,这时它们的顺序又固定了,定时器/计数器 0 比定时器/计数器 1 的优先级高。

通过用中断优先级寄存器组成的两级优先级,可以实现二级中断嵌套。对于中断优先级和中断嵌套,51 系列单片机有以下 3 条规定:

1)正在进行的中断服务程序不能被新的同级或低优先级的中断请求所中断,直到该中断服务程序结束,返回了主程序且执行了主程序中的一条指令后,CPU 才响应新的中断请求。

2)正在进行的低优先级中断服务程序能被高优先级中断请求所中断,实现两级中断嵌套。

3)CPU 同时接收到几个中断请求时,首先响应优先级最高的中断请求。

实际上,51 系列单片机对于两级优先级控制的处理是通过中断系统中的两个用户不可寻址的优先级状态触发位来实现的。这两个优先级状态触发位用来记录本级中断源是否正在中断。如果正在中断,则硬件自动将其优先级状态触发位置 1。若高优先级状态触发位置 1,则屏蔽所有后来的中断请求;若低优先级状态触发位置 1,则屏蔽所有后来的低优先级中断,允许高优先级中断形成二级嵌套。当中断响应结束返回时,对应的优先级状态触发位由硬件自动清零。

9.4.5 中断响应

1. 中断响应的条件

51 系列单片机响应中断的条件为:中断源有请求且中断允许。51 系列单片机工作时,在每个机器周期的 S5P2 期间,对所有中断源按用户设置的优先级和内部规定的优先级进行顺序检测,并在 S6 期间找到所有有效的中断请求。若有中断请求,且满足下列条件,则在下一个机器周期的 S1 期间响应中断,否则丢弃中断采样的结果。

1)无同级或高级中断正在处理。

2)现行指令执行到最后一个机器周期且已结束。

3)若现行指令为 RETI 或访问 IE、IP 的指令时,执行完该指令且紧随其后的另一条指令也已执行完毕。

2. 中断响应过程

51 系列单片机响应中断后,由硬件自动执行如下的功能操作:

1)根据中断请求源的优先级高低,对相应的优先级状态触发器置 1。

2)保护断点,即把 PC 的内容压入堆栈保存。

3)清除内部硬件可清除的中断请求标志位(IE0、IE1、TF0、TF1)。

169

4）把被响应的中断服务程序入口地址送入 PC 中，从而转入相应的中断服务程序执行。各中断服务程序的入口地址见表 9-4。

3．中断响应时间

所谓中断响应时间，是指从 CPU 检测到中断请求信号到转入中断服务程序入口所需要的机器周期。了解中断响应时间对设计实时测控应用系统具有重要的指导意义。

51 系列单片机响应中断的最短时间为 3 个机器周期。若 CPU 检测到中断请求信号的时间正好是一条指令的最后一个机器周期，则不需

表 9-4 中断服务程序的入口地址表

中断源	入口地址
外部中断 0	0003H
定时器/计数器 0	000BH
外部中断 1	0013H
定时器/计数器 1	001BH
串行口	0023H
定时器/计数器 2（仅 52 子系列有）	002BH

等待就可以立即响应。所以，响应中断就是内部硬件执行一条长调用指令，需要 2 个机器周期，加上检测需要 1 个机器周期，共 3 个机器周期。

9.4.6 中断系统的应用

在 51 系列单片机中，不同的中断源所解决的问题不一样，在前面通过定时器/计数器的例子和串行通信的例子已经介绍了这两种中断的应用，这里仅就外部中断的使用进行举例介绍。

【例 9-7】 利用外部中断统计外部事件的次数。

已知外部事件发生 1 次产生 1 次单拍负脉冲，单拍负脉冲通过 51 系列单片机的外中断 $\overline{INT0}$ 输入，外部事件发生 1 次中断 1 次，执行 1 次中断服务程序，在中断服务程序对统计的计数器加 1，则计数器中的值就是外部事件的次数。通过 P2 口输出即看到外部事件的次数。电路图如图 9-24 所示。

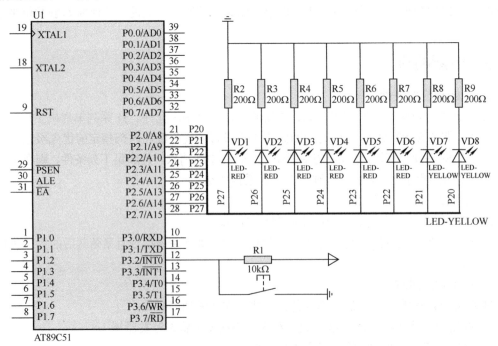

图 9-24 利用外部中断统计外部事件的次数

主程序中开放外中断$\overline{\text{INT0}}$，设置为边沿触发方式。

1）汇编语言程序：

```
        ORG   0000H        ;复位地址
        LJMP  MAIN         ;转主程序

        ORG   0003H        ;外部中断 0 中断服务程序入口
        LJMP  INT_0        ;转中断服务程序

        ORG   0100H        ;主程序入口
MAIN:   SETB  EA           ;开总中断
        SETB  EX0          ;开外部中断 0 中断程序
        SETB  IT0          ;设外部中断 0 为边沿触发方式,下降沿触发
        MOV   R3,#0        ;计数器清 0
        MOV   P2,R3        ;送 P2 口输出
HERE:   SJMP  HERE         ;无其他任务,等待

        ORG   0200H        ;中断服务程序入口
INT_0:  CLR   EA           ;关中断
        PUSH  PSW          ;保护现场
        PUSH  ACC
        INC   R3           ;计数器加 1
        MOV   P2,R3        ;送 P2 口输出
        POP   ACC          ;恢复现场
        POP   PSW
        SETB  EA           ;开中断
        RETI               ;中断返回
        END
```

2）C 语言程序：

```c
#include <reg51.h>          //包含特殊功能寄存器库
#define uchar unsigned char
uchar a=0x00;               //定义计数器,初值为 0

void main(void)
{
    IE=0x81;                //开总中断,开外部中断 0 中断
    IT0=1;                  //设外部中断 0 为边沿触发方式,下降沿触发
    P2=0;                   //P2 口清 0
    while(1);               //无其他任务,等待
}

void int0(void) interrupt 0//外部中断 0 中断函数
{
    a+=1;                   //计数器加 1
    P2=a;                   //送 P2 口输出
}
```

【例 9-8】 某工业监控系统，要求能监控温度上下限、压力超限、pH 值超限等多种情况，当发生超限时能够给出相应的处理措施。

在单片机监控系统中，信号的监控用外部中断实现，51 系列单片机外部中断只有两个 $\overline{INT0}$ 和 $\overline{INT1}$，而监控信号通常有多个，这里就涉及多个中断源的处理，处理时往往通过采用中断加查询的方法来实现。连接时，一方面把多路监控信号中断源通过"线与"接到 51 系列单片机外部中断（如 $\overline{INT0}$）引脚上；另一方面每一个中断源再连接到一根并口线上。Proteus 中电路如图 9-25 所示。

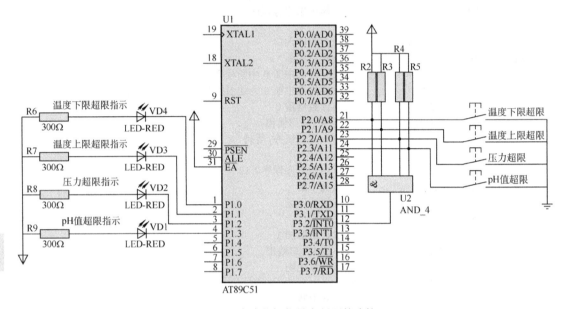

图 9-25　多路监控信号中断源的连接

这里用 4 个开关（BUTTON）模拟 4 路监控信号，通过 4 路输入的与门（AND_4）连接到 $\overline{INT0}$ 引脚上，监控信号正常情况为高电平，发生超限变为低电平。4 路监控信号又分别和 P2 口的低 4 位并口相连。

在该电路中，无论哪个中断源提出请求，系统都会响应 $\overline{INT0}$ 中断。响应后，进入中断服务程序，在中断服务程序中通过对并口线的逐一检测来确定是哪一个中断源提出了中断请求，进一步转到对应的中断服务程序执行对应的处理。在本例中，通过用发光二极管显示相应监控信号异常，产生中断，显示时间为 1s。如 pH 值超限发生时，pH 值超限指示灯亮 1s。

1）汇编语言程序：

```
        ORG     0000H
        LJMP    MAIN

        ORG     0003H            ;外部中断 0 中断服务程序入口
        LJMP    INT_0
MAIN:   SETB    IT0              ;外部中断 0 初始化
        SETB    EA
        SETB    EX0
START:  MOV     P1,#0FFH         ;等待中断
        MOV     P2,#0FFH
        SJMP    START
INT_0:  PUSH    ACC              ;外部中断 0 中断服务程序
```

```
        PUSH    PSW                 ;保护现场
        JNB     P2.0,EXT0           ;查询中断源,转对应的中断服务子程序
        JNB     P2.1,EXT1
        JNB     P2.2,EXT2
        JNB     P2.3,EXT3
EXIT:   LCALL   DELAY               ;延时 1s
        LCALL   DELAY
        POP     PSW                 ;恢复现场
        POP     ACC
        RETI
EXT0:   CLR     P1.0                ;温度上限超限中断程序
        SJMP    EXIT
EXT1:   CLR     P1.1                ;温度下限超限中断程序
        SJMP    EXIT
EXT2:   CLR     P1.2                ;压力超限中断程序
        SJMP    EXIT
EXT3:   CLR     P1.3                ;pH 值超限中断程序
        SJMP    EXIT
DELAY:  MOV     R7,#250             ;延时 0.5s
D1:     MOV     R6,#250
D2:     NOP
        NOP
        NOP
        NOP
        NOP
        NOP
        DJNZ    R6,D2
        DJNZ    R7,D1
        RET
        END
```

2) C 语言程序:

```
#include  <reg51.h>
#include  <intrins.h>
#define  uchar  unsigned char
sbit  P10=P1^0;                //特殊功能位定义
sbit  P11=P1^1;
sbit  P12=P1^2;
sbit  P13=P1^3;
sbit  P20=P2^0;
sbit  P21=P2^1;
sbit  P22=P2^2;
sbit  P23=P2^3;

//延时 0.5s 函数
void  delay()
{
    uchar i,j;
    for(i=0;i<250;i++)
    for(j=0;j<250;j++)
```

```
    {_nop_();_nop_();_nop_();_nop_();_nop_();_nop_();}
}

//外部中断 0 中断服务函数
void  int0()  interrupt      0
{
    if(P20==0) P10=0;            //查询中断源,进行相应的中断处理
    if(P21==0) P11=0;
    if(P22==0) P12=0;
    if(P23==0) P13=0;
    delay();
    delay();
}
void  main(void)
{
    IT0=1;                       //外部中断 0 初始化
    EA=1;
    EX0=1;
    while(1)                     //等待中断
    {  P1=0xFF;P2=0xFF;          }
}
```

174

思考题与习题

9-1　51 系列单片机并口输入/输出时需要注意哪些地方?

9-2　8051 单片机内部有几个定时器/计数器? 它们由哪些功能寄存器组成? 怎样实现定时功能和计数功能?

9-3　定时器/计数器 T0 有几种工作方式? 各自的特点是什么?

9-4　定时器/计数器 T1 有几种工作方式? 各自的特点是什么?

9-5　定时器/计数器的 4 种工作方式各自的计数范围是多少? 如果要计 100 个单位,不同的方式初值应为多少?

9-6　设振荡频率为 12MHz, 如果用 T0 定时 5ms, 可以选择哪几种方式? 其初值分别设为多少?

9-7　8051 单片机串行口有几种工作方式? 各自特点是什么?

9-8　说明 SM2 在方式 2 和方式 3 对数据接收有何影响。

9-9　8051 单片机有几个中断源? 它们的中断请求如何提出?

9-10　在 8051 单片机的中断源中,哪些中断请求信号在中断响应时可以自动清除? 哪些不能自动清除? 应如何处理?

9-11　8051 单片机如何实现中断允许和中断屏蔽?

9-12　简述 8051 单片机中断源的优先等级和管理方法。

9-13　简述 8051 单片机中断响应过程。

9-14　8051 的 P1 中各位接发光二极管,高电平点亮,用汇编语言编程依次点亮发光二极管,并循环显示。

9-15　8051 的 P1 中各位接发光二极管,高电平点亮,用 C 语言编程依次点亮发光二极

管，并循环显示。

9-16 8051 系统中，已知振荡频率为 12MHz，用 T0 采用方式 2，用汇编语言编程实现从 P1.0 产生周期为 2ms 的方波。

9-17 8051 系统中，已知振荡频率为 12MHz，用 T0 采用方式 2，用 C 语言编程实现从 P1.1 产生周期为 2ms 的方波。

9-18 8051 系统中，已知振荡频率为 6MHz，用 T1 采用方式 1，用汇编语言编程实现从 P1.2 产生周期为 2s 的方波。

9-19 8051 系统中，已知振荡频率为 6MHz，用 T1 采用方式 1，用 C 语言编程实现从 P1.3 产生周期为 2s 的方波。

9-20 8051 系统中，已知振荡频率为 12MHz，通过 T1，用汇编语言编程实现从 P1.4 产生周期为 500ms，占空比为 1:5 的矩形波。

9-21 8051 系统中，已知振荡频率为 12MHz，通过 T1，用 C 语言编程实现从 P1.4 产生周期为 500ms，占空比为 1:5 的矩形波。

9-22 用 8051 单片机的串行口扩展 16 位并行输出口，控制 16 个发光二极管，画出电路图，用汇编语言编程实现轮流点亮，并循环显示。

9-23 用 8051 单片机的串行口扩展 16 位并行输出口，控制 16 个发光二极管，画出电路图，用 C 语言编程实现轮流点亮，并循环显示。

第10章 51系列单片机 I/O 接口及应用

导读

基本内容：前面已经学习了51系列单片机芯片本身的内容，本章首先介绍通过51系列单片机内部资源组成的最小系统，其次介绍显示器输出设备和键盘输入设备的结构、工作原理以及与51系列单片机的常见接口形式，通过键盘输入设备和显示器输出设备就可以组成完整的51系列单片机系统。内容包括51单片机的最小系统、数码管显示器输出设备与51系列单片机接口、LCD液晶显示器输出设备与51系列单片机接口、键盘输入设备与51系列单片机的接口等。

学习要点：熟悉51系列单片机的最小系统；了解数码管显示器、LCD液晶显示器、键盘的结构和工作原理；掌握数码管显示器、LCD显示器及键盘与51系列单片机的接口。

10.1 51系列单片机的最小系统

所谓最小系统，是指一个真正可用的微型计算机的最小配置系统。对于51系列单片机来说，其内部集成了微型计算机的大部分功能部件，只需外部连接一些简单的电路即可组成最小系统。

51系列单片机内部集成了CPU、程序存储器、数据存储器、并行接口、串行接口、定时器/计数器、中断系统等功能部件，除了电源和地外，外部只需连接时钟电路和复位电路即可组成最小系统。另外，对于片内没有程序存储器的芯片，组成最小系统时必须外部扩展程序存储器，因此，51系列单片机的最小系统可分为以下两种情况：

1. 8051/8751的最小系统

8051/8751片内有4KB的ROM/EPROM，因此，只需要外接晶体振荡器和复位电路即可以构成最小系统，如图10-1所示。该最小系统的特点如下：

1）由于片外没有扩展存储器和外设，P0、P1、P2、P3都可以作为用户I/O接口使用。

2）片内数据存储器有128B，地址空间为00H～7FH，没有片外数据存储器。

3）内部有4KB的程序存储器，地址空间为0000H～0FFFH，没有片外程序存储器，$\overline{EA}$应接高电平。

4）可以使用两个定时器/计数器T0和T1、一个全双工的串行通信接口和5个中断源。

2. 8031的最小系统

8031片内无程序存储器，因此，在构成最小系统时，不仅要外接晶体振荡器和复位电路，还应在外扩展程序存储器。图10-2所示是8031外接程序存储器芯片2764而构成的最小系统。该最小系统的特点如下：

1）由于P0、P2在扩展程序存储器时作为地址线和数据线，不能作为I/O线，因此，只有 P1、P3 作为用户 I/O 接口使用。

2）片内数据存储器同样有 128B，地址空间为 00H～7FH，没有片外数据存储器。

3）内部无程序存储器，片外扩展了程序存储器，其地址空间随芯片容量不同而不一样。图 10-2 中使用的是 2764 芯片，容量为 8KB，地址空间为 0000H～1FFFH。由于片内没有程序存储器，只能使用片外程序存储器，所以 $\overline{EA}$ 只能接低电平。

4）同样可以使用两个定时器/计数器 T0 和 T1、一个全双工的串行通信接口和 5 个中断源。

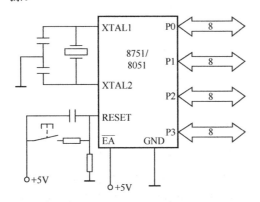

图 10-1　8051/8751 的最小应用系统

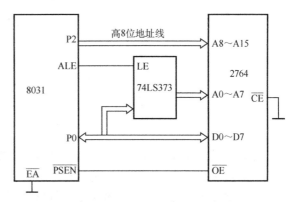

图 10-2　8031 外接 2764 构成的最小系统

由于 8051/8751 内部带程序存储器，外部只需接晶体振荡器和复位电路即可以构成最小系统，硬件电路非常简单，在实际中经常使用。如果内部集成的 4KB 程序存储器不够，可以选内部集成 8KB 的 8052/8752，如果 8KB 也不够用，现在很多单片机厂家也生产了集成更大容量程序存储器空间的 51 系列单片机供大家选择。

10.2　数码管显示器与 51 系列单片机接口

显示设备是非常重要的输出设备。目前广泛使用的显示器设备主要有数码管显示器（LED 显示器）和液晶显示器（LCD 显示器）。数码管显示器虽然显示信息简单，只能显示十六进制数和少数字符，但它具有显示清晰、亮度高、使用电压低、寿命长、与单片机接口方便等优点，在单片机应用系统中经常被用到。

10.2.1　数码管显示器的基本结构与原理

数码管显示器是由发光二极管按一定的结构组合起来的显示器件。在单片机应用系统中通常使用的是 7 段或 8 段式数码管显示器，8 段式比 7 段式多一个小数点。这里以 8 段式为例进行介绍。单个 8 段式 LED 数码管显示器的外观与引脚如图 10-3a 所示，其中 a、b、c、d、e、f、g 和小数点 dp 为 8 段发光二极管，组成一个 ⊟ 形状。

8 段发光二极管的内部连接有两种结构：共阴极和共阳极。

图 10-3b 为共阴极结构，8 段发光二极管的阴极端连接在一起，阳极端分开控制，使用时公共端接地，要使哪根发光二极管亮，则对应的阳极端接高电平；图 10-3c 为共阳极结构，8 段发光二极管的阳极端连接在一起，阴极端分开控制，使用时公共端接电源，要使哪根发光

二极管亮，则对应的阴极端接低电平。

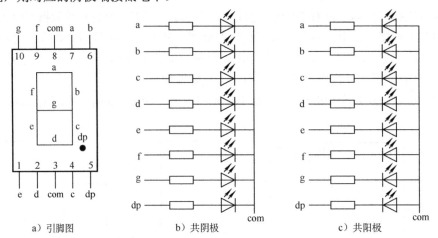

a）引脚图   b）共阴极   c）共阳极

图 10-3   8 段式数码管引脚与结构

数码管显示器显示时，公共端首先要保证有效，即共阴极结构公共端接低电平，共阳极结构公共端接高电平，这个过程称为选通数码管。再在另外一端送要显示数字的编码，这个编码称为字段码（或显示码），8 位数码管字段码为 8 位，从高位到低位的顺序依次为 dp、g、f、e、d、c、b、a，如图 10-4 所示。

7	6	5	4	3	2	1	0
dp	g	f	e	d	c	b	a

图 10-4   8 段式数码管字段码引脚的顺序

例如：共阴极数码管数字 0 的字段码为 00111111B（3FH），共阳极数码管数字 1 的字段码为 11111001B（F9H），不同数字或字符其字段码不一样，对于同一个数字或字符，共阴极结构和共阳极结构的字段码也不一样，共阴极和共阳极的字段码互为反码。常见的数字和字符的共阴极与共阳极的字段码见表 10-1。

表 10-1   常见的数字和字符的共阴极数码管和共阳极数码管的字段码

显示字符	共阴极字段码	共阳极字段码	显示字符	共阴极字段码	共阳极字段码
0	3FH	C0H	C	39H	C6H
1	06H	F9H	D	5EH	A1H
2	5BH	A4H	E	79H	86H
3	4FH	B0H	F	71H	8EH
4	66H	99H	P	73H	8CH
5	6DH	92H	U	3EH	C1H
6	7DH	82H	T	31H	CEH
7	07H	F8H	Y	6EH	91H
8	7FH	80H	L	38H	C7H
9	6FH	90H	H	76H	89H
A	77H	88H	8.	FFH	00H
B	7CH	83H	灭	00	FFH

10.2.2 数码管显示器使用的主要问题

数码管显示器使用主要有两个方面的问题：译码方式和显示方式。

1. 译码方式

所谓译码方式，是指由显示字符转换得到对应的字段码的方式。对于数码管显示器，通常的译码方式有硬件译码方式和软件译码方式两种。

（1）硬件译码方式

硬件译码方式是指利用专门的硬件电路来实现显示字符到字段码的转换，这样的硬件电路有很多，比如 CD4511 就是一种常见的十进制 BCD—共阴极 7 段数码管字段码转换芯片，它具有 BCD 转换、消隐和锁存控制功能，能提供较大的拉电流，可直接驱动共阴极 LED 数码管。输入为一位十进制数的 4 位 BCD 码，输出为 7 段式的共阴极字段码。它的引脚如图 10-5 所示。其中：

A、B、C、D：BCD 码输入端，A 为最低位。

OA～OG：7 段式的共阴极字段码输出端。

$\overline{LT}$：灯测试端，加高电平时，显示器正常显示，加低电平时，显示器一直显示数码 8，各段都被点亮，以检查显示器是否有故障。

$\overline{BI}$：消隐功能端，低电平时使所有段均消隐，正常显示时，$\overline{BI}$ 端应加高电平。

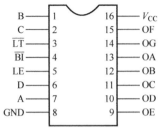

图 10-5 CD4511 的引脚图

LE：锁存控制端，低电平时传输数据，高电平时锁存。

另外，CD4511 有拒绝伪码的特点，当输入数据越过十进制数 9（1001）时，显示字形也自行消隐。

硬件译码时，要显示一个数字，只需送出这个数字的 4 位二进制编码即可，软件开销较小，但需要增加硬件译码芯片，造价相对较高。

（2）软件译码方式

软件译码方式就是编写软件译码程序，通过译码程序来得到要显示的字符的字段码。译码程序通常为查表程序，软件开销较大，但硬件线路简单，因而在实际中经常被用到。

2. 显示方式

数码管在显示时，通常有静态显示方式和动态显示方式两种。

（1）静态显示方式

静态显示时，其公共端直接接地（共阴极）或接电源（共阳极），各段选线分别与 I/O 接口线相连。要显示字符，直接在 I/O 线发送相应的字段码，如图 10-6 所示。

两个数码管的共阴极端直接接地，如果要在第一个数码管上显示数字 1，只要在 I/O（1）发送 1 的共阴极字段码即可；如果要在第二个数码管上显示 2，只要在 I/O（2）发送 2 的字段码即可。

静态显示结构简单，显示方便，要显示某个字

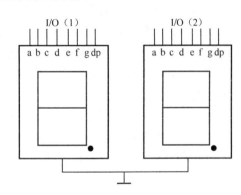

图 10-6 两个数码管静态显示

符，直接在 I/O 线上发送相应的字段码即可。但一个数码管需要 8 根 I/O 线，如果数码管个数少，用起来方便，但如果数码管数目较多，就要占用很多的 I/O 线，所以当数码管数目较多时，往往采用动态显示方式。

（2）动态显示方式

动态显示是将所有的数码管的段选线并接在一起，用一个 I/O 接口控制，公共端不是直接接地（共阴极）或电源（共阳极），而是通过相应的 I/O 接口线控制。

图 10-7 所示是 4 位数码管动态显示图，4 个数码管的段选线并接在一起通过 I/O（1）控制，每个数码管的公共端与一根 I/O 线相连，通过 I/O（2）控制。

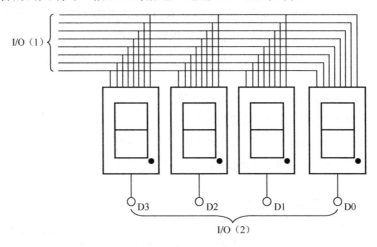

图 10-7 4 位数码管动态显示

工作过程如下（设数码管为共阳极）：

1）使右边第一个数码管的公共端 D0 为 1，其余的数码管的公共端为 0，编码为 0001B（该编码用于选中数码管，通常称为位选码），选中第一个数码管；同时在 I/O（1）上发送右边第一个数码管的字段码，这时，只有右边第一个数码管显示，其余不显示。

2）使右边第二个数码管的公共端 D1 为 1，其余的数码管的公共端为 0，位选码为 0010B，选中第二个数码管；同时在 I/O（1）上发送右边第二个数码管的字段码，这时，只有右边第二个数码管显示，其余不显示。

3）依此类推，直到最后一个。这样 4 个数码管轮流显示相应的信息，一遍显示完毕，隔一段时间，又开始循环显示。

从计算机的角度看，每个数码管隔一段时间才显示一次，但由于人的视觉暂留效应，只要间隔的时间足够短，循环的周期足够快，每秒达到 24 次以上，数码管看起来就是一直稳定显示的，这就是动态显示的原理。而这个周期对于计算机来说很容易实现，所以在单片机中经常用到动态显示。

对于动态显示，我们通常把显示一遍的处理过程编成子程序，每隔一段时间调用一次。可以在主程序的循环中调用，每循环一次调用一次；也可以放在定时/计数器的中断服务程序中，定时器/计数器每隔一段时间中断一次，执行一次中断服务程序，相应地也执行一次显示子程序。

动态显示要注意两个方面的问题：闪烁和亮度。如果每秒显示的次数少、频率低，则显示的信息是闪烁的，这时应该提高显示的频率。在固定显示频率下，如果每个数码管在每秒钟显示的总时间太短，则显示的亮度低，显示信息不清楚，这时应该加长显示的时间，一般通过在每一位显示时加延时，使显示一遍的时间变长。这样可能会影响显示的频率，所以一般都要经过调试，适当的增加延时时间，使显示的亮度足够而又不会造成闪烁。

动态显示所用的 I/O 接口线少，线路简单，但软件开销大，需要 CPU 周期性地对它刷新，因此会占用 CPU 大量的时间。注意：现在市面上的 4 个或 8 个连接在一起的数码管，都是按动态方式连接的。

10.2.3　数码管显示器接口与编程

数码管显示器从译码方式上分可分为硬件译码方式和软件译码方式。从显示方式上分可分为静态显示方式和动态显示方式。在使用时可以把它们组合起来。在实际应用时，如果数码管个数较少，通常用硬件译码静态显示；在数码管个数较多时，则通常用软件译码动态显示。

1. 硬件译码静态显示

图 10-8 所示是 Proteus 中一种两位共阴极数码管硬件译码静态显示的接口电路图。

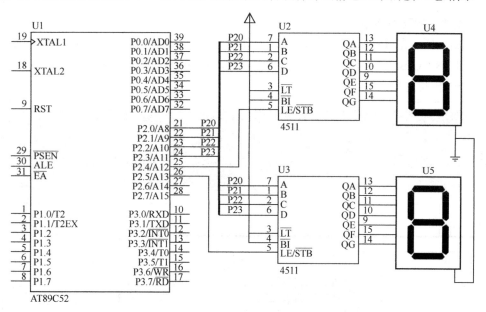

图 10-8　硬件译码静态显示电路

图中用到两个共阴极数码管 U4 和 U5（7SEG-COM-CAT-BLUE），采用静态显示方式连接，公共端直接接地。字段码输入端接 CD4511 的输出端，它们的字段码分别由字段码译码芯片 CD4511 译码产生，两片 CD4511 的 A、B、C、D 输入端并联在一起接 AT89C52 的 P2 口的低 4 位，灯测试端 $\overline{\text{LT}}$ 和消隐功能端 $\overline{\text{BI}}$ 都直接接地，第 1 片 CD4511（U2）的 LE 接 P2.4，第 2 片 CD4511（U3）的 LE 接 P2.5，分别用来对两片 CD4511 选通锁存。操作时，如果使 P2.4 为低电平，通过 P2 口的低 4 位输出一个数字，则在第 1 个数码管（U4）显示相应的数字。如果使 P2.5 为低电平，通过 P2 口的低 4 位输出一个数字，则在第 2 个数码管（U5）显示相应的数字。

1）汇编语言程序：

```
;设在第1个数码管显示2,设在第2个数码管显示3
    ORG   0000H
    LJMP  MAIN
    ORG   0100H
MAIN:
    MOV   P2,#00100010B ;P2.4 为 0, P2.5 为 1, P2 口低 4 位为显示的数字 2
    MOV   P2,#00010011B ;P2.4 为 1, P2.5 为 0, P2 口低 4 位为显示的数字 3
    SJMP  $
    END
```

2）C 语言程序:

```c
#include <reg51.h>
void main( )
{
    P2=0x22;          //P2.4 为 0, P2.5 为 1, P2 口低 4 位为显示的数字 2
    P2=0x13;          //P2.4 为 1, P2.5 为 0, P2 口低 4 位为显示的数字 3
    while(1);
}
```

2. 软件译码动态显示

图 10-9 所示是 Proteus 中的 8 位软件译码动态显示电路图。图中 8 位共阴极数码管（7SEG-MPX8-CC-BLUE）采用动态显示连接方式，AT89C52 的 P0 口通过 74LS373 输出字段码，P2 口输出位选码。

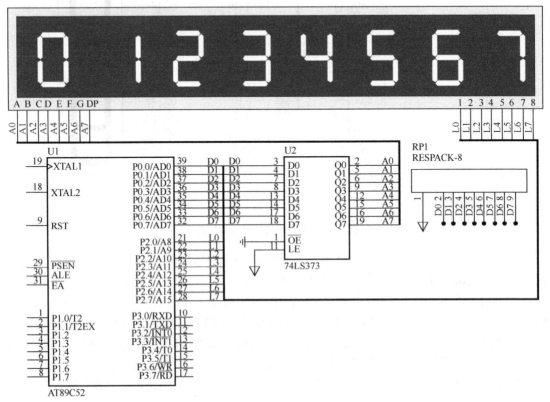

图 10-9　软件译码动态显示电路

数码管显示程序在处理时，如果数码管数目比较多，一般在存储器中指定显示缓冲区，一个数码管对应一个单元，用于存放显示的信息，显示程序显示显示缓冲区的内容，如果我们要改变显示的内容，只需要改变显示缓冲区的内容即可。

1）汇编语言程序：

```
;设 8 个数码管从左到右显示缓冲区为片内 RAM 的 50H～57H 单元
           ORG     0000H
           LJMP    MAIN
           ORG     0100H
MAIN:      MOV     A,#0           ;显示缓冲区 50H～57H 单元初始化为 0～7
           MOV     R2,#8
           MOV     R0,#50H
LOOP:      MOV     @R0,A
           INC     R0
           INC     A
           DJNZ    R2,LOOP
LOOP1:     LCALL   DISPLAY       ;调用显示子程序
           SJMP    LOOP1
           SJMP    $
                                 ;显示子程序
DISPLAY:   MOV     R0,#57H       ;动态显示初始化，使 R0 指向缓冲区首地址
           MOV     R3,#7FH       ;首位位选字送 R3
           MOV     A,R3
LD0:       MOV     P2,A          ;从 P2 口送出位选字
           MOV     A,@R0         ;读要显示的数
           ADD     A,#0EH        ;调整距离字段码表首的偏移量
           MOVC    A,@A+PC       ;查表取得字段码
           MOV     P0,A          ;字段码从 P0 口输出
           ACALL   DL1           ;调用 1ms 延时程序
           DEC     R0            ;指向缓冲区下一单元
           MOV     A,R3          ;位选码送累加器 A
           JNB     ACC.0,LD1     ;判断 8 位是否显示完毕，显示完返回
           RR      A             ;未显示完，把位选字变为下一位选字
           MOV     R3,A          ;修改后的位选字送 R3
           AJMP    LD0           ;循环实现按位序依次显示
LD1:       RET
TAB:       DB      3FH,06H,5BH,4FH,66H,6DH,7DH,07H    ;字段码表
           DB      7FH,6FH,77H,7CH,39H,5EH,79H,71H
DL1:       MOV     R7,#02H       ;延时子程序
DL:        MOV     R6,#0FFH
DL0:       DJNZ    R6,DL0
           DJNZ    R7,DL
           RET
           END
```

2）C 语言程序：

```
#include  <reg51.h>
#include  <absacc.h>
#define  uchar  unsigned  char          //定义绝对地址访问
#define  uint  unsigned  int
```

```
void  delay(uint);                          //声明延时函数
void  display(void);                        //声明显示函数
uchar  disbuffer[8]={0,1,2,3,4,5,6,7};      //定义显示缓冲区
void  main(void)
{
    while(1)
    {
        display();
    }
}
//***********延时函数***********
void  delay(uint  i)                        //定义延时函数
{
    uint  j;
    for(j=0;j<i;j++){}
}
//***********显示函数***********
void  display(void)                         //定义显示函数
{
    uchar  codevalue[16]={0x3F,0x06,0x5B,0x4F,0x66,0x6D,0x7D,0x07,0x7F,
                          0x6F,0x77,0x7C,0x39,0x5E,0x79,0x71};//0～F 的字段码表
    uchar  chocode[8]={0xFE,0xFD,0xFB,0xF7,0xEF,0xDF,0xBF,0x7F};  //位选码表
    uchar  i,p,temp;
    for(i=0;i<8;i++)
    {
        temp=chocode[i];                    //取当前的位选码
        P2=temp;                            //送出位选码
        p=disbuffer[i];                     //取当前显示的字符
        temp=codevalue[p];                  //查得显示字符的字段码
        P0=temp;                            //送出字段码
        delay(20);                          //延时 1ms
    }
}
```

10.3 液晶显示器 LCD1602 与 51 系列单片机的接口

液晶显示器简称 LCD 显示器,它是利用液晶经过处理后能改变光线的传输方向的特性来实现显示信息的。液晶显示器具有体积小、重量轻、功耗低、显示内容丰富等特点,在单片微型计算机应用系统中得到广泛应用。液晶显示器按其功能可分为 3 类:笔段式液晶显示器、字符点阵式液晶显示器和图形点阵式液晶显示器。下面将通过应用广泛、使用简单的字符点阵式液晶显示器 LCD1602 来介绍液晶显示器的结构和原理,以及其与 51 系列单片机的硬件接口及软件编程。

10.3.1 LCD1602 概述

LCD1602 是 2×16 字符型液晶显示模块,可以显示两行,每行 16 个字符,采用 5×7 点阵显示,工作电压为 4.5～5.5V,工作电流为 2.0mA(5.0V),其控制器采用 HD44780 液晶芯片(市面上字符液晶显示器的控制器绝大多数都是基于 HD44780 液晶芯片,它们的控制原理

是完全相同的）。LCD1602 可采用标准的 14 引脚接口或 16 引脚接口，多出来的 2 条引脚是背光源正极 BLA（15 脚）和背光源负极 BLK（16 脚）。其外观形状如图 10-10 所示。

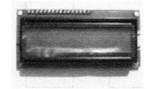 

　　a）正面　　　　　　　　b）背面

图 10-10　LCD1602 的外观

图 10-10a 所示的是 LCD1602 的正面，图 10-10b 所示的是 LCD1602 的背面。标准的 16 引脚接口如下：

第 1 脚：V_{SS}，电源地。

第 2 脚：V_{DD}，+5V 电源。

第 3 脚：V_{EE}，液晶显示对比度调整输入端。接正电源时对比度最弱，接地时对比度最高。使用时通常通过一个 10kΩ 的电位器来调整对比度。

第 4 脚：RS，数据/命令选择端。高电平时选择数据寄存器，低电平时选择指令寄存器。

第 5 脚：R/$\overline{W}$，读/写选择端。高电平时进行读操作，低电平时进行写操作。当 RS 和 R/$\overline{W}$ 同为低电平时，可以写入指令或者显示地址；当 RS 为低电平、R/$\overline{W}$ 为高电平时，可以读忙信号；当 RS 为高电平、R/$\overline{W}$ 为低电平时，可以写入数据。

第 6 脚：E，使能端。当 E 为高电平时读取液晶模块的信息；当 E 端由高电平跳变成低电平时，液晶模块执行写操作。

第 7～14 脚：D0～D7，为 8 位双向数据线。

第 15 脚：BLA，背光源正极。

第 16 脚：BLK，背光源负极。

LCD1602 的操作时序见表 10-2。

表 10-2　LCD1602 操作时序表

功能	输入信号	输出信号
读状态	RS=L，R/$\overline{W}$ =H，E=H	D0～D7：状态字
写指令	RS=L，R/$\overline{W}$ =L，D0～D7=指令码，E=高脉冲	无
读数据	RS=H，R/$\overline{W}$ =H，E=H	D0～D7：数据
写数据	RS=H，R/$\overline{W}$ =L，D0～D7=数据，E=高脉冲	无

10.3.2　LCD1602 的内部结构

液晶显示模块 LCD1602 的内部结构可以分成 3 部分：LCD 控制器，LCD 驱动器和 LCD 显示装备。具体如图 10-11 所示。

控制器采用 HD44780，驱动器采用 HD44100。HD44780 是集控制器、驱动器于一体，专用于字符显示控制驱动的集成电路。HD44780 是字符型液晶显示控制器的代表电路。HD44100 是作扩展显示字符位的。

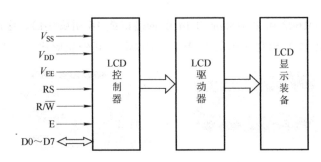

图 10-11 LCD1602 的内部结构

HD44780 集成电路的特点如下:

1) 可选择 5×7 或 5×10 点阵字符。

2) HD44780 不仅可作为控制器,而且还具有驱动 16×40 点阵液晶像素的能力,并且 HD44780 的驱动能力可通过外接驱动器扩展 360 列驱动。

HD44780 可控制的字符高达每行 80 个字,也就是 5×80=400 点。HD44780 内藏有 16 路行驱动器和 40 路列驱动器,所以 HD44780 本身就具有驱动 16×40 点阵 LCD 的能力(即单行 16 个字符或两行 8 个字符)。如果在外部加一 HD44100 再扩展 40 路/列驱动,则可驱动 16×2LCD。

3) HD44780 的显示缓冲区(DDRAM)、字符发生存储器(ROM)及用户自定义的字符发生器(CGRAM)全部内藏在芯片内。

HD44780 有 80 个字节的显示缓冲区,分两行,地址分别为 00H~27H 和 40H~67H,它们实际显示位置的排列顺序跟 LCD 的型号有关。LCD1602 的显示地址与实际显示位置的关系如图 10-12 所示。

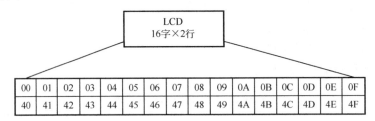

图 10-12 LCD1602 的显示地址与实际显示位置的关系图

HD44780 内藏的字符发生存储器(ROM)已经存储了 160 个不同的点阵字符图形,如图 10-13 所示。

这些字符有阿拉伯数字、大/小写英文字母、常用的符号和日文假名等,每一个字符都有一个固定的代码。如数字 1 的代码是 00110001B(31H),又如大写的英文字母 A 的代码是 01000001B(41H)。可以看出英文字母的代码与 ASCII 码相同。要在 LCD 的某个位置显示符号,只需将显示的符号的 ASCII 码存入 DDRAM 的对应位置即可。如在 LCD1602 的第 1 行第 2 列显示 1,只需将 1 的 ASCII 码 31H 存入 DDRAM 的 01H 单元即可;在 LCD1602 的第 2 行第 3 列显示 A,只需将 A 的 ASCII 码 41H 存入 DDRAM 的 42H 单元即可。

4) HD44780 具有 8 位数据传输和 4 位数据传输两种方式,可与 4/8 位 CPU 相连。

5) HD44780 具有简单而功能较强的指令集,可实现字符移动、闪烁等显示功能。

Upper4bit / Lower4bit	0000	0001	0010	0011	0100	0101	0110	0111	1000	1001	1010	1011	1100	1101	1110	1111
××××0000	CG RAM (1)			0	@	P	`	p				―	夕	ミ	α	p
××××0001	(2)		!	1	A	Q	a	q			。	ア	チ	ム	ä	q
××××0010	(3)		"	2	B	R	b	r			「	イ	ツ	メ	β	θ
××××0011	(4)		#	3	C	S	c	s			」	ウ	テ	モ	ε	∞
××××0100	(5)		$	4	D	T	d	t			、	エ	ト	ヤ	μ	Ω
××××0101	(6)		%	5	E	U	e	u			・	オ	ナ	ユ	σ	ü
××××0110	(7)		&	6	F	V	f	v			ヲ	カ	ニ	ヨ	ρ	Σ
××××0111	(8)		'	7	G	W	g	w			ア	キ	ヌ	ラ	g	π
××××1000	(1)		(	8	H	X	h	x			イ	ク	ネ	リ	♪	x̄
××××1001	(2)		)	9	I	Y	i	y			ゥ	ケ	ノ	ル	-1	y
××××1010	(3)		*	:	J	Z	j	z			エ	コ	ハ	レ	j	千
××××1011	(4)		+	;	K	[	k	{			オ	サ	ヒ	ロ	×	万
××××1100	(5)		,	<	L	¥	l						ャ	シ	フ	ワ	¢	円
××××1101	(6)		-	=	M	]	m	}			ュ	ス	ヘ	ン	ŧ	÷
××××1110	(7)		.	>	N	^	n	→			ヨ	セ	ホ	゛	ñ	
××××1111	(8)		/	?	O	_	o	←			ッ	ソ	マ	゜	ö	█

图 10-13　点阵字符图形

10.3.3　LCD1602 的指令格式与功能

LCD1602 采用 HD44780 为控制器，共有 11 条指令。

（1）清屏命令

格式：

RS	R/$\overline{\text{W}}$	D7	D6	D5	D4	D3	D2	D1	D0
0	0	0	0	0	0	0	0	0	1

功能：清除屏幕，将 DDRAM 中的内容全部写入空格（ASCII 码为 20H）；
　　　光标复位，回到显示器的左上角；
　　　地址计数器（AC）清零。

（2）光标复位命令

格式：

RS	R/$\overline{\text{W}}$	D7	D6	D5	D4	D3	D2	D1	D0
0	0	0	0	0	0	0	0	1	0

功能：光标复位，回到显示器的左上角；
　　　地址计数器（AC）清零；
　　　DDRAM 中的内容不变。

（3）输入方式设置命令

格式：

187

RS	R/$\overline{W}$	D7	D6	D5	D4	D3	D2	D1	D0
0	0	0	0	0	0	0	1	I/D	S

功能：设定当写入一个字节后，光标的移动方向以及后面的内容是否移动。

当 I/D=1 时，光标从左向右移动，I/D=0 时，光标从右向左移动；

当 S=1 时，内容移动，S=0 时，内容不移动。

（4）显示开关控制命令

格式：

RS	R/$\overline{W}$	D7	D6	D5	D4	D3	D2	D1	D0
0	0	0	0	0	0	1	D	C	B

功能：控制显示的开/关，当 D=1 时显示，D=0 时不显示；

控制光标开/关，当 C=1 时光标显示，C=0 时光标不显示；

控制字符是否闪烁，当 B=1 时字符闪烁，B=0 时字符不闪烁。

（5）光标移位命令

格式：

RS	R/$\overline{W}$	D7	D6	D5	D4	D3	D2	D1	D0
0	0	0	0	0	1	S/C	R/L	*	*

功能：移动光标或整个显示字幕移位。

当 S/C=1 时整个显示字幕移位，当 S/C=0 时只光标移位；

当 R/L=1 时光标右移，R/L=0 时光标左移。

（6）功能设置命令

格式：

RS	R/$\overline{W}$	D7	D6	D5	D4	D3	D2	D1	D0
0	0	0	0	1	DL	N	F	*	*

功能：设置数据位数，当 DL=1 时数据位为 8 位，DL=0 时数据位为 4 位；

设置显示行数，当 N=1 时双行显示，N=0 时单行显示；

设置字形大小，当 F=1 时为 5×10 点阵，F=0 时为 5×7 点阵。

（7）设置字库 CGRAM 地址命令

格式：

RS	R/$\overline{W}$	D7	D6	D5	D4	D3	D2	D1	D0
0	0	0	1	CGRAM 的地址					

功能：设置用户自定义 CGRAM 的地址。对用户自定义 CGRAM 访问时，要先设定 CGRAM 的地址，地址范围为 0～63。

（8）DDRAM 地址设置命令

格式：

RS	R/$\overline{W}$	D7	D6	D5	D4	D3	D2	D1	D0
0	0	1	DDRAM 的地址						

188

功能：设置当前显示缓冲区 DDRAM 的地址。对 DDRAM 访问时，要先设定 DDRAM 的地址，地址范围为 0～127。

（9）读忙标志及地址计数器（AC）命令

格式：

RS	R/$\overline{W}$	D7	D6	D5	D4	D3	D2	D1	D0
0	1	BF	\multicolumn{7}{c}{AC 的值}

功能：当 BF=1 时表示忙，这时不能接收命令和数据；当 BF=0 时表示不忙。

低 7 位为读出的 AC 的值，取值范围为 0～127。

（10）写 DDRAM 或 CGRAM 命令

格式：

RS	R/$\overline{W}$	D7	D6	D5	D4	D3	D2	D1	D0
1	0	\multicolumn{8}{c}{写入的数据}

功能：向 DDRAM 或 CGRAM 当前位置中写入数据，写入后地址指针自动移动到下一个位置。对 DDRAM 或 CGRAM 写入数据之前须设定 DDRAM 或 CGRAM 的地址。

（11）读 DDRAM 或 CGRAM 命令

格式：

RS	R/$\overline{W}$	D7	D6	D5	D4	D3	D2	D1	D0
1	1	\multicolumn{8}{c}{读出的数据}

功能：从 DDRAM 或 CGRAM 当前位置中读出数据。当从 DDRAM 或 CGRAM 读出数据时，须先设定 DDRAM 或 CGRAM 的地址。

10.3.4 LCD1602 的接口与编程

LCD 显示器在使用之前须根据具体配置情况初始化，初始化可在复位后完成。LCD1602 初始化过程一般如下：

1）功能设置。设置数据位数，根据 LCD1602 与处理器的连接选择（LCD1602 与 51 系列单片机连接时一般选择 8 位）；设置显示行数（LCD1602 为双行显示）；设置字形大小（LCD1602 为 5×7 点阵）。

2）开/关显示设置。控制光标显示、字符是否闪烁等。

3）输入方式设置。设定光标的移动方向以及后面的内容是否移动。

4）清屏。将 DDRAM 中的内容全部写入空格（ASCII 码为 20H）。光标复位，回到显示器的左上角，地址计数器（AC）清零。

初始化后就可用 LCD 进行显示，显示时应根据显示的位置先定位，即设置当前 DDRAM 的地址，再向当前 DDRAM 中写入要显示的内容，如果连续显示，则可连续写入显示的内容。由于 LCD 是外部设备，处理速度比 CPU 的速度慢，从向 LCD 写入命令到完成功能须要一定的时间，在这个过程中，LCD 处于忙状态，不能向 LCD 写入新的内容。LCD 是否处于忙状态可通过读忙标志命令来查询。另外，由于 LCD 执行命令的时间基本固定，而且比较短，因此也可以通过延时等待命令完成后再写入下一个命令。

图 10-14 所示是在 Proteus 中 LCD1602 与 8051 单片机的接口图，图中 LCD1602（LM016L）的数据线与 8051 的 P2 口相连，RS 与 8051 的 P1.7 相连，R/$\overline{W}$ 与 8051 的 P1.6 相连，E 端与 8051 的 P1.5 相连。编程在 LCD 显示器上从第 1 行第 1 列开始显示 HOW，从第 2 行第 5 列开始显示 ARE YOU!。

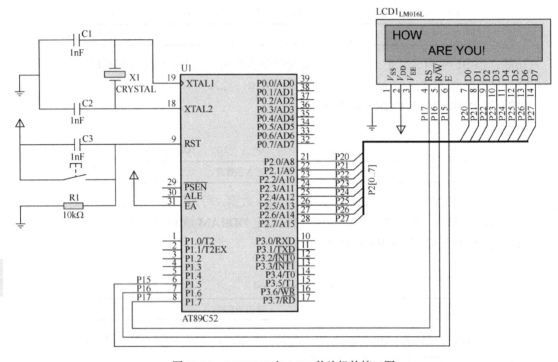

图 10-14　LCD1602 与 8051 单片机的接口图

1）汇编语言程序：

```
        RS      BIT     P1.7
        RW      BIT     P1.6
        E       BIT     P1.5


        ORG     00H
        AJMP    START


        ORG     50H
        ;主程序
START:  MOV     SP,#50H
        ACALL   INIT
        LCALL   LCD1602W0STR
        LCALL   LCD1602W1STR
LOOP:   AJMP    LOOP
        ;初始化子程序
INIT:   MOV     A,#00111000B    ;使用 8 位数据，显示两行，使用 5×7 的点阵
        LCALL   WC51R
        MOV     A,#00001100B    ;显示器开，光标关，字符不闪烁
        LCALL   WC51R
        MOV     A,#00000110B    ;字符不动，光标自动右移一格
```

```
        LCALL   WC51R
        MOV     A,#00000001H      ;清屏
        ACALL   WC51R
        RET
        ;检查忙子程序
F_BUSY: PUSH    ACC               ;保护现场
        MOV     P2,#0FFH
        CLR     RS
        SETB    RW
WAIT:   CLR     E
        SETB    E
        JB      P2.7,WAIT         ;忙，等待
        POP     ACC               ;不忙，恢复现场
        RET
        ;写入命令子程序
WC51R:  ACALL   F_BUSY
        CLR     E
        CLR     RS
        CLR     RW
        SETB    E
        MOV     P2,ACC
        CLR     E
        RET
        ;写入数据子程序
WC51DDR: ACALL  F_BUSY
        CLR     E
        SETB    RS
        CLR     RW
        SETB    E
        MOV     P2,ACC
        CLR     E
        RET
        ;第 1 行字符串显示函数
LCD1602W0STR:
        MOV     A,#80H
        LCALL   WC51R
        MOV     R0,#00
        MOV     DPTR,#STR0
W0:     MOV     A,R0
        MOVC    A,@A+DPTR
        LCALL   WC51DDR
        INC     R0
        CJNE    A,#00,W0
        RET
        ;第 2 行字符串显示函数
LCD1602W1STR:
        MOV     A,#0C0H
        LCALL   WC51R
        MOV     R0,#00
        MOV     DPTR,#STR1
W1:     MOV     A,R0
```

191

```
            MOVC    A,@A+DPTR
            LCALL   WC51DDR
            INC     R0
            CJNE    A,#00,W1
            RET
STR0:       DB      "HOW",00H
STR1:       DB      "ARE  YOU!",00H
            END
```

2）C 语言程序：

```c
#include  <reg51.h>
#include  <string.h>
#define  uchar  unsigned  char
sbit  RS=P1^7;
sbit  RW=P1^6;
sbit  E=P1^5;
uchar  str0[]={"HOW"};                //第 1 行显示内容
uchar  str1[]={"ARE YOU!"};           //第 2 行显示内容
void  init(void);
void  wc51r(uchar i);
void  wc51ddr(uchar i);
void  lcd1602wstr(uchar hang,uchar lie,uchar length,uchar *str);
void  fbusy(void);

//主函数
void  main()
{
    SP=0x50;
    init();
    lcd1602wstr(0,1,strlen(str0),str0);     //第 1 行第 2 列开始显示 HOW
    lcd1602wstr(1,4,strlen(str1),str1);     //第 2 行第 5 列开始显示 ARE  YOU!
    while(1);
}
//初始化函数
void  init()
{
    wc51r(0x38);                //使用 8 位数据,显示两行,使用 5×7 的点阵
    wc51r(0x0C);                //显示器开, 光标关, 字符不闪烁
    wc51r(0x06);                //字符不动, 光标自动右移一格
    wc51r(0x01);                //清屏
}
//检查忙函数
void  fbusy()
{
    P2=0xFF;RS=0;RW=1;
    E=0; E=1;
    while(P2&0x80){E=0;E=1;}    //忙, 等待
}
//写命令函数
void  wc51r(uchar j)
```

```
{
    fbusy();
    E=0;RS=0;RW=0;
    E=1;
    P2=j;
    E=0;
}
//写数据函数
void  wc51ddr(uchar j)
{
    fbusy();
    E=0;RS=1;RW=0;
    E=1;
    P2=j;
    E=0;
}
/*字符串显示函数
入口参数：
hang：行号；lie：列号；length：字符串长度；*str：字符串*/
void  lcd1602wstr(uchar hang,uchar lie,uchar length,uchar *str)
{
    uchar i;
    wc51r(0x80+0x40*hang+lie);
    for(i=0;i<length;i++)
    {wc51ddr(*str);str++;}
}
```

10.4　键盘与 51 系列单片机的接口

键盘是单片机应用系统中最常用的输入设备，在单片机应用系统中，操作人员一般都是通过键盘向单片机系统输入指令、地址和数据，实现简单的人机通信。

10.4.1　键盘概述

1．键盘的基本原理

键盘实际上是一组按键开关的集合。平时按键开关总是处于断开状态，当按下键时它才闭合，按下键后可向计算机产生一脉冲波。按键开关的结构和产生的波形如图 10-15 所示。

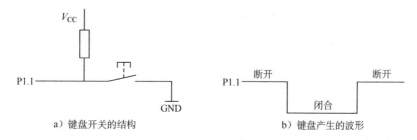

a）键盘开关的结构　　　　　　　　b）键盘产生的波形

图 10-15　键盘开关及波形示意图

当按键开关未按下时，开关处于断开状态，向 P1.1 输入高电平；当按键开关被按下时，开关处于闭合状态，向 P1.1 输入低电平。因此，可通过读入 P1.1 的电平状态来判断按键开关是否被按下。

2．抖动的消除

在单片机应用系统中，通常按键开关为机械式开关，由于机械触点的弹性作用，一个按键开关在闭合时往往不会马上稳定地接通，断开时也不会马上断开，因而在闭合和断开的瞬间都会伴随着一串的抖动，波形如图 10-16 所示。按下键位时产生的抖动称为前沿抖动，松开键位时产生的抖动称为后沿抖动。如果对抖动不做处理，会出现按一次键而输入多次的情况，为确保按一次键只确认一次，必须消除按键抖动。消除按键抖动通常有硬件消抖和软件消抖两种方法。

图 10-16　抖动波形示意图

硬件消抖是通过在按键输出电路上添加一定的硬件线路来消除抖动。一般采用 RS 触发器或单稳态电路，图 10-17 所示是由两个与非门组成的 RS 触发器消抖电路。平时，没有按键时，开关倒向下方，上面的与非门输入高电平，下面的与非门输入低电平，输出端输出高电平。当按下按键时，开关倒向上方，上面的与非门输入低电平，下面的与非门输入高电平。由于 RS 触发器的反馈作用，使输出端迅速地变为低电平，

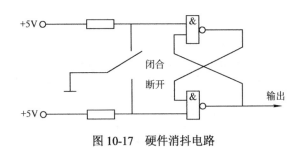

图 10-17　硬件消抖电路

而不会产生抖动波形，而当按键松开时，开关回到下方时也一样，输出端迅速地回到高电平而不会产生抖动波形。经过 RS 触发器消抖后，输出端的信号就变为标准的矩形波。

软件消抖是利用延时程序消除抖动。由于抖动时间都比较短，因此可以这样处理：当检测到有键被按下时，执行一段延时程序跳过抖动，再去检测，通过两次检测来识别一次按键，这样就可以消除前沿抖动的影响。对于后沿抖动，由于在接收一个键位后，一般都要经过一定时间再去检测有无按键，这样就自然跳过后沿抖动时间而消除后沿抖动了。当然在第二次检测时有可能发现又没有键被按下，这是怎么回事呢？这种情况一般是线路受到外部电路干扰使输入端产生干扰脉冲，这时就认为没有键输入。

在单片机应用系统中，一般都采用软件消抖方法。

3．键盘的分类

一般来说，单片机应用系统的键盘可分为两类：独立式键盘和行列式键盘。

（1）独立式键盘

独立式键盘就是各按键相互独立，每个按键各接一根 I/O 接口线，每根 I/O 接口线上的按键都不会影响其他的 I/O 接口线。因此，通过检测各 I/O 接口线的电平状态就可以很容易地判断出哪个按键被按下了。独立式键盘结构如图 10-18 所示。独立式键盘的电路配置灵活，软件简单。但每个按键要占用一根 I/O 接口线，

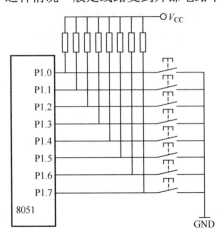

图 10-18　独立式键盘结构图

在按键数量较多时，I/O 接口线浪费很大。故在按键数量不多时，经常采用这种形式。

（2）行列式键盘

行列式键盘又称矩阵式键盘。用两组 I/O 接口线排列成行、列结构，一组设定为输入，一组设定为输出，输入线要带上拉电阻，键位设置在行列线的交点上，按键的一端接行线，另一端接列线。例如，图 10-19 所示是由 4 根行线和 4 根列线组成的 4×4 矩阵式键盘，行线为输入，列线为输出，可管理 4×4=16 个键。矩阵式键盘占用的 I/O 接口线数目少，图 10-19 中 4×4 矩阵式键盘总共只用了 8 根 I/O 接口线，比独立式键盘少了一半的 I/O 接口线。键位越多，这种情况越明显。因此，在按键数量较多时，往往采用矩阵式键盘。矩阵式键盘的处理一般需注意两个方面：键位的编码和键位的识别。

1）键位的编码。矩阵式键盘的编码通常有两种：二进制组合编码和顺序排列编码。

二进制组合编码如图 10-19a 所示，每一根行线有一个编码，每一根列线也有一个编码，行线的编码从下到上分别为 1、2、4、8，列线的编码从右到左分别为 1、2、4、8，每个键位的编码直接用该键位的行线编码和列线编码组合一起得到。图 10-19a 中 4×4 键盘从右到左、从下到上的键位编码分别是十六进制数：11、12、14、18、21、22、24、28、41、42、44、48、81、82、84、88。这种编码过程简单，但得到的编码复杂、不连续，处理起来不方便。

顺序排列编码如图 10-19b 所示，每一行有一个行首码，每一列有一个列号，4 行的行首码从下到上分别为 0、4、8、C，4 列的列号从右到左分别是 0、1、2、3。每个键位的编码用行首码加列号得到，即编码=行首码+列号。图 10-19b 中 4×4 键盘从右到左、从下到上的键位编码分别是十六进制数：0、1、2、3、4、5、6、7、8、9、A、B、C、D、E、F。这种编码虽然编码过程复杂，但得到的编码简单、连续，处理起来方便。现在矩阵式键盘一般都采用顺序编码的方法。

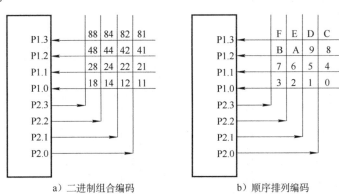

a）二进制组合编码　　　　b）顺序排列编码

图 10-19　矩阵式键盘的结构图

2）键位的识别。矩阵式键盘键位的识别可分为两步：检测键盘上是否有键被按下和识别哪一个键被按下。

① 检测键盘上是否有键被按下的处理方法：将列线送入全扫描字，读入行线的状态来判别。以图 10-19b 为例，其具体过程如下：P2 口低 4 位输出都为低电平，然后读连接行线的 P1 口低 4 位（P1 内部自带上拉电阻）。如果读入的内容都是高电平，说明没有键被按下，则不用做下一步；如果读入的内容不全为 1，则说明有键被按下，再做下一步，识别是哪一个键被按下。

② 识别键盘中哪一个键被按下的处理方法：将列线逐列置成低电平，检查行输入状态，称为逐列扫描。以图 10-19b 为例，其具体过程如下：从 P2.0 开始，依次输出 0，置对应的列线为低电平，其他列为高电平，然后从 P1 口低 4 位读入行线状态。在扫描某列时，如果读入的行线全为 1，则说明按下的键不在此列；如果读入的行线不全为 1，则按下的键必在此列，而且是该列与 0 电平行线相交的交点上的那个键。

为求取编码，在逐列扫描时，可用计数器记录下当前扫描列的列号，检测到第几行有键被按下，就用该行的行首码加列号得到当前按键的编码。

10.4.2 独立式键盘与单片机的接口

独立式键盘每一个键用一根 I/O 接口线管理，电路简单，通常用于键位较少的情况下。对某个键位的识别通过检测对应 I/O 线的高低电平来判断，根据判断结果直接进行相应的处理。

在 51 系列单片机系统中，独立式键盘可直接用 P0～P3 这 4 个并口中的 I/O 线来连接。连接时，如果用的是 P1～P3 口，因为内部带上拉电阻，则外部可省略上拉电阻，如果用的是 P0 口，则须外部带上接电阻。图 10-20 所示是 Proteus 中通过 P1 口低 4 位接 4 个独立式按键（BUTTON）的电路图，直接判断 P1 口低 4 位是否为低电平即可判断相应键是否被按下。为了便于测试，在 P2 口低 4 位增加了发光二极管（LED-RED），当按键被按下时相应的发光二极管亮。

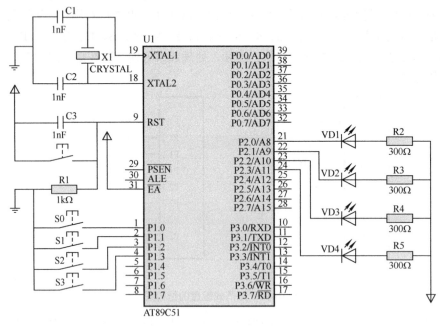

图 10-20 P1 口接 4 个独立式按键图

1）汇编语言程序：

```
        ORG    0000H
        LJMP   KEY

        ORG    0100H
KEY:    MOV    P1,#0FFH
```

```
KEY0:    JB      P1.0,KEY1        ;如果 S0 没有被按下，则检测 S1
         LCALL   DEL10MS          ;延时消抖
         JB      P1.0,KEY1        ;再检测，判断是否为干扰
         CLR     P2.0             ;S0 被按下，实现 S0 的相应程序
KEY1:    JB      P1.1,KEY2        ;如果 S1 被没有按下，则检测 S2
         LCALL   DEL10MS          ;延时消抖
         JB      P1.1,KEY2        ;再检测，判断是否为干扰
         CLR     P2.1             ;S1 被按下，实现 S1 的相应程序
KEY2:    JB      P1.2,KEY3        ;如果 S2 没有被按下，则检测 S3
         LCALL   DEL10MS          ;延时消抖
         JB      P1.2,KEY3        ;再检测，判断是否为干扰
         CLR     P2.2             ;S2 被按下，实现 S2 的相应程序
KEY3:    JB      P1.3,KEYEND      ;如果 S3 没有被按下，结束，返回主程序
         LCALL   DEL10MS          ;延时消抖
         JB      P1.3,KEYEND      ;再检测，判断是否为干扰
         CLR     P2.3             ;S3 被按下，实现 S3 的相应程序
KEYEND:  LJMP    KEY
DEL10MS: MOV     R7,#20           ;延时 10ms 程序
DEL500U: MOV     R6,#250
         DJNZ    R6,$
         DJNZ    R7,DEL500U
         RET
         END
```

2）C 语言程序：

```c
#include    <reg51.h>
#define  uchar    unsigned char
sbit  S0=P1^0;                   //定义位变量
sbit  S1=P1^1;
sbit  S2=P1^2;
sbit  S3=P1^3;
sbit  D0=P2^0;
sbit  D1=P2^1;
sbit  D2=P2^2;
sbit  D3=P2^3;
void  delay(uchar k)            //定义延时函数
{
    uchar  i,j;
    for(i=0;i<k;i++)
        for(j=0;j<250;j++);
}
void  main(void)
{
    if(S0==0)  {delay(10);if(S0==0)   D0=0;}   //S0 被按下，进行的相应处理
    if(S1==0)  {delay(10);if(S1==0)   D1=0;}   //S1 被按下，进行的相应处理
    if(S2==0)  {delay(10);if(S2==0)   D2=0;}   //S2 被按下，进行的相应处理
    if(S3==0)  {delay(10);if(S3==0)   D3=0;}   //S3 被按下，进行的相应处理
}
```

10.4.3　矩阵式键盘与单片机的接口

矩阵式键盘的连接方法有多种，可直接连接于单片机的 I/O 接口线，可利用扩展的并行

197

I/O 接口连接，也可利用可编程的键盘、显示接口专用芯片进行连接等。51 系列单片机通常可直接用本身的 I/O 口连接矩阵式键盘。

图 10-21 所示是 Proteus 中通过 51 系列单片机 P3 口接 4×4 矩阵式键盘的电路图。P3 口的高 4 位作列线输出，低 4 位作行线输入。

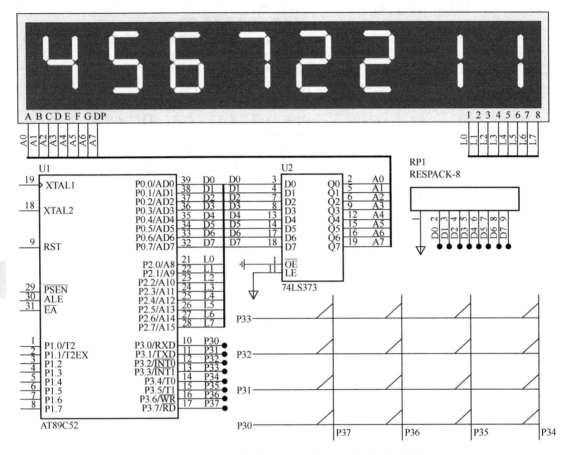

图 10-21　51 系列单片机 P3 口连接 4×4 的矩阵式键盘图

根据前面介绍的内容，该矩阵式键盘的处理过程如下：首先，通 P3 的高 4 位送全扫描字 0FH，使所有的列为低电平，读入 P3 的低 4 位，判断是否有键被按下。其次，如果有键被按下，再通过 P3 口高 4 位依次送列扫描字，将列线逐列置成低电平，读入 P3 的低 4 位行线状态，判断被按下的键是在哪一列的哪一行上面，然后通过行首码加列号得到该按键的编码。该矩阵式键盘的扫描子程序流程图如图 10-22 所示。

在图 10-21 中，为了便于测试键盘是否正确，还添加了 8 个共阴极数码管。它们的硬件连接与软件程序在前面已经介绍过，这时不再重复。通过数码管显示被按下的键，被按下的键在 8 个数码管的最右边显示，而原来的内容依次左移。

1）汇编语言程序：

```
ORG    0000H
LJMP   MAIN

ORG    0100H
```

;显示缓冲区 57H～50H 单元初始化为 7～0

```
MAIN:    MOV    A,#0
         MOV    R2,#8
         MOV    R0,#50H
LOOP:    MOV    @R0,A
         INC    R0
         INC    A
         DJNZ   R2,LOOP
LOOP1:   ACALL  KEYSUB ;调用键盘子程序
         CJNE   R2,#0FFH,NEXT
         SJMP   NEXT1
NEXT:    MOV    50H,51H
```

;显示缓冲区左移

```
         MOV    51H,52H
         MOV    52H,53H
         MOV    53H,54H
         MOV    54H,55H
         MOV    55H,56H
         MOV    56H,57H
         MOV    57H,R2
NEXT1:   LCALL  DISPLAY ;调用显示子程序
         SJMP   LOOP1
         SJMP   $
```

;无键被按下，R2 返回 FFH，有键被按下，R2 返回键码

```
KEYSUB:  ACALL  KS1              ;调用判断有无键被按下子程序
         JNZ    LK1              ;有键被按下时，(A)≠0 转消抖延时
         AJMP   NOKEY            ;无键被按下返回
LK1:     ACALL  TM12ms           ;调用 10ms 延时子程序
         ACALL  KS1              ;查有无键被按下，若真有键被按下
         JNZ    LK2              ;键(A)≠ 0 逐列扫描
NOKEY:   MOV    R2,#0FFH         ;不是真有键被按下，R2 中放无键代码 FFH
         AJMP   KEYOUT           ;返回
LK2:     MOV    R3,#0EFH         ;初始列扫描字(0 列)送入 R3
         MOV    R4,#00H          ;初始列(0 列)号送入 R4
LK3:     MOV    A,R3
         MOV    P3,A             ;列扫描字送至 P3 口
         NOP
         NOP
         MOV    A,P3             ;从 P3 口读入行状态
         JB     ACC.0,LONE       ;查第 0 行无键被按下，转查第 1 行
         MOV    A,#00H           ;第 0 行有键被按下，行首键码 00H→A
         AJMP   LKP              ;转求键码
LONE:    JB     ACC.1, LTWO      ;查第 1 行无键被按下，转查第 2 行
         MOV    A,#04H           ;第 1 行有键被按下，行首键码 04H→A
         AJMP   LKP              ;转求键码
LTWO:    JB     ACC.2, LTHREE    ;查第 2 行无键被按下，转查第 3 行
         MOV    A,#08H           ;第 2 行有键被按下，行首键码 08H→A
         AJMP   LKP              ;转求键码
LTHREE:  JB     ACC.3,KNEXT      ;查第 3 行无键被按下，转查下一列
         MOV    A,#0CH           ;第 3 行有键被按下，行首键码 0CH→A
```

图 10-22　键盘扫描子程序流程图

199

```
LKP:      ADD    A,R4                ;求键码,键码=行首键码+列号
          MOV    R2,A                ;键码放入 R2 中
LK4:      ACALL  KS1                 ;等待键被释放
          JNZ    LK4                 ;键未被释放,等待
KEYOUT:   RET                        ;键扫描结束,出口状态 R2:无键被按下为 FFH,有键被按下为键码
KNEXT:    INC    R4                  ;准备扫描下一列,列号加 1
          MOV    A,R3                ;取列扫描字送累加器 A
          JNB    ACC.7,NOKEY         ;判断 4 列扫描完否
          RL     A                   ;扫描字左移一位,变为下一列扫描字
          MOV    R3,A                ;扫描字送入 R3 中保存
          AJMP   LK3                 ;转下一列扫描
KS1:      MOV    A,#0FH              ;全扫描字→A
          MOV    P3,A                ;全扫描字送往 P3 口
          NOP
          NOP
          MOV    A,P3                ;读入 P3 口行状态
          ORL    A,#11110000B        ;高 4 位置 1
          CPL    A                   ;变正逻辑,以高电平表示有键被按下
          RET                        ;出口状态:(A)=0 时无键被按下,(A)≠0 时有键被按下
TM12ms:   MOV    R7,#20              ;延时 10ms 子程序
TM:       MOV    R6,#250
TM6:      DJNZ   R6,TM6
          DJNZ   R7,TM
          RET
;显示子程序,显示缓冲区 57H~50H 的内容在 8 个数码管上显示一次
DISPLAY:  MOV    R0,#57H
          MOV    R3,#7FH
          MOV    A,R3
LD0:      MOV    P2,A
          MOV    A,@R0
          ADD    A,#0EH
          MOVC   A,@A+PC
          MOV    P0,A
          ACALL  DL1
          DEC    R0
          MOV    A,R3
          JNB    ACC.0,LD1
          RR     A
          MOV    R3,A
          AJMP   LD0
LD1:      RET
TAB:      DB     3FH,06H,5BH,4FH,66H,6DH,7DH,07H
          DB     7FH,6FH,77H,7CH,39H,5EH,79H,71H
DL1:      MOV    R7,#02H             ;动态显示延时子程序
DL:       MOV    R6,#0FFH
DL0:      DJNZ   R6,DL0
          DJNZ   R7,DL
          RET
          END
```

2)C 语言程序:

```c
#include <reg51.h>
#include <absacc.h>                      //定义绝对地址访问
#define  uchar unsigned char
#define  uint  unsigned int
void  delay(uint);                       //声明延时函数
void  display(void);                     //声明显示函数
uchar checkkey();
uchar keyscan(void);

uchar disbuffer[8]={0,1,2,3,4,5,6,7};      //定义显示缓冲区
void  main(void)
{
    uchar  key;
    while(1)
    {
        key=keyscan();
        if( key!=0xFF)
        {
            disbuffer[0]=disbuffer[1];
            disbuffer[1]=disbuffer[2];
            disbuffer[2]=disbuffer[3];
            disbuffer[3]=disbuffer[4];
            disbuffer[4]=disbuffer[5];
            disbuffer[5]=disbuffer[6];
            disbuffer[6]=disbuffer[7];
            disbuffer[7]=key;
        }
    display();                          //设显示函数
    }
}

//***********延时函数***********
void  delay(uint  i)                     //延时函数
{
uint  j;
for(j=0;j<i;j++){}
}
//***********显示函数***********
void  display(void)                      //定义显示函数
{
    uchar  codevalue[16]={0x3F,0x06,0x5B,0x4F,0x66,0x6D,0x7D,0x07,
    0x7F,0x6F,0x77,0x7C,0x39,0x5E,0x79,0x71};   //0~F 的字段码表
    uchar  chocode[8]={0xFE,0xFD,0xFB,0xF7,0xEF,0xDF,0xBF,0x7F};  //位选码表
    uchar  i,p,temp;
    for(i=0;i<8;i++)
    {
        temp=chocode[i];               //取当前的位选码
        P2=temp;                       //送出位选码
        p=disbuffer[i];                //取当前显示的字符
        temp=codevalue[p];             //查得显示字符的字段码
        P0=temp;                       //送出字段码
```

201

```
            delay(20);                    //延时 1ms
        }
    }

//************检测有无键被按下函数************
uchar  checkkey()                    //检测有无键被按下函数, 有返回 0, 无返回 0xFF
{
    uchar  i;
    P3=0x0F;
    i=P3;
    i=i|0xF0;
    if(i==0xFF)  return(0xFF);
    else  return(0);
}
//************键盘扫描函数************
uchar  keyscan()//键盘扫描函数, 如果有键按下, 则返回该键的编码, 如果无键按下, 则返回 0xFF
{
    uchar  scancode;              //定义列扫描码变量
    uchar  codevalue;             //定义返回的编码变量
    uchar  m;                     //定义行首编码变量
    uchar  k;                     //定义行检测码
    uchar  i,j;
    if(checkkey()==0xFF)  return(0xFF);              //检测有无键按下, 无返回 0xff
    else
        {
        delay(20);                                  //延时
        if(checkkey()==0xFF)  return(0xFF);         //检测有无键按下, 无返回 0xff
        else
            {
            scancode=0xEF;                          //列扫描码, 行首码赋初值
            for(i=0;i<4;i++)
                {
                k=0x01;
                P3=scancode;                        //送列扫描码
                m=0x00;
                for(j=0;j<4;j++)
                    {
                    if((P3&k)==0)                   //检测当前行是否有键按下
                        {
                        codevalue=m+i;              //按下, 求编码
                         while(checkkey()!=0xFF);   //等待键位释放
                        }
                    else
                        {k=k<<1;m=m+4;}             //行检测码左移一位,计算下一行的行首编码
                    }
                scancode=scancode<<1; scancode++;   //列扫描码左移一位, 扫描下一列
                }
            }
        return(codevalue);                          //返回编码
        }
    }
```

思考题与习题

10-1　什么是 51 系列单片机的最小系统？

10-2　共阴极数码管与共阳极数码管有何区别？

10-3　LED 数码管显示器的译码方式有几种？各有什么特点？

10-4　LED 数码管显示器的显示方式有几种？各有什么特点？

10-5　LCD1602 的显示缓冲区有什么作用？与显示位置有什么关系？

10-6　LCD1602 显示是静态方式还是动态方式？

10-7　何为键抖动？键抖动对键位识别有什么影响？怎样消除键抖动？

10-8　矩阵式键盘有几种编码方式？怎样编码？

10-9　简述对矩阵键盘的扫描过程。

10-10　对于数码管动态显示，在很多实际的单片机应用系统中，为了实现较好的显示效果，通常是把动态显示过程用定时扫描的方式来实现。处理思想如下：用定时器实现 20ms 周期性定时，定时时间到动态显示一遍。参照书上图 10-9，把数码管显示改成定时扫描方式，用汇编语言编写程序实现。

10-11　对于数码管动态显示，在很多实际的单片机应用系统中，为了实现较好的显示效果，通常是把动态显示过程用定时扫描的方式来实现。处理思想如下：用定时器实现 20ms 周期性定时，定时时间到动态显示一遍。参照书上图 10-9，把数码管显示改成定时扫描方式，用 C 语言编写程序实现。

10-12　在 LCD1602 的第一行显示"2018 年 10 月 21 日 星期六"，第二行显示"13:30:30"。在 Proteus 中完成设计与仿真。

第11章　51系列单片机数/模、模/数接口及应用

导读

基本内容：数/模（D/A）、模/数（A/D）模块是计算机控制系统中经常用到的模块。本章首先介绍 A/D、D/A 转换的原理；其次，介绍典型的 D/A 转换器 0832 和典型的 A/D 转换器 0808/0809 的内部结构、外部特性和工作过程；最后，介绍它们与 51 系列单片机的接口和应用。

学习要点：了解 A/D 转换器和 D/A 转换器的基本原理；熟悉 DAC0832、ADC0808/0809 内部结构、外部特性和工作过程；掌握 DAC0832、ADC0808/0809 与 51 系列单片机的硬件接口和程序设计。

11.1　D/A 转换器与 51 系列单片机的接口

当单片机用于实时控制和智能仪表等应用系统中时，经常会遇到连续变化的模拟量，如温度、压力、速度等物理量，这些模拟量必须先转换成数字量才能送给单片机处理，当单片机处理后，也常常需要把数字量转换成模拟量后再送给外部设备。若输入的是非电信号，还需要经过传感器转换成模拟电信号。实现数字量转换成模拟量的器件称为数/模转换器（D/A 或 DAC），模拟量转换成数字量的器件称为模/数转换器（A/D 或 ADC）。

11.1.1　D/A 转换器概述

1. D/A 转换器的基本原理

D/A 转换器是把输入的数字量转换为与之成正比的模拟量的器件，其输入的是数字量，输出的是模拟量。数字量是由一位一位的二进制数组成，不同的位所代表的大小不一样。D/A 转换过程就是把每一位数字量转换成相应的模拟量，然后把所有的模拟量迭加起来，得到的总模拟量就是输入的数字量所对应的模拟量。

例如，输入的数字量为 D，输出的模拟量为 V_O，则有

$$V_O = D \times V_{REF}$$

其中，V_{REF} 为基准电压。若 $D = d_{n-1}2^{n-1} + d_{n-2}2^{n-2} + \cdots + d_1 2^1 + d_0 2^0 = \sum_{i=0}^{n-1} d_i 2^i$，则

$$V_O = (d_{n-1}2^{n-1} + d_{n-2}2^{n-2} + \cdots + d_1 2^1 + d_0 2^0) \times V_{REF} = \sum_{i=0}^{n-1} d_i 2^i V_{REF}$$

D/A 转换器一般由电阻解码网络、模拟电子开关、基准电压、运算放大器等组成。按电阻解码网络的组成形式，可将 D/A 转换器分成有权电阻解码网络 D/A 转换器、T 形电阻解码网络 D/A 转换器和开关树形电阻解码网络 D/A 转换器等。其中，T 形电阻解码网络 D/A 转

换器只用到两种电阻，精度较高，容易集成化，在实际中使用得最频繁。下面以 T 形电阻解码网络 D/A 转换器为例，介绍 D/A 转换器的工作原理。

　　T 形电阻解码网络 D/A 转换器的基本原理如图 11-1 所示。电阻解码网络由两种电阻 R 和 $2R$ 组成，有多少位数字量就有多少个支路，每个支路由一个 R 电阻和 $2R$ 电阻组成，形状如 T 形，通过一个受二进制代码 d_i 控制的电子开关控制，当代码 $d_i=0$，支路接地；当代码 $d_i=1$，支路接到运算放大器的反相输入端；由于各支路电流方向相同，所以支路电流会在运算放大器的反相输入端叠加；对于该电阻解码网络，从右往左看，节点 $n-1$，$n-2$，$\cdots$，1，0 相对于地的等效电阻都为 R，两边支路的等效电阻都是 $2R$，所以从右边开始，基准电压 V_{REF} 流出的电流每经过一个节点，电流就减少一半，因此各支路的电流为

$$I_{n-1}=\frac{V_{REF}}{2R}\ ,\quad I_{n-2}=\frac{V_{REF}}{2^2 R}\ ,\quad \cdots\ ,\quad I_1=\frac{V_{REF}}{2^{n-1} R}\ ,\quad I_0=\frac{V_{REF}}{2^n R}\quad (n\ 为总位数)$$

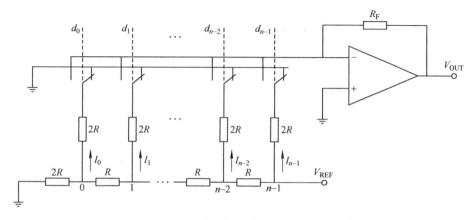

图 11-1　T 形电阻解码网络 D/A 转换器的基本原理

　　流向运算放大器反向端的总电流 I 为分代码为 1 的各支路电流之和，即

$$I=I_0+I_1+I_2+\cdots+I_{n-2}+I_{n-1}=\sum_{i=0}^{n-1}d_i I_i=\sum_{i=0}^{n-1}\frac{d_i V_{REF}}{2^{n-i}R}=D\frac{V_{REF}}{2^n R}$$

　　经运算放大器转换成输出电压 V_O，即

$$V_O=-IR_F=-D\frac{V_R R_F}{2^n R}$$

　　从上式可以看出，输出电压与输入数字量成正比。调整 R_F 和 V_{REF} 可调整 D/A 转换器的输出电压范围和满刻度值。

　　另外，若取 $R_F=R$（电阻解码网络的等效电阻），则

$$V_O=-\frac{D}{2^n}V_{REF}$$

　　例如：设 T 形电阻解码网络 D/A 转换器为 8 位，基准电压 $V_{REF}=-10V$，令 $R_F=R$，则输入数字量为全 0 时，$V_O=0V$。

　　当输入数字量为 00000001B 时，$V_O=(1\times2^0)\times10/2^8\approx0.039V$。

　　当输入数字量为全 1 时，$V_O=(255\times2^0)\times10/2^8=9.96V\approx10V$。

　　由 D/A 转换器工作原理可知，把一个数字量转换成模拟量一般可通过两步来实现：

1）先把数字量转换为对应的模拟电流（*I*），这一步由电阻解码网络结构中的 D/A 转换器完成；

2）将模拟电流（*I*）转变为模拟电压（V_O），这一步由运算放大器完成。

所以，D/A 转换器通常有两种类型：一种是 D/A 转换器内只有电阻解码网络，没有运算放大器，转换器输出的是电流，这种 D/A 转换器称为电流型 D/A 转换器，若要输出模拟电压，还必须外接运算放大器；另一种内部既有电阻解码网络，又有运算放大器，转换器输出的直接是模拟电压，这种 D/A 转换器称为电压型 D/A 转换器，它使用时无须外接放大器。目前，大多数 D/A 转换器都属于电流型 D/A 转换器。

2. D/A 转换器的性能指标

D/A 转换器的主要性能指标主要有以下几个方面：

（1）分辨率

分辨率是指 D/A 转换器所能产生的最小模拟量的增量，是数字量最低有效位（LSB）所对应的模拟值。这个参数反映了 D/A 转换器对模拟量的分辨能力。分辨率的表示方法有多种，一般用最小模拟值变化量与满量程信号值之比来表示。例如，8 位的 D/A 转换器的分辨率为满量程信号值的 1/256，12 位的 D/A 转换器的分辨率为满量程信号值的 1/4096。

（2）精度

精度用于衡量 D/A 转换器在将数字量转换成模拟量时，所得模拟量的精确程度。它表明了模拟输出实际值与理论值之间的偏差。精度可分为绝对精度和相对精度。绝对精度指在输入端加入给定数字量时，在输出端实测的模拟量与理论值之间的偏差。相对精度指当满量程信号值校准后，任何输入数字量的模拟输出值与理论值的偏差，实际上是 D/A 转换器的线性度。

（3）线性度

线性度是指 D/A 转换器的实际转换特性与理想转换特性之间的偏差。一般来说，D/A 转换器的线性误差应在 $\pm\frac{1}{2}$ LSB 之内。

（4）温度灵敏度

这个参数表明 D/A 转换器具有受温度变化影响的特性。

（5）建立时间

建立时间是指从数字量输入端发生变化开始，到模拟输出稳定在额定值的 $\pm\frac{1}{2}$ LSB 时所需要的时间。它是描述 D/A 转换器转换速率快慢的一个参数。

3. D/A 转换器的分类

D/A 转换器品种繁多、性能各异。按输入数字量的位数可以分为 8 位、10 位、12 位和 16 位等；按输入的数码可以分为二进制方式和 BCD 码方式；按传送数字量的方式可以分为并行方式和串行方式；按输出形式可以分为电流输出型和电压输出型，电压输出型又有单极性和双极性之分；按与单片机的接口连接方式可以分为带输入锁存的和不带输入锁存。

11.1.2 典型的 D/A 转换器 DAC0832

1. DAC0832 概述

DAC0832 是采用 CMOS 工艺制成的电流型 8 位 T 形电阻解码网络 D/A 转换器，是 DAC0830 系列的一种。它的分辨率为 8 位，满量程误差为 ±1LSB，线性误差为 ±0.1%，建立时间为 1μs，功耗为 20mW。其数字输入端具有双重缓冲功能，可以采用双缓冲、单缓冲或直通方式输入。由于 DAC0832 与单片机接口方便，转换控制容易，价格便宜，所以在实际工作中使用广泛。

2．DAC0832 的内部结构

DAC0832 主要由 8 位输入寄存器、8 位 DAC 寄存器、8 位 D/A 转换器和控制逻辑电路组成，内部结构如图 11-2 所示。8 位输入寄存器接收从外部发送来的 8 位数字量，8 位 DAC 寄存器从 8 位输入寄存器中接收数据，并能把接收的数据锁存于它内部的锁存器，8 位 D/A 转换器对 8 位 DAC 寄存器发送来的数据进行转换，转换的结果通过 I_{out1} 和 I_{out2} 端输出。8 位输入寄存器和 8 位 DAC 寄存器都分别有自己的控制端 $\overline{LE1}$ 和 $\overline{LE2}$，$\overline{LE1}$ 和 $\overline{LE2}$ 通过相应的控制逻辑电路控制。通过它们，DAC0832 可以很方便地实现双缓冲、单缓冲或直通方式。

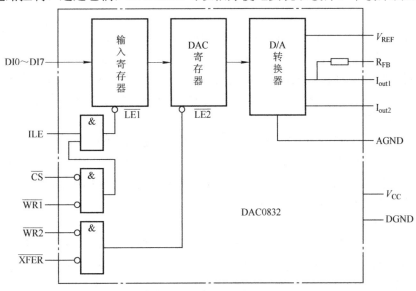

图 11-2　DAC0832 的内部结构

3．DAC0832 的引脚

DAC0832 有 20 个引脚，采用双列直插式封装，如图 11-3 所示。各引脚的功能如下：

DI0～DI7（DI0 为最低位）：8 位数字量输入端。

ILE：数据允许控制输入线，高电平有效。

$\overline{CS}$：片选信号。

$\overline{WR1}$：写信号线 1。

$\overline{WR2}$：写信号线 2。

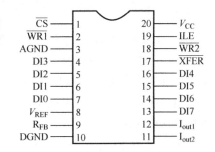

图 11-3　DAC0832 的引脚图

$\overline{XFER}$：数据传送控制信号输入线，低电平有效。

R_{FB}：片内反馈电阻引出线。反馈电阻集成在芯片内部，该电阻与内部的电阻网络相匹配。R_{FB} 端一般直接接到外部运算放大器的输出端，相当于将反馈电阻接在运算放大器的输入端和输出端之间，将电流输出转换为电压输出。

I_{out1}：模拟电流输出线 1，它是数字量输入为 1 的模拟电流输出端。当输入数字量为全 1 时，其值最大，约为 V_{REF}；当输入数字量为全 0 时，其值最小，为 0。

207

I_{out2}：模拟电流输出线 2，它是数字量输入为 0 的模拟电流输出端。当输入数字量为全 0 时，其值最大，约为 V_{REF}；当输入数字量为全 1 时，其值最小，为 0。I_{out1} 加 I_{out2} 等于常数（V_{REF}）。采用单极性输出时，I_{out2} 常常接地。

V_{REF}：基准电压输入线。电压范围为 $-10V\sim+10V$。

V_{CC}：工作电源输入端，可接 +5V～+15V 电源。

AGND：模拟地。

DGND：数字地。

4．DAC0832 的工作方式

通过改变控制引脚 ILE、$\overline{WR1}$、$\overline{WR2}$、$\overline{CS}$ 和 $\overline{XFER}$ 的连接方法，DAC0832 具有直通方式、单缓冲方式和双缓冲方式 3 种工作方式。

（1）直通方式

当引脚 $\overline{WR1}$、$\overline{WR2}$、$\overline{CS}$、$\overline{XFER}$ 直接接地时，ILE 接电源，DAC0832 工作于直通方式下，此时，8 位输入寄存器和 8 位 DAC 寄存器都直接处于导通状态，当 8 位数字量一到达 DI0～DI7，就立即进行 D/A 转换，从输出端得到转换的模拟量。这种方式处理简单，但 DI0～DI7 不能直接和 51 系列单片机的数据线相连，只能通过独立的 I/O 接口来连接。

（2）单缓冲方式

通过连接 ILE、$\overline{WR1}$、$\overline{WR2}$、$\overline{CS}$ 和 $\overline{XFER}$ 引脚，使得两个寄存器中的一个处于直通状态，另一个处于受控状态，或者两个同时被控制，DAC0832 就工作于单缓冲方式。对于单缓冲方式，单片机只需对它操作一次，就能将转换的数据送到 DAC0832 的 DAC 寄存器，并立即开始转换，转换结果通过输出端输出。

（3）双缓冲方式

当 8 位输入寄存器和 8 位 DAC 寄存器分开控制导通时，DAC0832 工作于双缓冲方式，此时单片机对 DAC0832 的操作先后分为两步：第一步，使 8 位输入寄存器导通，将 8 位数字量写入 8 位输入寄存器中；第二步，使 8 位 DAC 寄存器导通，8 位数字量从 8 位输入寄存器送入 8 位 DAC 寄存器。第二步只使 DAC 寄存器导通，在数据输入端写入的数据无意义。

11.1.3　DAC0832 与 51 系列单片机的接口与应用

1．DAC0832 与 51 系列单片机的接口

DAC0832 与 51 系列单片机连接时，是将 DAC0832 作为外部数据存储器的存储单元来处理的。具体的连接方法和 DAC0832 的工作方式相关。在实际中，如果是单片 DAC0832，通常采用单缓冲方式与 51 系列单片机连接；如果是多片 DAC0832，通常采用双缓冲方式与 51 系列单片机连接。

图 11-4 是 Proteus 中单片 DAC0832 与 8051 单片机通过单缓冲方式连接的电路图。其中 DAC0832 的 $\overline{WR2}$ 和 $\overline{XFER}$ 引脚直接接地，ILE 引脚接电源，$\overline{WR1}$ 引脚接 8051 的片外数据存储器写信号线 $\overline{WR}$，$\overline{CS}$ 引脚接 8051 的片外数据存储器地址线最高位 A15（P2.7），DI0～DI7 与 8051 的 P0 口（数据总线）相连。因此，DAC0832 的输入寄存器受 8051 控制导通，DAC 寄存器直接导通，当 8051 向 DAC0832 的输入寄存器写入转换的数据，就直接通过 DAC 寄存器送 D/A 转换器开始转换，转换结果通过输出端输出。输出端接了运算放大器（LM324），实现把电流转换成电压送示波器（OSCILLOSCOPE）显示。

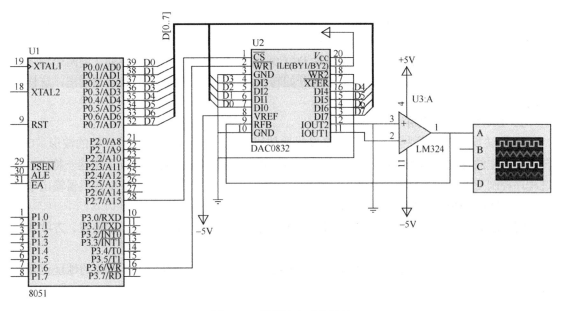

图 11-4　单缓冲方式的连接

图 11-5 是 Proteus 中两片 DAC0832 与 8051 单片机通过双缓冲方式连接的电路图。其中两片 DAC0832 的 ILE 都接电源，数据线 DI0～DI7 并联与 8051 的 P0 口（数据总线）相连，两片 DAC0832 的 $\overline{WR1}$ 和 $\overline{WR2}$ 都连在一起与 8051 的片外数据存储器写信号线 $\overline{WR}$ 相连，第一片 DAC0832 的 $\overline{CS}$ 引脚与 8051 的 P2.6 相连，第二片 DAC0832 的 $\overline{CS}$ 引脚与 8051 的 P2.7

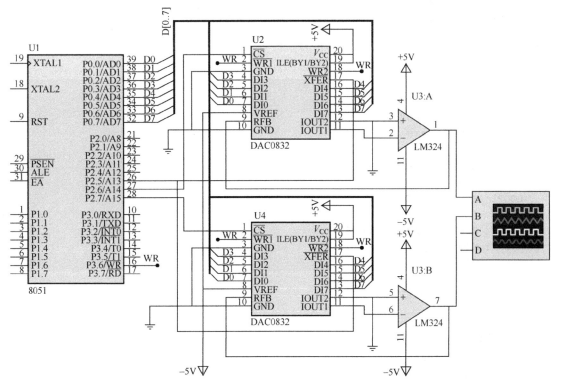

图 11-5　双缓冲方式的连接

相连，两片 DAC0832 的 $\overline{\text{XFER}}$ 连接在一起与 8051 的 P2.5 相连。也就是说，两片 DAC0832 的输入寄存器分开控制，而 DAC 寄存器一起控制。使用时，8051 先分别向两片 DAC0832 的输入寄存器写入转换的数据，再让两片 DAC0832 的 DAC 寄存器一起导通，则两个输入寄存器中的数据同时写入 DAC 寄存器一起开始转换，转换结果通过输出端同时输出，这样实现两路模拟量同时输出。

2. DAC0832 的应用

D/A 转换器在实际中经常作为波形发生器使用，通过它可以产生各种各样的波形。D/A 转换器产生波形的原理如下：利用 D/A 转换器输出模拟量与输入数字量成正比这一特点，通过程序控制 CPU 向 D/A 转换器送出随时间呈一定规律变化的数字，则 D/A 转换器输出端就可以输出随时间按一定规律变化的波形。

【例 11-1】 根据图 11-4 编程。从 DAC0832 输出端分别产生锯齿波、三角波、方波和正弦波。

根据图 11-4 的电路连接，DAC0832 的输入寄存器地址可取 7FFFH（无关的地址位都取成 1）。

1）汇编语言编程：

① 锯齿波：

```
        ORG    0000H
        LJMP   MAIN
        ORG    0100H
MAIN:   MOV    DPTR,#7FFFH
        CLR    A
LOOP:   MOVX   @DPTR,A
        INC    A
        SJMP   LOOP
        END
```

② 三角波：

```
        ORG    0000H
        LJMP   MAIN
        ORG    0100H
MAIN:   MOV    DPTR,#7FFFH
        CLR    A
LOOP1:  MOVX   @DPTR,A
        INC    A
        CJNE   A,#0FFH,LOOP1
LOOP2:  MOVX   @DPTR,A
        DEC    A
        JNZ    LOOP2
        SJMP   LOOP1
        END
```

③ 方波：

```
        ORG    0000H
        LJMP   MAIN
        ORG    0100H
```

```
MAIN:  MOV    DPTR,#7FFFH
LOOP:  MOV    A,#00H
       MOVX   @DPTR,A
       ACALL  DELAY
       MOV    A,#0FFH
       MOVX   @DPTR,A
       ACALL  DELAY
       SJMP   LOOP
DELAY: MOV    R7,#0FFH
       DJNZ   R7,$
       RET
       END
```

④ 正弦波：

```
       ORG    0000H
       LJMP   MAIN
       ORG    0100H
MAIN:  MOV    R1,#63           ;单位周期内共 64 个采样输出
SIN:   MOV    DPTR,#TAB
       MOV    A,R1
       MOVC   A,@A+DPTR        ;查找正弦波数据
       MOV    DPTR,#7FFFH
       MOVX   @DPTR,A          ;输出
       NOP
       DJNZ   R1,SIN
       SJMP   MAIN
TAB:   DB     80H,8CH,98H,0A5H,0B0H,0BCH,0C7H,0D1H    ;正弦波数据表
       DB     0DAH,0E2H,0EAH,0F0H,0F6H,0FAH,0FDH,0FFH
       DB     0FFH,0FFH,0FDH,0FAH,0F6H,0F0H,0EAH,0E3H
       DB     0DAH,0D1H,0C7H,0BCH,0B1H,0A5H,99H,8CH
       DB     80H,73H,67H,5BH,4FH,43H,39H,2EH
       DB     25H,1DH,15H,0FH,09H,05H,02H,00H
       DB     00H,00H,02H,05H,09H,0EH,15H,1CH
       DB     25H,2EH,38H,43H,4EH,5AH,66H,73H
       END
```

2）C 语言编程：

① 锯齿波：

```c
#include  <absacc.h>          //定义绝对地址访问
#define  uchar  unsigned  char
#define  DAC0832  XBYTE[0x7FFF]
void  main()
{
  uchar  i;
  while(1)
  {
  for (i=0;i<0xff;i++)
    {DAC0832=i;}
  }
}
```

② 三角波:

```
#include  <absacc.h>          //定义绝对地址访问
#define  uchar  unsigned  char
#define  DAC0832  XBYTE[0x7FFF]
void  main()
{
  uchar  i;
  while(1)
    {
    for (i=0;i<0xff;i++)
        {DAC0832=i;}
    for (i=0xff;i>0;i--)
        {DAC0832=i;}
    }
}
```

③ 方波:

```
#include  <absacc.h>          //定义绝对地址访问
#define  uchar  unsigned  char
#define  DAC0832  XBYTE[0x7FFF]
void  delay(void);
void  main()
{
  uchar  i;
  while(1)
    {
    DAC0832=0;                //输出低电平
    delay();                  //延时
    DAC0832=0xFF;             //输出高电平
    delay();                  //延时
    }
}
void  delay()                 //延时函数
{
    uchar  i;
    for (i=0;i<0xFF;i++) {;}
}
```

④ 正弦波:

```
#include  <absacc.h>          //定义绝对地址访问
#define  uchar  unsigned  char
#define  DAC0832  XBYTE[0x7FFF]
uchar sindata[64]=
      {0x80,0x8C,0x98,0xA5,0xB0,0xBC,0xC7,0xD1,
       0xDA,0xE2,0xEA,0xF0,0xF6,0xFa,0xFD,0xFF,
       0xFF,0xFF,0xFD,0xFA,0xF6,0xF0,0xEA,0xE3,
       0xDA,0xD1,0xC7,0xBC,0xB1,0xA5,0x99,0x8C,
       0x80,0x73,0x67,0x5B,0x4F,0x43,0x39,0x2E,
       0x25,0x1D,0x15,0xF,0x9,0x5,0x2,0x0,0x0,
```

```
          0x0,0x2,0x5,0x9,0xE,0x15,0x1C,0x25,0x2E,
          0x38,0x43,0x4E,0x5A,0x66,0x73};//正弦波数据表
void delay(uchar m)              //延时函数
{
    uchar i;
    for(i=0;i<m;i++);
}
void main(void)
{
    uchar k;
    while(1)
    {   for(k=0;k<64;k++)
        {DAC0832=sindata[k]; //查找正弦波数据并输出
         delay(1);
        }
    }
}
```

【例 11-2】 根据图 11-5 编程，从第一片 DAC0832 输出端产生锯齿波，同时从第二片 DAC0832 输出端产生正弦波。

根据图 11-5 的连接，第一片 DAC0832 的输入寄存器地址为 BFFFH，第二片 DAC0832 的输入寄存器地址为 7FFFH；两片 DAC0832 的 DAC 寄存器地址相同，同为 DFFFH。其中无关的地址位都取成 1。

1）汇编语言编程：

```
          ORG    0000H
          LJMP   MAIN
          ORG    0100H
MAIN:  MOV    R0,#00
       MOV    R1,#00
LOOP:  MOV    DPTR,#0BFFFH       ;指向第一片 DAC0832 的输入寄存器
       MOV    A,R0
       MOVX   @DPTR,A            ;送第一片 DAC0832 的输入寄存器
       INC    R0                 ;按锯齿波关系改变
       MOV    DPTR,#TAB          ;指向正弦波数据表
       MOV    A,R1
       MOVC   A,@A+DPTR          ;查表取正弦波数据
       MOV    DPTR,#7FFFH        ;指向第二片 DAC0832 的输入寄存器
       MOVX   @DPTR,A            ;送第二片 DAC0832 的输入寄存器
       INC    R1
       CJNE   R1,#63,NEXT        ;正弦波到一个周期重新开始
       MOV    R1,#00
NEXT:  MOV    DPTR,#0DFFFH       ;指向两片 DAC0832 的 DAC 寄存器
       MOVX   @DPTR,A            ;两片 DAC0832 的 DAC 寄存器送 DAC 转换器转换
       SJMP   LOOP
TAB:   DB     80H,8CH,98H,0A5H,0B0H,0BCH,0C7H,0D1H      ;正弦波数据表
       DB     0DAH,0E2H,0EAH,0F0H,0F6H,0FAH,0FDH,0FFH
       DB     0FFH,0FFH,0FDH,0FAH,0F6H,0F0H,0EAH,0E3H
       DB     0DAH,0D1H,0C7H,0BCH,0B1H,0A5H,99H,8CH
       DB     80H,73H,67H,5BH,4FH,43H,39H,2EH
```

```
        DB      25H,1DH,15H,0FH,09H,05H,02H,00H
        DB      00H,00H,02H,05H,09H,0EH,15H,1CH
        DB      25H,2EH,38H,43H,4EH,5AH,66H,73H
        END
```

2）C 语言编程：

```
#include  <absacc.h>                    //定义绝对地址访问
#define   uchar  unsigned  char
#define   DAC0832A  XBYTE[0xBFFF]        //第一片 DAC0832 的输入寄存器地址
#define   DAC0832B  XBYTE[0x7FFF]        //第二片 DAC0832 的输入寄存器地址
#define   DAC0832C  XBYTE[0xDFFF]        //两片 DAC0832 的 DAC 寄存器地址
uchar sindata[64]=
        {0x80,0x8C,0x98,0xA5,0xB0,0xBC,0xC7,0xD1,
         0xDA,0xE2,0xEA,0xF0,0xF6,0xFA,0xFD,0xFF,
         0xFF,0xFF,0xFD,0xFA,0xF6,0xF0,0xEA,0xE3,
         0xDA,0xD1,0xC7,0xBC,0xB1,0xA5,0x99,0x8C,
         0x80,0x73,0x67,0x5B,0x4F,0x43,0x39,0x2E,
         0x25,0x1D,0x15,0xF,0x9,0x5,0x2,0x0,0x0,
         0x0,0x2,0x5,0x9,0xE,0x15,0x1C,0x25,0x2E,
         0x38,0x43,0x4E,0x5A,0x66,0x73};     //正弦波数据表
void delay(uchar m)                          //延时函数
{  uchar i;
    for(i=0;i<m;i++);
}

void  main()
{
  uchar  i=0,j=0;
  while(1)
  {
    i++;if(i==0xff)  i=0;
    j++;if(j==64)  j=0;
    DAC0832A=i;                   //给第一片 DAC0832 的输入寄存器送锯齿波数据
    DAC0832B=sindata[j];          //给第二片 DAC0832 的输入寄存器送正弦波数据
    DAC0832C=i;                   //两片 DAC0832 的 DAC 寄存器送 DAC 转换器转换
    delay(1);
  }
}
```

11.2　A/D 转换器与 51 系列单片机的接口

11.2.1　A/D 转换器概述

1. A/D 转换器的类型及原理

A/D 转换器（ADC）的作用是把模拟量转换成数字量，以便于计算机进行处理。随着超大规模集成电路技术的飞速发展，现在有很多类型的 A/D 转换器芯片，不同的芯片的内部结构不一样，转换原理也不同。各种 A/D 转换芯片根据转换原理可分为计数型 A/D 转换器、逐次逼近型 A/D 转换器、双重积分型 A/D 转换器和并行式 A/D 转换器等；按转换方法可分为

直接 A/D 转换器和间接 A/D 转换器；按其分辨率可分为 4～16 位的 A/D 转换器。

（1）计数型 A/D 转换器

计数型 A/D 转换器由 D/A 转换器、计数器和比较器组成，如图 11-6 所示。工作的时候，计数器由 0 开始加 1 计数，每计一次数，计数值送往 D/A 转换器进行转换，转换后，将转换得到的模拟信号与输入的模拟信号送比较器进行比较，若前者小于后者，则计数值继续加 1，重复 D/A 转换及比较过程，依此类推，直到当 D/A 转换后的模拟信号与输入的模拟信号相同，则停止计数。这时，计数器中的当前值就为输入模拟量对应的数字量。这种 A/D 转换器结构简单、原理清楚，但它的转换速度与精度之间存在矛盾，当提高精度时，转换的速度就慢，当提高速度时，转换的精度就低，所以在实际中很少被使用。

（2）逐次逼近型 A/D 转换器

逐次逼近型 A/D 转换器是由一个比较器、D/A 转换器、寄存器及控制电路组成，如图 11-7 所示。逐次逼近型 A/D 转换器的转换过程与计数型 A/D 转换器的基本相同，也要进行比较以得到转换的数字量，但逐次逼近型是用一个寄存器从高位到低位依次开始逐位试探比较。转换过程如下：开始时逐次逼近寄存器所有位清 0，转换时，先将最高位置 1，送 D/A 转换器转换，转换结果与输入的模拟量比较，如果转换的模拟量比输入的模拟量小，则 1 保留，如果转换的模拟量比输入模拟量大，则 1 不保留，然后从次高位依次重复上述过程直至最低位，最后逐次逼近寄存器中的内容就是输入模拟量对应的数字量，转换结束后，转换结束信号有效。一个 n 位的逐次逼近型 A/D 转换器转换只需比较 n 次，转换时间只取决于位数和时钟周期。逐次逼近型 A/D 转换器转换速度快，在实际中广泛使用。

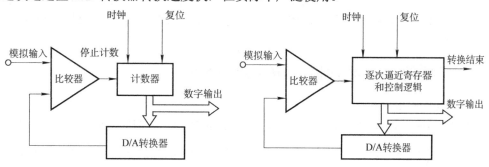

图 11-6　计数型 A/D 转换器　　　　图 11-7　逐次逼近型 A/D 转换器

（3）双重积分型 A/D 转换器

双重积分型 A/D 转换器将输入电压先变换成与其平均值成正比的时间间隔，然后再把此时间间隔转换成数字量，如图 11-8 所示，它属于间接型转换器。它的转换过程分为采样和比较两个过程。采样即用积分器对输入模拟电压（V_{in}）进行固定时间的积分，输入模拟电压值越大，采样值越大，采样值与输入模拟电压值成正比；比较就是用基准电压（$+V_r$ 或 $-V_r$）对积分器进行反向积分，直至积分器的值为 0。由于基准电压值大小固定，所以采样值越大，反向积分时积分时间越长，积分时间与采样值成正比；综合起来，积分时间就与输入模拟量成正比。最后把积分时间转换成数字量，则该数字量就为输入模拟量对应的数字量。由于在转换过程中进行了两次积分，所以称为双重积分型。双重积分型 A/D 转换器转换精度高，稳定性好，测量的是输入电压在一段时间的平均值，而不是输入电压的瞬间值，因此它的抗干扰能力强，但是转换速度慢。双重积分型 A/D 转换器在工业上应用得比较广泛。

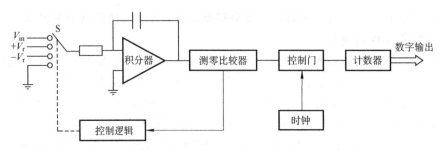

图 11-8　双重积分型 A/D 转换器

2．A/D 转换器的主要性能指标

（1）分辨率

分辨率是指 A/D 转换器能分辨的最小输入模拟量。通常用转换的数字量的位数来表示，如 8 位、10 位、12 位、16 位等。位数越高，分辨率越高。

（2）转换时间

转换时间是指 A/D 转换器完成一次转换所需要的时间，指从启动 A/D 转换器开始到转换结束并得到稳定的数字输出量为止的时间。一般来说，转换时间越短，转换速度越快。

（3）量程

量程是指所能转换的输入电压范围。

（4）转换精度

转换精度分为绝对精度和相对精度。绝对精度是指实际需要的模拟量与理论上要求的模拟量之差。相对精度是指当满刻度值校准后，任意数字量对应的实际模拟量（中间值）与理论值（中间值）之差。

11.2.2　典型的 A/D 转换器 ADC0808/0809

1．ADC0808/0809 概述

ADC0808/0809 是 8 位 CMOS 逐次逼近型 A/D 转换器，它们的主要区别是 ADC0808 的最小误差为 $\pm\dfrac{1}{2}$LSB，0809 的为 ±1LSB。采用单一+5V 电源供电，工作温度范围宽。每片 ADC0808 有 8 路模拟量输入通道，带转换起停控制，输入模拟电压范围为 0～+5V，不需零点和满刻度校准，转换时间为 100μs，功耗低，约 15mW。

2．ADC0808/0809 的内部结构

ADC0808/0809 由 8 路模拟通道选择开关、地址锁存与译码器、比较器、8 位开关树形 D/A 转换器、逐次逼近型寄存器、定时和控制电路及 8 位三态锁存缓冲器等组成。内部结构如图 11-9 所示。

其中：8 路模拟通道选择开关的功能是从 8 路输入模拟量中选择一路送给后面的比较器；地址锁存与译码器用于当 ALE 信号有效时锁存从 ADDA、ADDB、ADDC 这 3 根地址线上送来 3 位地址，译码后形成当前模拟通道的选择信号送给 8 路模拟通道选择开关；比较器、8 位开关树形 D/A 转换器、逐次逼近型寄存器、定时和控制电路组成 8 位 A/D 转换器。当 START 信号由高电平变为低电平，启动转换，同时 EOC 引脚由高电平变为低电平，经过 8 个 CLOCK 时钟，转换结束，转换得到的数字量送到 8 位三态锁存缓冲器，同时 EOC 引脚回到高电平。

当 OE 信号输入高电平时,保存在 8 位三态锁存缓冲器中转换结果可通过数据线 D0~D7 送出。

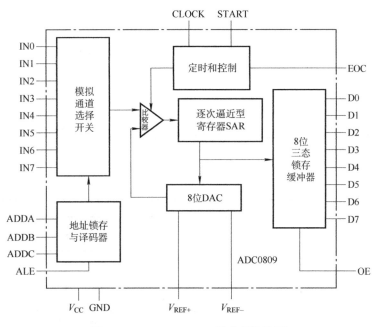

图 11-9　ADC0808/0809 的内部结构图

217

3. ADC0808/0809 的引脚

ADC0808/0809 芯片有 28 条引脚,采用双列直插式封装,如图 11-10 所示。

各引脚信号线的功能如下:

IN0~IN7:8 路模拟量输入端。

D0~D7:8 位数字量输出端。

ADDA、ADDB、ADDC:3 位地址输入线,用于选择 8 路模拟通道中的一路,选择情况见表 11-1。

ALE:地址锁存允许信号,输入,高电平有效。当 ALE 为高电平,3 位地址输入端的地址锁存到内部的地址锁存器,译码后选中通道。

START:A/D 转换启动信号,输入,高电平有效。当 START 由低到高,内部逐次逼近型寄存器复位,当 START 由高到低,启动转换。

EOC:A/D 转换结束信号,输出。启动转换,该引脚输出低电平;转换结束,该引脚输出高电平。由于 ADC0808/0809 为 8 位逐次逼近型 A/D 转换器,从启动转换到转换结束的时间固定为 8 个 CLK 时钟,因此,EOC 信号的低电平宽度也固定为 8 个 CLK 时钟。

OE:数据输出允许信号,输入,高电平有效。

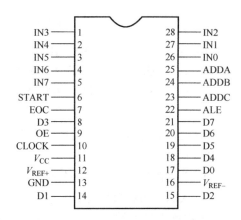

图 11-10　ADC0808/0809 的引脚图

表 11-1　ADC0808/0809 通道地址选择表

ADDC	ADDB	ADDA	选择通道
0	0	0	IN0
0	0	1	IN1
0	1	0	IN2
0	1	1	IN3
1	0	0	IN4
1	0	1	IN5
1	1	0	IN6
1	1	1	IN7

转换结束后，如果从该引脚输入高电平，则打开输出三态门，输出锁存器的数据从 D0～D7 送出。

CLK：时钟脉冲输入端。要求时钟频率不高于 640kHz。

V_{REF+}、V_{REF-}：基准电压输入端。在多数情况下，V_{REF+}接+5V，V_{REF-}接 GND。

V_{CC}：电源，接+5V 电源。

GND：地。

4．ADC0808/0809 的工作流程

ADC0808/0809 使用时，ALE 信号和 START 信号经常连在一起使用，由低到高地址锁存，由高到低启动转换。工作流程如图 11-11 所示。

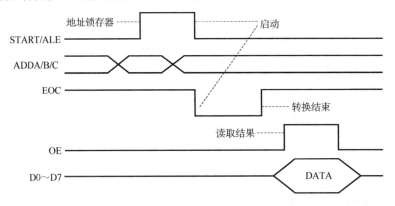

图 11-11　ADC0808/0809 的工作流程图

1）输入 3 位地址，并使 ALE=1，将地址存入地址锁存器中，经地址译码器译码从 8 路模拟通道中选通一路模拟量送到比较器。

2）送 START 一高脉冲，START 的上升沿使逐次逼近寄存器复位，下降沿启动 A/D 转换，并使 EOC 信号为低电平。

3）当转换结束时，转换的结果送入到三态锁存缓冲器，并使 EOC 信号回到高电平，通知 CPU 已转换结束。

4）当 CPU 执行一读数据指令，使 OE 为高电平，则从输出端 D0～D7 读出数据。

5．ADC0808/0809 的工作方式

根据读入转换结果的处理方法，ADC0808/0809 的使用可分为 3 种方式。不同方式下 ADC0808/0809 与单片机的连接略有不同。

1）延时方式：连接时 EOC 悬空，启动转换后延时 100μs，跳过转换时间后再读入转换结果。

2）查询方式：EOC 接单片机并口线，启动转换后，查询单片机并口线，如果变为高电平，说明转换结束，则读入转换结果。

3）中断方式：EOC 经非门接单片机的中断请求端，将转换结束信号作为中断请求信号向单片机提出中断请求，中断后执行中断服务程序，在中断服务中读入转换结果。

11.2.3　ADC0808/0809 与 51 系列单片机的接口

图 11-12 所示是 Proteus 中 ADC0808 与 8051 的一种接口电路图。

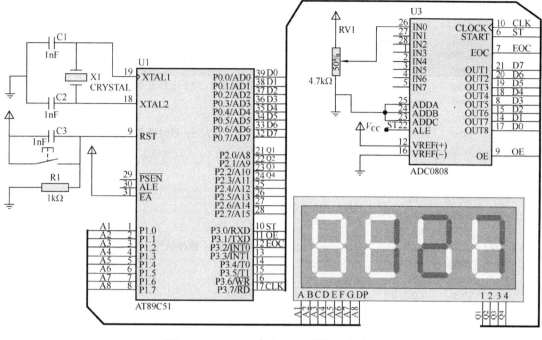

图 11-12　ADC0808 与 8051 的接口电路图

图中，ADC0808 的数据线 D0～D7 与 8051 的 P0 对应相连。地址线 ADDA、ADDB、ADDC 接地，直接选中 0 通道。锁存信号 ALE 和启动信号 START 连接在一起接 8051 的 P3.0。输出允许信号 OE 接 8051 的 P3.1。转换结束信号 EOC 接 8051 的 P3.2，通过查询方式检测是否转换结束。时钟信号 CLOCK 接 8051 的 P3.7，由 8051 的定时器/计数器 0 工作于方式 2 定时，定时时间为 10μs，时间到后对 P3.7 取反，产生 50kHz 周期性信号。基准电压正端 V_{REF+} 接+5V 电源，负端 V_{REF-} 接地。在输入通道 IN0 接模拟量，通过滑动变阻器（POP-HT）输入，最大值为+5V，对应数字量为 255，最小值为 0，对应数字量为 0。为了显示转换得到的数字量，在 8051 单片机的 P1 口和 P2 口接了 4 个共阳极数码管（7SEG-MPX4-CA），采用动态方式显示，P1 口输出字段码，P2 口的低 4 位输出位选码，数码管通过固定定时方式显示，由 8051 定时器/计数器 1 产生 20ms 的周期性定时，定时时间到后对 4 个数码管依次显示一次。

1）汇编语言程序：

```
;设系统时钟频率12MHz,转换结果的数字量放于片内RAM的30H单元,拆分的百位放在片内RAM的
;33H单元,拆分的十位放在片内RAM的34H单元,拆分的个位放在片内RAM的35H单元。显示时
;百位、十位和个位显示在右边3个数码管上。P1口为字段码口,P2口为位选码口
    GETDATA EQU   30H        ;存放ADC0808数据输出值
    ST    BIT P3.0
    OE    BIT P3.1
    EOC   BIT P3.2
    CLK   BIT P3.7


    ORG   0000H
    LJMP  MAIN


    ORG   000BH
```

```
            CPL    CLK                      ;T0 中断,产生转换时钟
            RETI
            ORG    001BH
            LJMP   T1X                      ;T1 中断,数码管显示
            ORG    0030H
     MAIN:  MOV    TMOD,#12H                ;T0 工作在模式 2，T1 工作在模式 1
            MOV    TH0,#246
            MOV    TL0,#246
            MOV    TH1,#(65536-20000)/256       ;20ms 延时赋初值
            MOV    TL1,#(65536-20000)MOD 256
            SETB   ET0
            SETB   ET1
            SETB   TR0
            SETB   TR1
            SETB   EA
     LOOP:  CLR    ST                       ;产生启动转换的正脉冲信号
            SETB   ST
            CLR    ST
            JNB    EOC,$                     ;等待转换结束
            SETB   OE                        ;允许输出
            MOV    GETDATA,P0                ;暂存转换结果
            CLR    OE                        ;关闭输出
            MOV    A,GETDATA                 ;将转换结果转换为十进制数
            MOV    B,#100
            DIV    AB
            MOV    33H,A                     ;存放百位上的数
            MOV    A,B                       ;除以 100 后的余数
            MOV    B,#10
            DIV    AB
            MOV    34H,A                     ;十位上的数
            MOV    35H,B                     ;个位上的数
            LJMP   LOOP

     T1X:   MOV    TH1,#(65536-20000)/256        ;20ms 延时赋值
            MOV    TL1,#(65536-20000) MOD 256
            MOV    DPTR,#TAB
            MOV    P2,#08H                   ;选中右边第一个 LED
            MOV    A,35H                     ;个位上的数
            MOVC   A,@A+DPTR
            MOV    P1,A
            LCALL  DELAY
            MOV    P2,#04H                   ;选中右边第二个 LED
            MOV    A,34H                     ;十位上的数
            MOVC   A,@A+DPTR
            MOV    P1,A
            LCALL  DELAY
            MOV    P2,#02H                   ;选中右边第三个 LED
            MOV    A,33H                     ;百位上的数
            MOVC   A,@A+DPTR
            MOV    P1,A
            LCALL  DELAY
```

220

```
          RETI
TAB:   DB    0C0H,0F9H,0A4H,0B0H,99H,92H,82H,0F8H,80H,90H   ;0～9共阳极字段码
DELAY: MOV   R7,#255
       DJNZ  R7,$
       RET
       END
```

2）C 语言程序：

```c
//设系统时钟频率 12MHz,P1 口为字段码口, P2 口为位选码口
#include <reg51.H>
#define  uchar  unsigned char
uchar code dispcode[4]={0x08,0x04,0x02,0x00};         //LED 显示的控制代码
uchar code codevalue[10]={0xC0,0xF9,0xA4,0xB0,0x99,0x92,
0x82,0xF8,0x80,0x90};                //0～9 共阳极字段码
uchar temp;                          //存储 ADC0808 转换后处理过程中的临时数值
uchar dispbuf[4];                    //存储十进制值
sbit ST=P3^0;
sbit OE=P3^1;
sbit EOC=P3^2;
sbit CLK=P3^7;
uchar count;                         //LED 显示位控制
uchar getdata;                       //ADC0808 转换后的数值

void delay(uchar m)                  //延时
  { while(m--)
    {}
  }

void main(void)
{
  ET0=1;
  ET1=1;
  EA=1;
  TMOD=0x12;                         //T0 工作在模式 2，T1 工作在模式 1
  TH0=246;
  TL0=246;
  TH1=(65536-20000)/256;
  TL1=(65536-20000)%256;
  TR1=1;
  TR0=1;
  while(1)
  { ST=0;
    ST=1;                            //产生启动转换的正脉冲信号
    ST=0;
    while(EOC==0)   {;}              //等待转换结束
    OE=1;
    getdata=P0;
    OE=0;
    temp=getdata;                    //暂存转换结果
/*将转换结果转换为十进制数*/
```

```
        dispbuf[2]=getdata/100;
        temp=temp-dispbuf[2]*100;
        dispbuf[1]=temp/10;
        temp=temp-dispbuf[1]*10;
        dispbuf[0]=temp;
    }
}

void T0X(void)interrupt 1          //T0 中断,产生转换时钟
{
    CLK=~CLK;
}

void T1X(void) interrupt 3         //T1 中断,数码管显示
{
    TH1=(65536-20000)/256;
    TL1=(65536-20000)%256;
    for(count=0;count<=3;count++)
    {
      P2=dispcode[count];
      P1=codevalue[dispbuf[count]]; //输出字段码
      delay(255);
    }
}
```

思考题与习题

11-1　简述 D/A 转换器的主要性能指标。

11-2　简述 A/D 转换器的类型及原理。

11-3　简述 A/D 转换器的主要性能指标。

11-4　简述 DAC0832 的基本组成。

11-5　DAC0832 有几种工作方式？这几种方式是如何实现的？

11-6　简述逐次逼近型 A/D 转换器的工作原理。

11-7　简述双重积分型 A/D 转换器的工作原理。

11-8　简述 ADC0808/0809 的工作过程。

11-9　简述 ADC0808/0809 的工作方式。

11-10　利用 DAC0832 芯片，采用单缓冲方式，产生梯形波，用汇编语言编程实现。

11-11　利用 DAC0832 芯片，采用单缓冲方式，产生梯形波，用 C 语言编程实现。

11-12　参照书上图 11-12 的电路，修改程序，把显示内容改成 0.00～5.00 的电压值。用汇编语言编程实现。

11-13　参照书上图 11-12 的电路，修改程序，把显示内容改成 0.00～5.00 的电压值。用 C 语言编程实现。

第12章 51系列单片机应用系统设计

导读

基本内容：前面章节已经介绍了单片机的基本组成、功能及扩展电路，单片机的软、硬件资源的组织和使用。除此之外，一个实际的单片机应用系统设计还涉及很多复杂的内容与问题，比如最优方案的选择，软件、硬件设计与配合等。本章先介绍单片机应用系统的开发过程，再用 2 个实用例子来进行具体说明，包括：单片机应用系统的开发过程，电子时钟设计、数显温度计的设计。

学习要点：了解单片机应用系统的开发过程，掌握单片机电子时钟和单片机数显温度计的设计方法。

12.1 单片机应用系统开发过程

单片机应用系统由硬件系统和软件系统两部分组成。硬件系统是指单片机以及扩展的存储器、I/O 接口、外围扩展的功能芯片以及其接口电路。软件系统包括监控程序和各种应用程序。

12.1.1 单片机应用系统开发的基本过程

开发一个单片机应用系统，一般可分为以下几个步骤：

1. 明确系统的任务和功能要求

开发设计一个单片机应用系统，首先要明确具体任务是什么，要达到什么样的功能要求。不同的任务，具体的功能要求也不一样。系统的任务和功能要求一般由开发系统的投资方提出，开发设计人员认可。如开发一套单片机路灯控制系统，首先要明确功能要求，例如：定时开灯、关灯，根据季节的变儿改变开灯和关灯的时间，故障路灯的状态信息及时反馈，某些路灯的单独控制以及成本信息等。目标任务和功能要求应尽可能清晰、完善。有些目标任务在开始设计时并不是非常清楚、完善，随着系统的研制开发、现场的应用以及市场的改变可能会不断更新和变化，设计方案要尽可能适应这些变化。

2. 系统的总体方案设计

根据系统的功能技术指标要求，确定系统的总体设计方案。系统的总体设计方案包括系统总体设计思想、方案选择、单片机的选择、关键器件的选型、硬件/软件功能的划分以及总体设计方案的确定等。在此阶段要对元器件市场情况有所了解。

在设计总体方案时要综合考虑硬件与软件，硬件选择上要能满足精度要求，软件采用合适的数学模型和算法。硬件、软件功能在一定程度上具有互换性，即有些硬件电路的功能可用软件实现，反之亦然。具体如何选择，要根据具体功能要求、设计难易程度及整个系统的性价比，加以综合平衡后确定。一般而言，使用硬件完成速度较快，精度高，可节省 CPU 的时间，但价格相对昂贵。用软件实现则相对经济，但占用 CPU 较多的时间，精度相对低。一般的原则是：在 CPU 时间允许的情况下，尽量采用软件。

3．系统详细设计

系统总体方案确定后，就可以进行详细的硬件系统设计和软件系统设计。硬件系统设计主要包括具体芯片的选择、单片机小系统设计和外围相应接口电路设计；软件系统设计主要包含资源分配、模块划分、模块设计与主程序设计，设计时要画出主要模块的流程图，最后给出所有软件程序。

4．系统仿真与制作

系统详细设计后，系统设计正确与否，我们可以先进行软/硬件仿真，现在单片机软硬件仿真系统和工具有很多，软件仿真工具有 Keil C51 等，硬件仿真工具有 Proteus 等。另外，很多单片机系统开发公司都提供自己的仿真和开发工具。仿真完成后就可以进行具体实物制作。实物设计后，就可以用实物进行系统调试与修改。

5．系统调试与修改

系统调试是检测所设计系统的正确性与可靠性的必要过程。单片机应用系统设计是一个相当复杂的劳动过程，在设计、制作中，难免存在一些局部性的问题或错误。系统调试可发现存在的问题和错误，以便及时地进行修改。调试与修改的过程可能要反复多次，最终使系统试运行成功，并达到设计要求。

6．生成正式系统或产品

系统硬件、软件调试通过后，就可以把调试完毕的软件固化在 EPROM 中，然后脱机（脱离开发系统）运行。如果脱机运行正常，再在真实环境或模拟真实环境下运行，经反复运行测试正常，开发过程即告结束。这时的系统只能作为样机系统，给样机系统加上外壳、面板，再配上完整的文档资料，即可生成正式的系统（或产品）。

12.1.2　单片机应用系统的硬件系统设计

单片机应用系统的硬件系统设计是指通过单片机芯片、扩展电路、外围功能芯片以及其接口电路组成相应的具体硬件电路。单片机应用系统的硬件系统设计包括 3 个部分内容：单片机芯片及主要器件的选择、单片机系统扩展及配置和其他电路设计。

1．单片机芯片及主要器件的选择

单片机系统的设计是以单片机为核心的，合理选择单片机芯片可以使设计更加方便、简洁和经济。现在生产 51 系列单片机芯片的厂家有很多，不同厂家的芯片其内部结构与功能部件各不相同，但它们的基本原理相同，指令相互兼容，选择时要根据具体情况进行。一般可根据下面几个方面进行选择：

（1）程序存储器

现在单片机系统设计时一般都选择内部带程序存储器的，这样可使系统更加简单。自带程序存储器有 ROM、EPROM、EEPROM、FlashROM 或 OTPROM 等类型，容量有 2KB、4KB、8KB、16KB、32KB、64KB 等。通常的做法是在软件开发过程中采用 EEPROM 或 FlashROM 型芯片，而最终产品采用 OTPROM 型芯片（一次性可编程 EPROM 芯片），这样可以提高系统开发的效率，又可以提高产品的性价比。

（2）数据存储器

单片机片内带 128B 或 256B 数据存储器，在一般数据处理时够用，系统不用再扩展片外数据存储器，这样系统比较简单。如果是大批量数据处理，集成片内数据存储器不够用，这时只有通过随机存储器芯片扩展片外数据存储器。

（3）集成的外部设备

现在很多生产单片机的厂家都在基本系统的基础上又集成了相应的外部设备，比如在片内集成看门狗电路 WOT、PWM 发射器、串行 EEPROM、A/D 接口、D/A 接口、比较器等，提供 UART、I²C、SPI、CAN 等通信协议的串行接口。集成的外部设备不同，芯片的功能和价格也不一样，可通过具体使用情况进行选择。

（4）并行 I/O 接口

在单片机应用系统中，外部设备通常是通过并行 I/O 接口来实现连接的，单片机带的并行 I/O 口越多，可扩展的外部设备就越多，也就越方便。但单片机芯片的引脚数目增多必然使得芯片面积增大，最后单片机系统的体积增大。选择时一般在够用的情况下有一定的余量即可。

（5）系统速度匹配

51 系列单片机时钟频率在 2~24MHz 之间。在不影响系统性能的前提下，时钟频率选择低一点较好，这样可提高系统中对元器件工作速度的要求，提高系统的可靠性。

在单片机应用系统中，除了单片机芯片外，还涉及一些主要器件，比如电子时钟系统中的实时时钟芯片、温度控制系统中的温度传感器芯片、无线数据收发系统中的无线数据收发模块、显示系统中的显示模块等。这些功能模块现在有很多，同种功能的模块也有很多公司生产，不同公司的产品内部结构不同，使用方法也不一样。在使用时根据具体情况进行选择。

2．系统扩展及配置

单片机系统扩展是指单片机内部的功能单元（如程序存储器、数据存储器、I/O 口、定时器/计数器、中断系统等）的容量不能满足应用系统的要求时，必须在片外进行扩展，这时应选择适当的芯片，设计相应的扩展连接电路。系统配置是按照系统功能要求来配置外部设备，如键盘、显示器、打印机、A/D 转换器、D/A 转换器等，并设计相应的接口电路。

系统扩展和配置设计时应遵循的原则如下：

1）尽可能选择典型通用的电路，并符合单片机的常规用法。为硬件系统的标准化、模块化奠定良好的基础。

2）系统的扩展与外部设备配置的水平应充分满足应用系统当前的功能要求，并留有适当余地，便于以后进行功能的扩充。

3）硬件结构应结合应用软件方案一并考虑。硬件结构与软件方案会产生相互影响，考虑的原则是：软件能实现的功能尽可能由软件实现，即尽可能地用软件代替硬件，以简化硬件结构，降低成本，提高可靠性。但必须注意的是，由软件实现的硬件功能，其响应时间比直接用硬件要长。因此，某些功能选择以软件代硬件实现时，应综合考虑系统响应速度、实时要求等相关的技术指标。

4）整个系统中相关的器件要尽可能做到性能匹配。例如，选用晶振频率较高时，存储器的存取时间就短，应选择存取速度较快的芯片；选择 CMOS 芯片单片机构成低功耗系统时，系统中的所有芯片都应该选择低功耗产品。如果系统中相关的器件性能差异很大，系统综合性能将降低，甚至不能正常工作。

5）可靠性及抗干扰设计是硬件设计中不可忽视的一部分，它包括芯片、器件选择、去耦滤波、印制电路板布线、通道隔离等。如果设计中只注重功能实现，而忽视可靠性及抗干扰设计，到头来只能是事倍功半，甚至会造成系统崩溃，前功尽弃。

6）单片机外接电路较多时，必须考虑其驱动能力。驱动能力不足时，系统工作会不可靠。解决的办法是增加驱动能力，增强总线驱动器或者减少芯片功耗，降低总线负载。

3．其他电路设计

除了设计前面介绍的电路外，一般还有下面的几个部分：

（1）译码电路

外部扩展电路比较多时，就需要设计译码电路。译码电路要尽可能简单，这就要求存储空间分配合理，译码方式选择得当。

考虑到修改方便与保密性，译码电路除了可以使用常规的门电路、译码器实现外，还可以利用只读存储器与可编程门阵列来实现。

（2）总线驱动器

如果单片机外部扩展的器件较多，负载过重，就要考虑设计总线驱动器。比如，51 系列单片机的 P0 口负载能力为 8 个 TTL 芯片，P2 口负载能力为 4 个 TTL 芯片，如果 P0、P2 口实际连接的芯片数目超出上述定额，就必须在 P0、P2 口增加总线驱动器来提高它们的驱动能力。P0 口应使用双向数据总线驱动器（如 74LS245），P2 口可使用单向总线驱动器（如 74LS244）。

（3）抗干扰电路

针对可能出现的各种干扰，应设计抗干扰电路。在单片机应用系统中，一个不可缺少的抗干扰电路就是抗电源干扰电路。最简单的实现方法是在系统弱电部分（以单片机为核心）的电源入口对地跨接 1 个大电容（100μF 左右）与一个小电容（0.1μF 左右），在系统内部芯片的电源端对地跨接 1 个小电容（0.01～0.1μF）。

另外，可以采用隔离放大器、光电隔离器件，抗共地干扰，采用差分放大器抗共模干扰，采用平滑滤波器抗白噪声干扰，采用屏蔽手段抗辐射干扰等。

12.1.3　单片机应用系统的软件系统设计

整个单片机应用系统是一个整体。在进行应用系统总体设计时，软件设计和硬件设计应统一考虑，相结合进行。软、硬件功能可以在一定范围内变化。一些硬件电路的功能可以由软件来实现，反之亦然。在应用系统设计中，系统的软、硬件功能划分要根据系统的要求而定。若要提高速度，减少存储容量和软件研制的工作量，则多用硬件来实现；若要提高灵活性和适应性，节省硬件开支，则多用软件来实现。系统的硬件电路设计定型后，软件的功能也就基本明确了。

一个应用系统中的软件一般是由系统监控程序和应用程序两部分构成的。其中，应用程序是用来完成如测量、计算、显示、打印、输出控制等各种实质性功能的软件；系统监控程序是控制单片机系统按预定操作方式运行的程序，它负责组织调度各应用程序模块，完成系统自检、初始化，处理键盘命令、处理接口命令、处理条件触发和显示等功能。

设计软件时，应根据系统软件功能的要求，将软件分成若干个相对独立的部分，并根据它们之间的联系和时间上的关系，设计出软件的总体结构，画出程序流程图。画流程图时还要对系统资源做具体的分配和说明。根据系统特点和用户的情况选择编程语言，现在一般采用汇编语言或 C 语言。用汇编语言编写程序对硬件操作很方便，编写的程序代码短，以前单片机应用系统软件主要用汇编语言来编写；C 语言功能丰富，表达能力强，使用灵活方便，应用面广，目标程序效率高，可移植性好，现在单片机应用系统很多都用 C 语言来进行开发和设计。

1. 软件设计的特点

应用系统中的软件是根据系统功能设计的，应可靠地实现系统的各种功能。应用系统种类繁多，应用软件各不相同，但是一个优秀的应用系统软件应具有以下特点：

1）软件结构清晰、简捷、流程合理。

2）各功能程序实现模块化、系统化。这样，既便于调试、连接，又便于移植、修改和维护。

3）程序存储区、数据存储区规划合理，既能节约存储容量，又能给程序设计与操作带来方便。

4）运行状态实现标志化管理。各个功能程序运行状态、运行结果以及运行需求都设置了状态标志以便查询，程序的转移、运行、控制都可通过状态标志来控制。

5）经过调试修改后的程序应进行规范化，除去修改"痕迹"。规范化的程序便于交流、借鉴，也为以后的软件模块化、标准化打下基础。

6）实现全面软件抗干扰设计。软件抗干扰是计算机应用系统提高可靠性的有力措施。

7）为了提高运行的可靠性，在应用软件中应设置自诊断程序，在系统运行前先运行自诊断程序，用以检查系统各特征参数是否正常。

2. 资源分配

合理的分配资源对软件的正确编写起着很重要的作用。一个单片机应用系统的资源主要分为片内资源和片外资源。片内资源是指单片机内部的中央处理器、程序存储器、数据存储器、定时器/计数器、中断、串行口、并行口等。不同的单片机芯片，内部资源的情况各不相同，在设计时就要充分利用内部资源。当内部资源不够用时，就需要有片外扩展。

在这些资源分配中，定时器/计数器、中断、串行口等分配比较容易，这里介绍程序存储器和数据存储器的分配。

（1）程序存储器（ROM/EPROM）资源的分配

程序存储器（ROM/EPROM）用于存放程序和数据表格。按照 MCS-51 系列单片机的复位及中断入口的规定，002FH 以前的地址单元作为中断、复位入口地址区。在这些单元中一般都设置了转移指令，用于转移到相应的中断服务程序或复位启动程序。当程序存储器中存放的功能程序及子程序数量较多时，应尽可能为它们设置入口地址表。一般的常数、表格集中设置在表格区。二次开发、扩展部分应尽可能放在高位地址区。

（2）数据存储器（RAM）资源的分配

RAM 分为片内 RAM 和片外 RAM。片外 RAM 的容量比较大，通常用来存放大批量的数据，如采样结果数据；片内 RAM 容量较少，应尽量重叠使用，如数据暂存区与显示、打印缓冲区重叠。

对于 51 系列单片机来说，片内 RAM 是指 00H～7FH 的单元，这 128 个单元的功能并不

227

完全相同，分配时应注意发挥各自的特点，做到物尽其用。

00H～1FH 这 32 个字节可以作为工作寄存器组，在工作寄存器的 8 个单元中，R0 和 R1 具有指针功能，是编程的重要角色，应充分发挥其作用。系统上电复位时，PSW 等于 00H，当前工作寄存器选择组 0，而工作寄存器组 1 为堆栈，并向工作寄存器组 2、3 延伸。若在中断服务程序中，也要使用 R1 寄存器且不将原来的数据冲掉，则可在主程序中先将堆栈空间设置在其他位置，然后在进入中断服务器程序后选择工作寄存器组 1、2 或 3，这时若再执行如 "MOV R1,#00H" 指令时，就不会冲掉主程序 R1（01H 单元）中原来的内容，因为中断服务程序中 R1 的地址已改变为 09H、11H 或 19H。在中断服务程序结束时，可重新选择工作寄存器组 0。因此，通常可在应用程序中，安排主程序及调用的子程序来使用工作寄存器组 0，而安排定时器/计数器溢出中断、外部中断、串行口中断来使用工作寄存器组 1、2 或 3。

12.2 单片机电子时钟的设计

在日常生活中，电子时钟与我们密切相关，在很多地方都会用到电子时钟。除了专用的时钟、计时显示牌外，许多应用系统常常也带有实时时钟显示，如各种智能化仪器仪表、工业过程控制系统以及家用电器等。

12.2.1 功能要求

本设计中电子时钟的主要功能为：

1）自动计时功能。

2）能显示计时时间，显示效果良好。

3）有校时功能，能对时间进行校准。

扩展功能（用户自己添加）：

1）具有整点报时功能，在整点时使用蜂鸣器进行报时。

2）具有定时闹钟功能，能设定定时闹钟，在时间到时能使蜂鸣器鸣叫。

12.2.2 总体方案设计

单片机电子时钟方案选择主要涉及两个方面：计时方案和显示方案。

1. 计时方案

单片机电子时钟计时有两种方法：第一种是通过单片机内部的定时器/计数器，采用软件编程来实现时钟计时，采用这种方法实现的时钟一般称为软时钟。采用这种方法的硬件线路简单，系统的功能一般与软件设计相关，通常用在对时间精度要求不高的场合；第二种是采用专用的硬件时钟芯片计时，采用这种方法实现的时钟一般称为硬时钟。专用的时钟芯片功能比较强大，除了自动实现基本计时外，一般还具有日历和闰年补偿等功能。采用这种方法，计时准确，软件编程简单，但硬件成本相对较高，通常用在对时钟精度要求较高的场合。

2. 显示方案

对于电子时钟而言，显示是另一个重要的环节。显示通常采用两种方式：LED 数码管显示和 LCD 液晶显示。其中，LED 数码管显示亮度高，显示内容清晰，根据具体的连接方式可分为静态显示和动态显示,在有多个数码管时一般采用动态显示。动态显示时需要占用 CPU

的大量时间来执行动态显示程序，显示效果往往和显示程序的执行相关。LCD 液晶显示一般能显示的信息较多，显示效果好，而且液晶显示器一般都带控制器，显示过程由自带的控制器控制，不需要 CPU 参与，但液晶显示器的造价相对较高。

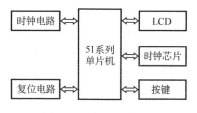

比较计时和显示方案，根据系统要求，定时选择硬件定时，显示选择 LCD 液晶显示。总体设计框图如图 12-1 所示。

图 12-1　总体设计框图

12.2.3　主要器件介绍

根据系统设计方案，该系统主要器件有 3 个：51 系列单片机、时钟芯片和 LCD 模块芯片。51 系列单片机选择价格便宜、市场容易购买的 AT89C52，LCD 选择 LCD1602，时钟芯片选择 DS1302。AT89C52 是 52 子系列单片机，集成 8KB 内部程序存储器，内部结构和 8051 相同，不再介绍；LCD1602 在第 10 章也已经介绍过，这里只介绍时钟芯片 DS1302。

1. DS1302 简介

DS1302 是 DALLAS 公司推出的高性能低功耗涓流充电时钟芯片，内含有一个实时时钟/日历寄存器和 31B 静态 RAM，实时时钟/日历寄存器能提供 2100 年之前的秒、分、时、日、日期、月、年等信息，每月的天数和闰年的天数可自动调整，时钟操作可通过 AM/PM 指示决定采用 24 小时或 12 小时格式。内部 31B 静态 RAM 可提供用户访问。对实时时钟/日历寄存器、RAM 的读/写，可以采用单字节方式或多达 31 个字节的字符组方式；工作电压范围为 2.0～5.5V；与 TTL 兼容，V_{CC}=5V；温度范围宽，可在–40～+85℃正常工作；采用主电源和备份电源双电源供电，备份电源可由电池或大容量电容实现；功耗很低，保持数据和时钟信息时功率小于 1mW。

2. DS1302 引脚功能

DS1302 可采用 8 脚 DIP 封装或 SOIC 封装。引脚图如图 12-2 所示。引脚功能如下：

X1、X2：32.768kHz 晶振接入引脚。

GND：地。

$\overline{\text{RST}}$：复位引脚，低电平有效。

I/O：数据输入/输出引脚，具有三态功能。

SCLK：串行时钟输入引脚。

V_{CC1}：电源 1 引脚。

V_{CC2}：电源 2 引脚。

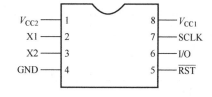

图 12-2　DS1302 的引脚图

在单电源与电池供电的系统中，V_{CC1} 提供低电源并提供低功率的备用电源。双电源系统中，V_{CC2} 提供主电源，V_{CC1} 提供备用电源，以便在没有主电源时能保存时间信息以及数据，DS1302 由 V_{CC1} 和 V_{CC2} 两者中较大的供电。DS1302 与单片机之间能简单地采用同步串行的方式进行通信，通信只需 RST（复位线）、I/O（数据线）和 SCLK（串行时钟）这 3 根信号线 。

3. DS1302 的日历/时钟寄存器及片内 RAM

DS1302 有一个控制寄存器、12 个寄存器和 31 个 RAM。

（1）控制寄存器

控制寄存器用于存放 DS1302 的控制命令字，DS1302 的 $\overline{\text{RST}}$ 引脚回到高电平后写入的第一个字就是控制命令。它用于对 DS1302 读/写过程进行控制。它的格式如图 12-3 所示。

D7	D6	D5	D4	D3	D2	D1	D0
1	RAM/$\overline{CK}$	A4	A3	A2	A1	A0	RD/$\overline{W}$

图 12-3 控制寄存器的格式

各项功能说明如下：

D7：固定为 1。

D6：RAM/$\overline{CK}$ 位，片内 RAM 或日历/时钟寄存器选择位，当 RAM/$\overline{CK}$ =1 时，对片内 RAM 进行读/写，当 RAM/$\overline{CK}$ =0 时，对日历/时钟寄存器进行读/写。

D5～D1：地址位，用于选择进行读/写的日历/时钟寄存器或片内 RAM。对日历/时钟寄存器或片内 RAM 的选择见表 12-1。

D0：读/写位。当 RD/$\overline{W}$ =1 时，对日历/时钟寄存器或片内 RAM 进行读操作；当 RD/$\overline{W}$ =0 时，对日历/时钟寄存器或片内 RAM 进行写操作。

表 12-1 日历/时钟寄存器的选择

寄存器名称	D7	D6	D5	D4	D3	D2	D1	D0
	1	RAM/$\overline{CK}$	A4	A3	A2	A1	A0	RD/$\overline{W}$
秒寄存器	1	0	0	0	0	0	0	0 或 1
分寄存器	1	0	0	0	0	0	1	0 或 1
小时寄存器	1	0	0	0	0	1	0	0 或 1
日寄存器	1	0	0	0	0	1	1	0 或 1
月寄存器	1	0	0	0	1	0	0	0 或 1
星期寄存器	1	0	0	0	1	0	1	0 或 1
年寄存器	1	0	0	0	1	1	0	0 或 1
写保护寄存器	1	0	0	0	1	1	1	0 或 1
消流充电寄存器	1	0	0	1	0	0	0	0 或 1
时钟突发模式	1	0	1	1	1	1	1	0 或 1
RAM0	1	1	0	0	0	0	0	0 或 1
⋮	1	1	⋮	⋮	⋮	⋮	⋮	0 或 1
RAM30	1	1	1	1	1	1	0	0 或 1
RAM 突发模式	1	1	1	1	1	1	1	0 或 1

（2）日历/时钟寄存器

DS1302 的日历/时钟寄存器的格式见表 12-2。

说明：

1）数据都以 BCD 码形式表示。

2）小时寄存器的 D7 位为 12 小时制/24 小时制的选择位，为 1 时为 12 小时制，为 0 时为 24 小时制。当为 12 小时制，D5 位为 1 是上午，D5 位为 0 是下午，D4 位为小时的十位。当为 24 小时制时，D5、D4 位为小时的十位。

3）秒寄存器中的 CH 位为时钟暂停位，为 1 时，时钟暂停，为 0 时，时钟开始启动。

表 12-2　日历/时钟寄存器的格式

寄存器名称	取值范围	D7	D6	D5	D4	D3	D2	D1	D0
秒寄存器	00~59	CH	秒的十位			秒的个位			
分寄存器	00~59	0	分的十位			分的个位			
小时寄存器	01~12 或 00~23	12/24	0	A/P	HR	小时的个位			
日寄存器	01~31	0	0	日的十位		日的个位			
月寄存器	01~12	0	0	0	1 或 0	月的个位			
星期寄存器	01~07	0	0	0	0	星期几			
年寄存器	01~99	年的十位				年的个位			
写保护寄存器		WP	0	0	0	0	0	0	0
涓流充电寄存器		TCS	TCS	TCS	TCS	DS	DS	RS	RS
时钟突发寄存器									

4）写保护寄存器中的 WP 为写保护位，当 WP=1 时，写保护，当 WP=0 时，未写保护，当对日历/时钟寄存器或片内 RAM 进行写时，WP 应清零，当对日历/时钟寄存器或片内 RAM 进行读时，WP 一般置 1。

5）涓流充电寄存器的 TCS 位控制涓流充电特性，当它为 1010 时才能使涓流充电器工作。DS 为二极管选择位。DS 为 01 选择一个二极管，DS 为 10 选择两个二极管，DS 为 11 或 00 充电器被禁止，与 TCS 无关。RS 用于选择连接在 V_{CC2} 与 V_{CC1} 之间的电阻，RS 为 00，充电器被禁止，与 TCS 无关，电阻选择情况见表 12-3。

表 12-3　RS 对电阻的选择情况表

RS 位	电阻器	阻值
00	无	无
01	R1	2kΩ
10	R2	4kΩ
11	R3	8kΩ

6）日历/时钟寄存器的操作有单字节和多字节两种方式。当表 12-1 中的控制命令字是 80H~92H 时为单字节方式，奇数为读操作，偶数为写操作。当控制命令字是 0BEH 和 0BFH 时为多字节方式（时钟突发模式），一次可以连续读/写 8 个寄存器（涓流充电寄存器除外）。0BEH 为写操作，0BFH 为读操作。

（3）片内 RAM

DS1302 片内有 31 个 RAM 单元，对片内 RAM 的操作也有单字节和多字节两种方式。当表 12-1 中的控制命令字是 C0H~FDH 时为单字节读写方式，命令字中的 D5~D1 位用于选择对应的 RAM 单元，其中奇数为读操作，偶数为写操作。当控制命令字为 FEH、FFH 时为多字节方式（RAM 突发模式），可一次连续读/写 31 个 RAM 字节单元的内容。0FEH 为写操作，0FFH 为读操作。

（4）DS1302 的输入/输出过程

DS1302 通过 $\overline{RST}$ 引脚驱动输入/输出过程。当置 $\overline{RST}$ 高电平启动输入/输出过程，在 SCLK 时钟的控制下，首先把控制命令字写入 DS1302 的控制寄存器，其次根据写入的控制命令字，

231

依次读/写内部寄存器或片内 RAM 单元的数据，根据控制命令字，可单字节读/写，也可连续地多字节读/写。当数据读/写完后，$\overline{\text{RST}}$ 变为低电平结束输入/输出过程。无论是命令字还是数据，一个字节传送时都是低位在前高位在后，每一位的读/写发生在时钟的上升沿。

4. DS1302 与 51 单片机的接口

图 12-4 所示是 DS1302 与 8051 的接口连接图。DS1302 的 X1 和 X2 接 32kHz 晶体，V_{CC2} 接主电源 V_{CC}（+5V），V_{CC1} 接备用电源（3V 的电池）。8051 与 DS1302 连接只需要 3 条线：复位线 $\overline{\text{RST}}$ 与 P1.2 相连，时钟线 SCLK 与 P1.3 相连，数据线 I/O 与 P1.4 相连。

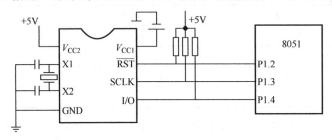

图 12-4 DS1302 与 8051 的连接图

部分读/写驱动程序如下：

1）汇编语言程序：

```
T_RST    Bit  P1.2              ;DS1302 复位线引脚
T_CLK    Bit  P1.3              ;DS1302 时钟线引脚
T_IO     Bit  P1.4              ;DS1302 数据线引脚
...
;**********************************************
;WRITE 子程序
;功能:往 DS1302 写入一字节,写入的内容在寄存器 B 中
;**********************************************
WRITE:   MOV   50h,#8           ;一个字节有 8 个位,移 8 次
INBIT1:  MOV   A,B
         RRC   A                ;通过 A 移入 CY 中
         MOV   B,A
         MOV   T_IO,C           ;移入芯片内
         SETB  T_CLK
         CLR   T_CLK
         DJNZ  50h,INBIT1
         RET
;**********************************************
;READ 子程序
;功能:从 DS1302 读出一个字节,读出的内容在累加器 A 中
;**********************************************
READ:    MOV   50h,#8           ;一个字节有 8 个位,移 8 次
OUTBIT1: MOV   C,T_IO           ;从芯片内移到 CY 中
         RRC   A                ;通过 CY 移入 A 中
         SETB  T_CLK
         CLR   T_CLK
         DJNZ  50h,OUTBIT1
         RET
```

2）C 语言程序：

```c
sbit T_RST=P1^2;                //DS1302 复位线引脚
sbit T_CLK=P1^3;                //DS1302 时钟线引脚
sbit T_IO=P1^4;                 //DS1302 数据线引脚
...

//往 DS1302 写入 1Byte 数据
void  WriteB(uchar  ucDa)
{
    uchar  i;
    ACC=ucDa;
    for(i=8;  i>0;  i--)
    {
        T_IO=ACC0;              //相当于汇编语言中的 RRC
        T_CLK=1;
        T_CLK=0;
        ACC=ACC >> 1;
    }
}
//从 DS1302 读取 1Byte 数据
uchar  ReadB(void)
{
    uchar  i;
    for(i=8;  i>0;  i--)
    {
        ACC=ACC >>1;
        ACC7=T_IO;T_CLK=1;T_CLK=0;     //相当于汇编语言中的 RRC
    }
    return(ACC);
}
//DS1302 单字节写，向指定单元写命令/数据，ucAddr 为 DS1302 地址，ucDa 为要写的命令/数据
void  v_W1302(uchar ucAddr,uchar ucDa)
{
    T_RST=0;
    T_CLK=0;
    _nop_();_nop_();
    T_RST=1;
    _nop_();_nop_();
    WriteB(ucAddr);             //地址，命令
    WriteB(ucDa);               //写 1Byte 数据
    T_CLK=1;
    T_RST=0;
}
//DS1302 单字节读，从指定地址单元读出命令/数据
uchar  uc_R1302(uchar  ucAddr)
{
    uchar ucDa=0;
    T_RST=0;T_CLK=0;

    T_RST=1;
```

233

```
    WriteB(ucAddr);              //写地址
    ucDa=ReadB();                //读 1Byte 命令/数据

    T_CLK=1;T_RST=0;
    return(ucDa);
}
```

12.2.4　硬件电路设计

具体硬件电路如图 12-5 所示，单片机采用应用广泛的 AT89C52，系统时钟采用 12MHz
的晶振，时钟芯片采用 DS1302，显示器采用 LCD1602。DS1302 的复位线 $\overline{RST}$ 与 AT89C52
单片机的 P1.2 相连，时钟线 SCLK 与 P1.3 相连，数据线 I/O 与 P1.4 相连，DS1302 的 X1 和
X2 接 32kHz 晶体，V_{CC2} 接主电源 V_{CC}，V_{CC1} 接备用电源（3V 的电池）。LCD1602 的数据线与
89C 52 的 P2 口相连，RS 与 P1.7 相连，RD/$\overline{W}$ 与 P1.6 相连，E 端与 P1.5 相连。设定 3 个开
关 S0、S1 和 S2，通过 P1 口低 3 位相连。S0 键为模式选择键，S1 为加 1 键，S2 为减 1 健。
S0 没有按下，则正常走时，S0 按第一次，则可调年，按第二次，则可调月，按第三次，则可
调日，按第四次，则可调小时，按第五次，则可调分，按第六次，则又回到正常走时。

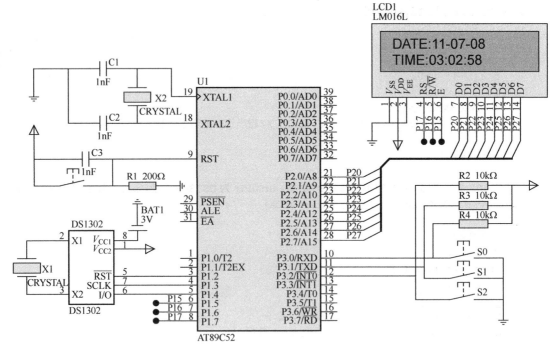

图 12-5　单片机电子时钟硬件电路图

12.2.5　软件程序设计

根据系统的功能将软件程序划分为以下几个部分：系统主程序、DS1302 驱动程序、LCD
驱动程序。在主程序中调用 DS1302 驱动程序和 LCD 驱动程序，另外在主程序中还包含按键
处理。DS1302 驱动程序和 LCD 驱动程序在前面已介绍，这里主要介绍主程序。

主程序流程图如图 12-6 所示。先是将 LCD 初始化，其次在 LCD 显示日期和时间的提示

信息，然后进入死循环，循环中先判断是否有键按下，若按下 S0 键，则功能单元加 1；若按下 S1 键，则根据功能单元的内容将日期、时间相应位加 1；若按下 S2 键，则根据功能单元的内容将日期时间相应位减 1；并把修改后的日期、时间写入 DS1302（在这个过程中注意日期、时间的数据格式的转换）。接下来读 DS1302 日历/时钟寄存器，读出的内容存入日期、时间缓冲区；最后把日期、时间缓冲区数转化为 ASCII 码放入 LCD 显示缓冲区并调用 LCD 显示程序显示。

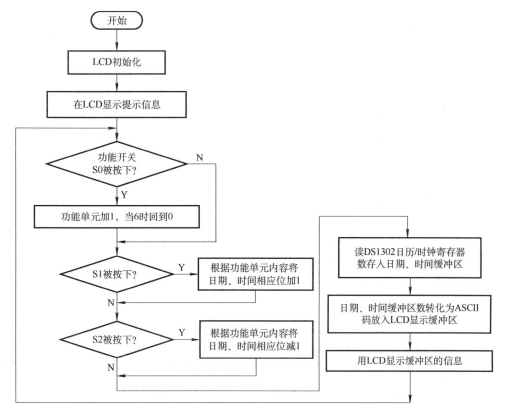

图 12-6　主程序流程图

1）汇编语言程序：

```
T_RST  Bit  P1.2        ;DS1302 复位线引脚
T_CLK  Bit  P1.3        ;DS1302 时钟线引脚
T_IO   Bit  P1.4        ;DS1302 数据线引脚
RS     BIT  P1.7        ;LCD1602 控制线定义
RW     BIT  P1.6
E      BIT  P1.5
S0     BIT  P3.0        ;定义按键
S1     BIT  P3.1
S2     BIT  P3.2
;40H～46H 存放"秒、分、时、日、月、星期、年"的初值，格式按寄存器中的格式
;30H～36H 存放 DS1302 读出的秒、分、时、日、月、星期、年的大小
;37H 单元为功能计数器
;**********************************************
       ORG      0000H
```

```
        AJMP    MAIN
        ORG     0030H
MAIN:   MOV     SP,#50H
        ACALL   INIT
        MOV     A,#80H         ;写入显示缓冲区起始地址为第1行第1列开始显示 DATE:
        ACALL   WC51R
        MOV     A,#'D'
        ACALL   WC51DDR
        MOV     A,#'A'
        ACALL   WC51DDR
        MOV     A,#'T'
        ACALL   WC51DDR
        MOV     A,#'E'
        ACALL   WC51DDR
        MOV     A,#':'
        ACALL   WC51DDR
        MOV     A,#0C0H        ;写入显示缓冲区起始地址为第2行第1列开始显示 TIME:
        ACALL   WC51R
        MOV     A,#'T'
        ACALL   WC51DDR
        MOV     A,#'I'
        ACALL   WC51DDR
        MOV     A,#'M'
        ACALL   WC51DDR
        MOV     A,#'E'
        ACALL   WC51DDR
        MOV     A,#':'
        ACALL   WC51DDR
REP:    LCALL   KEYSCAN        ;调键盘程序修改日期和时间
        LCALL   GET1302        ;读取当前日期和时间到40H～46H
        MOV     R0,#40H        ;40H～46H 日期和时间格式转换成日期和时间数据放入 30H～36H
        MOV     R1,#30H
        MOV     R2,#07
REP1:   MOV     A,@R0
        SWAP    A
        ANL     A,#0FH
        MOV     B,#10
        MUL     AB
        MOV     @R1,A
        MOV     A,@R0
        ANL     A,#0FH
        ADD     A,@R1
        MOV     @R1,A
        INC     R0
        INC     R1
        DJNZ    R2,REP1
        MOV     A,#86H         ;写入显示缓冲区起始地址为第1行第7列开始显示当前日期
        ACALL   WC51R
        MOV     A,46H          ;年拆分成十位与个位，转换字符显示
        MOV     B,#10H
        DIV     AB
```

```
ADD     A,#30H
ACALL   WC51DDR
MOV     A,B
ADD     A,#30H
ACALL   WC51DDR
MOV     A,#'-'
ACALL   WC51DDR
MOV     A,44H           ;月拆分成十位与个位，转换字符显示
MOV     B,#10H
DIV     AB
ADD     A,#30H
ACALL   WC51DDR
MOV     A,B
ADD     A,#30H
ACALL   WC51DDR
MOV     A,#'-'
ACALL   WC51DDR
MOV     A,43H           ;日拆分成十位与个位，转换字符显示
MOV     B,#10H
DIV     AB
ADD     A,#30H
ACALL   WC51DDR
MOV     A,B
ADD     A,#30H
ACALL   WC51DDR
MOV     A,#' '
ACALL   WC51DDR
MOV     A,#0C6H         ;写入显示缓冲区起始地址为第 2 行第 7 列开始显示当前时间
ACALL   WC51R
MOV     A,42H           ;小时拆分成十位与个位，转换字符显示
MOV     B,#10H
DIV     AB
ADD     A,#30H
ACALL   WC51DDR
MOV     A,B
ADD     A,#30H
ACALL   WC51DDR
MOV     A,#':'
ACALL   WC51DDR
MOV     A,41H           ;分拆分成十位与个位，转换字符显示
MOV     B,#10H
DIV     AB
ADD     A,#30H
ACALL   WC51DDR
MOV     A,B
ADD     A,#30H
ACALL   WC51DDR
MOV     A,#':'
ACALL   WC51DDR
MOV     A,40H           ;秒拆分成十位与个位，转换字符显示
MOV     B,#10H
```

237

```
            DIV     AB
            ADD     A,#30H
            ACALL   WC51DDR
            MOV     A,B
            ADD     A,#30H
            ACALL   WC51DDR
            LJMP    REP
;按键程序，无键被按下返回，有键被按下修改时间并写入 DS1302
KEYSCAN:    JNB     S0,KEYSCAN0
            JNB     S1,KEYSCAN1
            JNB     S2,KEYSCAN2
            RET
KEYSCAN0:   LCALL   DL10MS
            JB      S0,KEYOUT
WAIT0:      JNB     S0,WAIT0
            INC     37H
            MOV     A,37H
            CJNE    A,#06H,KEYOUT
            MOV     37H,#00
            SJMP    KEYOUT
KEYSCAN1:   LCALL   DL10MS
            JB      S1,KEYOUT
WAIT1:      JNB     S1,WAIT1
            MOV     A,37H
            CJNE    A,#01H,KSCAN11
            INC     36H
            MOV     A,36H
            CJNE    A,#100,KEYOUT
            MOV     36H,#00
            SJMP    KEYOUT
KSCAN11:    CJNE    A,#02H,KSCAN12
            INC     34H
            MOV     A,34H
            CJNE    A,#13,KEYOUT
            MOV     34H,#01
            SJMP    KEYOUT
KSCAN12:    CJNE    A,#03H,KSCAN13
            INC     33H
            MOV     A,33H
            CJNE    A,#32,KEYOUT
            MOV     33H,#01
            SJMP    KEYOUT
KSCAN13:    CJNE    A,#04H,KSCAN14
            INC     32H
            MOV     A,32H
            CJNE    A,#24,KEYOUT
            MOV     32H,#00
            SJMP    KEYOUT
KSCAN14:    CJNE    A,#05H,KEYOUT
            INC     31H
            MOV     A,31H
```

```
              CJNE    A,#60,KEYOUT
              MOV     31H,#00
              SJMP    KEYOUT
KEYOUT:       LCALL   NUMTOTT       ;调转换程序把 30H～36H 日期和时间数据转换成日期和时
                                     间格式放入 40H～46H
              LCALL   SET1302       ;设定的日期时间写入 DS1302
              RET
KEYSCAN2:     LCALL   DL10MS
              JB      S2,KEYOUT
WAIT2:        JNB     S2,WAIT2
              MOV     A,37H
              CJNE    A,#01H,KSCAN21
              DEC     36H
              MOV     A,36H
              CJNE    A,#0FFH,KEYOUT
              MOV     36H,#99
              SJMP    KEYOUT
KSCAN21:      CJNE    A,#02H,KSCAN22
              DEC     34H
              MOV     A,34H
              CJNE    A,#00H,KEYOUT
              MOV     34H,#12
              SJMP    KEYOUT
KSCAN22:      CJNE    A,#03H,KSCAN23
              DEC     33H
              MOV     A,33H
              CJNE    A,#00H,KEYOUT
              MOV     33H,#31
              SJMP    KEYOUT
KSCAN23:      CJNE    A,#04H,KSCAN24
              DEC     32H
              MOV     A,32H
              CJNE    A,#0FFH,KEYOUT
              MOV     32H,#23
              SJMP    KEYOUT
KSCAN24:      CJNE    A,#05H,KEYOUT
              DEC     31H
              MOV     A,31H
              CJNE    A,#0FFH,KEYOUT
              MOV     31H,#59
              SJMP    KEYOUT

NUMTOTT:      MOV     R0,#40H       ;30H～36H 日期时间数据转换成日期时间格式放入 40H～46H
              MOV     R1,#30H
              MOV     R2,#07
REP2:         MOV     A,@R1
              MOV     B,#10
              DIV     AB
              SWAP    A
              ORL     A,B
              MOV     @R0,A
```

```
              INC     R0
              INC     R1
              DJNZ    R2,REP2
              ;************************
              ;WRITE 子程序
              ;功能:往 DS1302 写入一字节,写入的内容在寄存器 B 中
              ;*********************************************
WRITE:        MOV     50h,#8          ;一个字节有 8 个位,移 8 次
INBIT1:       MOV     A,B
              RRC     A               ;通过 A 移入 CY 中
              MOV     B,A
              MOV     T_IO,C          ;移入芯片内
              SETB    T_CLK
              CLR     T_CLK
              DJNZ    50h,INBIT1
              RET
              ;*********************************************
              ;
              ;READ 子程序
              ;功能:从 DS1302 读出一个字节,读出的内容在累加器 A 中
              ;*********************************************
READ:         MOV     50h,#8          ;一个字节有 8 个位,移 8 次
OUTBIT1:      MOV     C,T_IO          ;从芯片内移到 CY 中
              RRC     A               ;通过 CY 移入 A 中
              SETB    T_CLK
              CLR     T_CLK
              DJNZ    50h,OUTBIT1
              RET
              ;****************************************************
              ; SET1302 子程序
              ;功能:设置 DS1302 的初始时间,并启动计时
              ;调用:WRITE 子程序
              ;入口参数:初始时间秒、分、时、日、月、星期、年,保存在 40H~46H 单元
              ;出口参数:无
              ;影响资源:A B R0 R1 R4 R7
              ;****************************************************
SET1302:      CLR     T_RST
              CLR     T_CLK
              SETB    T_RST
              MOV     B,#8EH          ;控制命令字
              LCALL   WRITE
              MOV     B,#00H          ;写操作前清保护位 W
              LCALL   WRITE
              SETB    T_CLK
              CLR     T_RST
              MOV     R0,#40H         ;秒、分、时、日、月、星期、年数据在 40H~46H 单元
              MOV     R7,#7           ;共 7 个字节
              MOV     R1,#80H         ;写秒寄存器命令
S13021:       CLR     T_RST
              CLR     T_CLK
              SETB    T_RST
              MOV     B,R1            ;写入写秒命令
```

240

```
        LCALL   WRITE
        MOV     A,@R0            ;写秒数据
        MOV     B,A
        LCALL   WRITE
        INC     R0               ;指向下一个写入的日期、时间数据
        INC     R1               ;指向下一个日历/时钟寄存器
        INC     R1
        SETB    T_CLK
        CLR     T_RST
        DJNZ    R7,S13021        ;未写完,继续写下一个
        CLR     T_RST
        CLR     T_CLK
        SETB    T_RST
        MOV     B,#8EH           ;控制寄存器
        LCALL   WRITE
        MOV     B,#80H           ;写完后打开写保护控制，WP 置 1
        LCALL   WRITE
        SETB    T_CLK
        CLR     T_RST            ;结束写入过程
        RET
        ;************************************************************
        ; GET1302 子程序
        ;功能:从 DS1302 读时间
        ;调用:WRITE 写子程序,READ 子程序
        ;入口参数:无
        ;出口参数:秒、分、时、日、月、星期、年，保存在 40H~46H 单元
        ;影响资源:A B R0 R1 R4 R7
        ;************************************************************
GET1302: MOV    R0,#40H
         MOV    R7,#7
         MOV    R1,#81H          ;读秒寄存器命令
G13021:  CLR    T_RST
         CLR    T_CLK
         SETB   T_RST
         MOV    B,R1             ;写入读秒寄存器命令
         LCALL  WRITE
         LCALL  READ
         MOV    @R0,A            ;存入读出数据
         INC    R0               ;指向下一个存放日期、时间的存储单元
         INC    R1               ;指向下一个日历/时钟寄存器
         INC    R1
         SETB   T_CLK
         CLR    T_RST
         DJNZ   R7,G13021        ;未读完，读下一个
         RET
         ;LCD 初始化子程序
INIT:    MOV    A,#00000001H     ;清屏
         ACALL  WC51R
         MOV    A,#00111000B     ;使用 8 位数据，显示两行，使用 5×7 的点阵
         LCALL  WC51R
         MOV    A,#00001100B     ;显示器开，光标关，字符不闪烁
```

```
            LCALL   WC51R
            MOV     A,#00000110B        ;字符不动, 光标自动右移一格
            LCALL   WC51R
            RET
            ;检查忙子程序
F_BUSY:     PUSH    ACC                 ;保护现场
            MOV     P2,#0FFH
            CLR     RS
            SETB    RW
WAIT:       CLR     E
            SETB    E
            JB      P2.7,WAIT           ;忙, 等待
            POP     ACC                 ;不忙, 恢复现场
            RET
            ;写入命令子程序
WC51R:      ACALL   F_BUSY
            CLR     E
            CLR     RS
            CLR     RW
            SETB    E
            MOV     P2,ACC
            CLR     E
            RET
            ;写入数据子程序
WC51DDR:    ACALL   F_BUSY
            CLR     E
            SETB    RS
            CLR     RW
            SETB    E
            MOV     P2,ACC
            CLR     E
            RET
            ;延时 10ms 子程序
DL10MS:     MOV     R6,#14H
DL1:        MOV     R7,#0FBH
DL2:        DJNZ    R7,DL2
            DJNZ    R6,DL1
            RET
            END
```

2）C 语言程序：

```c
#include <reg51.h>
#include <absacc.h>             //定义绝对地址访问
#include <intrins.h>
#define uchar unsigned char
#define uint unsigned int
sbit T_CLK=P1^3;               //DS1302 时钟线引脚
sbit T_IO=P1^4;                //DS1302 数据线引脚
sbit T_RST=P1^2;               //DS1302 复位线引脚
sbit RS=P1^7;                  //定义 LCD 的控制线
```

```
sbit  RW=P1^6;
sbit  EN=P1^5;
sbit  key0=P3^0;                 //定义按键
sbit  key1=P3^1;
sbit  key2=P3^2;
sbit  ACC7=ACC^7;
sbit  ACC0=ACC^0;
uchar  datechar[]={"DATE:"};
uchar  timechar[]={"TIME:"};
uchar  datebuffer[8]={0,0,0x2D,0,0,0x2D,0,0};    //定义日历显示缓冲区
uchar  timebuffer[8]={0,0,0x3A,0,0,0x3A,0,0};    //定义时间显示缓冲区
uchar data ttime[3]={0x00,0x00,0x00};            //分别为秒、分和小时的值
uchar data tdata[3]={0x00,0x00,0x00};            //分别为年、月、日
//往 DS1302 写入 1Byte 数据
void  WriteB(uchar  ucDa)
{
    uchar  i;
    ACC=ucDa;
    for(i=8; i>0; i--)
    {
      T_IO=ACC0;                  //相当于汇编语言中的 RRC
      T_CLK=1;
      T_CLK=0;
      ACC=ACC >> 1;
    }
}
//从 DS1302 读取 1Byte 数据
uchar  ReadB(void)
{
    uchar i;
    for(i=8; i>0; i--)
    {
      ACC=ACC >>1;
      ACC7=T_IO;T_CLK=1;T_CLK=0;      //相当于汇编语言中的 RRC
    }
    return(ACC);
}
//DS1302 单字节写，向指定单元写命令/数据，ucAddr 为 DS1302 地址，ucDa 为要写的命令/数据
void  v_W1302(uchar ucAddr,uchar ucDa)
{
    T_RST=0;
    T_CLK=0;
    _nop_();_nop_();
    T_RST=1;
    _nop_();_nop_();
    WriteB(ucAddr);              //地址，命令
    WriteB(ucDa);               //写 1Byte 数据
    T_CLK=1;
    T_RST=0;
}
//DS1302 单字节读，从指定地址单元读出的数据
```

```
uchar  uc_R1302(uchar  ucAddr)
{
    uchar ucDa=0;
    T_RST=0;T_CLK=0;

    T_RST=1;
    WriteB(ucAddr);            //写地址
    ucDa=ReadB();              //读 1Byte 命令/数据

    T_CLK=1;T_RST=0;
    return(ucDa);
}
//LCD 检查忙函数
void  fbusy()
{

    P2=0xff;
    RS=0;
    RW=1;
    EN=1;
    EN=0;
    while((P2 & 0x80))
    {
        EN=0;
        EN=1;
    }
}
//LCD 写命令函数
void  wc51r(uchar  j)
{
    fbusy();
    EN=0;
    RS=0;
    RW=0;
    EN=1;
    P2=j;
    EN=0;
}
//LCD 写数据函数
void  wc51ddr(uchar  j)
{
    fbusy();                   //读状态;
    EN=0;
    RS=1;
    RW=0;
    EN=1;
    P2=j;
    EN=0;
}
void  init()                   //LCD1602 初始化
{
```

```
    wc51r(0x01);                    //清屏
    wc51r(0x38);                    //使用 8 位数据，显示两行，使用 5×7 的点阵
    wc51r(0x0c);                    //显示器开，光标开，字符不闪烁
    wc51r(0x06);                    //字符不动，光标自动右移一格
}
//***********延时函数***********
void delay(uint  i)
{  uint  y,j;
   for  (j=0;j<i;j++){
        for (y=0;y<0xff;y++){;}}
}
void  main(void)
{
   uchar  i,set;
   uchar data temp;
   SP=0x50;
   delay(10);
   init();
   wc51r(0x80);
   for (i=0;i<5;i++)    wc51ddr(datechar[i]);    //第一行开始显示 DATA:
   wc51r(0xc0);
   for (i=0;i<5;i++)    wc51ddr(timechar[i]);    //第二行开始显示 TIME:
   while(1)
   {   P3=0XFF;
       if(key0==0) { delay(10);if (key0==0) { while (key0==0); set++; if
             (set==6) set=0;}}
       if(key1==0) { delay(10);            //如果是加 1 键，则日历、时钟相应位加 1
           if (key1==0)
                  { while (key1==0);
                  switch(set) {
           case 1:
                  tdata[0]++;if (tdata[0]==100) tdata[0]=0;
                  temp=(tdata[0]/10)*16+tdata[0]%10;
                  v_W1302(0x8E,0);
                  v_W1302(0x8C,temp);
                  v_W1302(0x8E,0x80);
                  break;
           case 2:
                  tdata[1]++;if (tdata[1]==13) tdata[1]=1;
                  temp=(tdata[1]/10)*16+tdata[1]%10;
                  v_W1302(0x8E,0);
                  v_W1302(0x88,temp);
                  v_W1302(0x8E,0x80);
                  break;
           case 3:
                  tdata[2]++;if (tdata[2]==32) tdata[2]=1;
                  temp=(tdata[2]/10)*16+tdata[2]%10;
                  v_W1302(0x8E,0);
                  v_W1302(0x86,temp);
                  v_W1302(0x8E,0x80);
                  break;
```

245

```
                case 4:
                    ttime[2]++;if (ttime[2]==24) ttime[2]=0;
                    temp=(ttime[2]/10)*16+ttime[2]%10;
                    v_W1302(0x8E,0);
                    v_W1302(0x84,temp);
                    v_W1302(0x8E,0x80);
                    break;
                case 5:
                    ttime[1]++;if (ttime[1]==60) ttime[1]=0;
                    temp=(ttime[1]/10)*16+ttime[1]%10;
                    v_W1302(0x8E,0);
                    v_W1302(0x82,temp);
                    v_W1302(0x8E,0x80);
                    break;
                    }
                }
            }
    if(key2==0) { delay(10);        //如果是减1键，则日历/时钟相应位减1
        if (key2==0) { while (key2==0);
            switch(set) {
            case 1:
                tdata[0]--;if (tdata[0]==0xFF) tdata[0]=99;
                temp=(tdata[0]/10)*16+tdata[0]%10;
                v_W1302(0x8E,0);
                v_W1302(0x8C,temp);
                v_W1302(0x8E,0x80);
                break;
            case 2:
                tdata[1]--;if (tdata[1]==0x00) tdata[1]=12;
                temp=(tdata[1]/10)*16+tdata[1]%10;
                v_W1302(0x8E,0);
                v_W1302(0x88,temp);
                v_W1302(0x8E,0x80);
                break;
            case 3:
                tdata[2]--;if (tdata[2]==0x00) tdata[2]=31;
                temp=(tdata[2]/10)*16+tdata[2]%10;
                v_W1302(0x8E,0);
                v_W1302(0x86,temp);
                v_W1302(0x8E,0x80);
                break;
            case 4:
                ttime[2]--;if (ttime[2]==0xFF) ttime[2]=23;
                temp=(ttime[2]/10)*16+ttime[2]%10;
                v_W1302(0x8E,0);
                v_W1302(0x84,temp);
                v_W1302(0x8E,0x80);
                break;
            case 5:
                ttime[1]--;if (ttime[1]==0xFF) ttime[1]=59;
                temp=(ttime[1]/10)*16+ttime[1]%10;
```

246

```
            v_W1302(0x8E,0);
            v_W1302(0x82,temp);
            v_W1302(0x8E,0x80);
            break;
            }
        }
    }
    temp=uc_R1302(0x8D);      //读年，分成十位和个位，转换成字符放入日历显示缓冲区
    tdata[0]=(temp/16)*10+temp%16;  //存入年单元
    datebuffer[0]=0x30+temp/16;datebuffer[1]=0x30+temp%16;
    temp=uc_R1302(0x89);      //读月，分成十位和个位，转换成字符放入日历显示缓冲区
    tdata[1]=(temp/16)*10+temp%16;  //存入月单元
    datebuffer[3]=0x30+temp/16;datebuffer[4]=0x30+temp%16;
    temp=uc_R1302(0x87);      //读日，分成十位和个位，转换成字符放入日历显示缓冲区
    tdata[2]=(temp/16)*10+temp%16;  //存入日单元
    datebuffer[6]=0x30+temp/16;datebuffer[7]=0x30+temp%16;
    temp=uc_R1302(0x85);      //读小时，分成十位和个位，转换成字符放入时间显示缓冲区
    temp=temp&0x7F;
    ttime[2]=(temp/16)*10+temp%16;  //存入小时单元
    timebuffer[0]=0x30+temp/16;timebuffer[1]=0x30+temp%16;
    temp=uc_R1302(0x83);      //读分，分成十位和个位，转换成字符放入时间显示缓冲区
    ttime[1]=(temp/16)*10+temp%16;  //存入分单元
    timebuffer[3]=0x30+temp/16;timebuffer[4]=0x30+temp%16;
    temp=uc_R1302(0x81);      //读秒，分成十位和个位，转换成字符放入时间显示缓冲区
    temp=temp & 0x7F;
    ttime[0]=(temp/16)*10+temp%16;
    timebuffer[6]=0x30+temp/16;timebuffer[7]=0x30+temp%16;
    wc51r(0x86);                //第一行后面显示日历
    for (i=0;i<8;i++)    wc51ddr(datebuffer[i]);
    wc51r(0xc6);                //第二行后面显示时间
    for (i=0;i<8;i++)    wc51ddr(timebuffer[i]);
    }
}
```

12.3　单片机数显温度计设计

温度是非常重要的量。在日常生活和生产中，我们都会经常关注温度。现在温度控制在工业控制、电子测温计、医疗仪器、家用电器等各种温度控制系统中被广泛应用。

12.3.1　功能要求

本设计中数显温度计的主要功能为：

1）测量温度范围为–55～+99℃。

2）测量精度为±0.5℃。

3）显示效果良好。

扩展功能（用户自己添加）：

1）测量多点温度。

2）可温度上下限报警。

12.3.2　总体方案设计

温度测量通常可以使用两种方式来实现：一种是用热敏电阻之类的器件。由于感温效应，热敏电阻的阻值能够随温度发生变化，当热敏电阻接入电路，则流过它的电流或其两端的电压就会随温度发生相应的变化，再将随温度变化的电压或电流采集过来，进行 A/D 转换后，发送到单片机进行数据处理，通过显示电路，就可以将被测温度显示出来。这种设计需要用到 A/D 转换电路，其测温电路比较复杂。第二种方法是用温度传感器芯片。温度传感器芯片能把温度信号转换成数字信号，直接发送给单片机，转换后通过显示电路显示即可。这种方法电路结构简单，设计方便，而且精度较高，可满足绝大部分功能要求，现在使用得非常广泛。在本设计中选择第二种方法设计单片机数字显示温度计，显示部件选择 LCD。总体框图如图 12-7 所示。

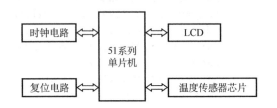

图 12-7　数字显示温度计总体框图

12.3.3　主要器件介绍

根据系统设计方案，该系统主要器件有 3 个：51 系列单片机、温度传感器芯片和 LCD 模块芯片。单片机选择价格便宜、市场容易购买的 AT89C52，LCD 选择 LCD1602，温度传感器芯片选择 DS18B20。下面介绍温度传感器 DS18B20。

1. DS18B20 简介

DS18B20 是 DALLAS 公司生产的单总线数字温度传感器芯片。它具有 3 引脚 TO-92 小体积封装形式；温度测量范围为–55～+125℃；可编程为 9～12 位 A/D 转换精度；用户可自设定非易失性的报警上/下限值，被测温度用 16 位补码方式串行输出；测温分辨率可达 0.0625℃；其工作电源既可在远端引入也可采用寄生电源方式产生；多个 DS18B20 可以并联到 3 根或 2 根线上，CPU 只需一根端口线就能与诸多 DS18B20 通信，占用微处理器的端口较少。DS18B20 可广泛用于工业、民用、军事等领域的温度测量及控制仪器、测控系统和大型设备中。

2. DS18B20 的外部结构

DS18B20 可采用 3 脚 TO-92 小体积封装和 8 脚 SOIC 封装。其外形和引脚图如图 12-8 所示。

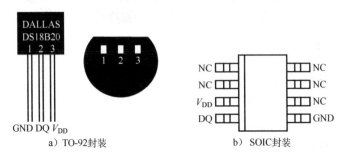

a）TO-92封装　　　　　　　　b）SOIC封装

图 12-8　DS18B20 的外形及引脚图

引脚功能如下：

DQ：数字信号输入/输出端。

GND：电源地。

V_{DD}：外接供电电源输入端（在寄生电源接线方式时接地）。

3．DS18B20 的内部结构

DS18B20 内部主要由 4 部分组成：64 位光刻 ROM、温度传感器、非易失性温度报警触发器 TH 和 TL、配置寄存器等。其内部结构图如图 12-9 所示。

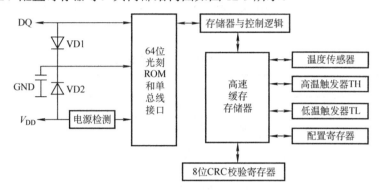

图 12-9　DS18B20 的内部结构图

DS18B20 的存储部件有以下几种：

（1）光刻 ROM

光刻 ROM 中存放的是 64 位序列号，出厂前已被光刻好，它可以看作是该 DS18B20 的地址序列号。不同的器件地址序列号也不同。64 位序列号的排列是：开始 8 位（28H）是产品类型标号，接着的 48 位是该 DS18B20 自身的序列号，最后 8 位是前面 56 位的循环冗余校验码。光刻 ROM 的作用是使每一个 DS18B20 都各不相同，这样就可以实现一根总线上挂接多个 DS18B20 的目的。

（2）高速暂存存储器

高速暂存存储器由 9 个字节组成，其分配见表 12-4。第 0 和第 1 个字节存放转换所得的温度值；第 2 和第 3 个字节分别为高温度触发器 TH 和低温度触发器 TL；第 4 个字节为配置寄存器；第 5、6、7 个字节保留；第 8 个字节为 CRC 校验寄存器。

（3）温度传感器

DS18B20 中的温度传感器可完成对温度的测量，当温度转换命令发布后，转换后的温度以补码形式存放在高速暂存存储器的第 0 和第 1 个字节中。以 12 位转化为例：用 16 位符号扩展的二进制补码数形式提供，以 0.0625℃/LSB 形式表示，其中 S 为符号位。表 12-5 是 12 位转化后得到的 12 位数据，高字节的前面 5 位是符号位，如果测得的温度大于 0，则这 5 位为 0，只要将测到的数值乘以 0.0625 即可得到实际温度；如果温度小于 0，则这 5 位为 1，测到的数值需要取反加 1 再乘以 0.0625 即可得到实际温度。

表 12-4　DS18B20 高速暂存存储器分配表

字节序号	功　　能
0	温度转换后的低字节
1	温度转换后的高字节
2	高温度触发器 TH
3	低温度触发器 TL
4	配置寄存器
5	保留
6	保留
7	保留
8	CRC 校验寄存器

249

表 12-5　DS18B20 温度值格式表

	D7	D6	D5	D4	D3	D2	D1	D0
LS Byte	2^3	2^2	2^1	2^0	2^{-1}	2^{-2}	2^{-3}	2^{-4}
MS Byte	S	S	S	S	S	2^6	2^5	2^4

例如，+125℃的数字输出为 07D0H，+25.0625℃的数字输出为 0191H，−25.0625℃的数字输出为 FF6FH，−55℃的数字输出为 FC90H。表 12-6 列出了 DS18B20 部分温度值与采样数据的对应关系。

表 12-6　DS18B20 部分温度数据表

温度/℃	16 位二进制编码	十六进制表示
+125	0000 0111 1101 0000	07D0H
+85	0000 0101 0101 0000	0550H
+25.0625	0000 0001 1001 0001	0191H
+10.125	0000 0000 1010 0010	00A2H
+0.5	0000 0000 0000 1000	0008H
0	0000 0000 0000 0000	0000H
−0.5	1111 1111 1111 1000	FFF8H
−10.125	1111 1111 0101 1110	FF5EH
−25.0625	1111 1110 0110 1111	FE6FH
−55	1111 1100 1001 0000	FC90H

（4）高温触发器和低温触发器

高温触发器和低温触发器分别存放温度报警的上限值 TH 和下限值 TL。DS18B20 完成温度转换后，就把转换后的温度值 T 与温度报警的上限值 TH 和下限值 TL 做比较，若 T＞TH 或 T＜TL，则把该器件的告警标志位置位，并对主机发出的告警搜索命令做出响应。

（5）配置寄存器

配置寄存器用于确定温度值的数字转换分辨率，该字节各位的功能如下：

D7	D6	D5	D4	D3	D2	D1	D0
TM	R1	R0	1	1	1	1	1

其中，低 5 位一直都是 1；TM 是测试模式位，用于设置 DS18B20 是在工作模式还是在测试模式（在 DS18B20 出厂时该位被设置为 0，用户不要去改动）；R1 和 R0 用来设置分辨率，见表 12-7（DS18B20 出厂时被设置为 12 位）。

表 12-7　温度值分辨率设置表

R1	R0	分辨率/位	温度最大转换时间/ms
0	0	9	93.75
0	1	10	187.5
1	0	11	275.00
1	1	12	750.00

（6）8 位 CRC 校验寄存器

CRC 校验寄存器中存放的是前 8 个字节的 CRC 校验码。

4. DS18B20 的温度转换过程

根据 DS18B20 的通信协议，主机控制 DS18B20 完成温度转换必须经过 3 个步骤：每一次读/写之前都要对 DS18B20 进行复位，复位成功后发送一条 ROM 指令，最后发送 RAM 指令，这样才能对 DS18B20 进行预定的操作。DS18B20 的 ROM 指令和 RAM 指令见表 12-8 和表 12-9。

表 12-8　ROM 指令表

指　令	约定代码	功　能
读 ROM	33H	读 DS18B20 温度传感器 ROM 中的编码（即 64 位地址）
匹配 ROM	55H	发出此命令之后，接着发出 64 位 ROM 编码，访问单总线上与该编码相对应的 DS18B20 使之做出响应，为下一步对该 DS18B20 的读/写做准备
搜索 ROM	0F0H	用于确定挂接在同一总线上 DS18B20 的个数和识别 64 位 ROM 地址。为操作各器件做好准备
跳过 ROM	0CCH	忽略 64 位 ROM 地址，直接向 DS1820 发温度变换命令。适用于单片工作
告警搜索命令	0ECH	执行后只有温度超过设定值上限或下限的片子才做出响应

表 12-9　RAM 指令表

指　令	约定代码	功　能
温度变换	44H	启动 DS18B20 进行温度转换，12 位转换时最长为 750ms（9 位为 93.75ms）。结果存入内部 9 字节 RAM 中
读暂存器	0BEH	读内部 RAM 中 9 字节的内容
写暂存器	4EH	发出向内部 RAM 的第 3、4 字节写上、下限温度数据命令，紧跟该命令之后，是传送两字节的数据
复制暂存器	48H	将 RAM 中第 3、4 字节的内容复制到 EEPROM 中
重调 EEPROM	0B8H	将 EEPROM 中的内容恢复到 RAM 的第 3、4 字节中
读供电方式	0B4H	读 DS18B20 的供电模式。寄生供电时 DS18B20 发送 0，外接电源供电时 DS18B20 发送 1

每一步骤都有严格的时序要求，所有时序都是将主机作为主设备，单总线器件作为从设备。而每一次命令和数据的传输都是从主机主动启动写时序开始，如果要求单总线器件回送数据，在进行写命令后，主机需启动读时序完成数据接收。数据和命令的传输都是低位在前。

时序可分为初始化时序、读时序和写时序。复位时要求主 CPU 将数据线下拉 500μs，然后释放，DS18B20 收到信号后等待 15～60μs 左右后，发出 60～240μs 的低电平，主 CPU 收到此信号则表示复位成功。

读时序分为读 0 时序和读 1 时序两个过程。对于 DS18B20 的读时序是从主机把单总线拉低之后，在 15μs 之内就得释放单总线，以让 DS18B20 把数据传输到单总线上。DS18B20 完成一个读时序的过程至少需要 60μs。

对于 DS18B20 的写时序仍然分为写 0 时序和写 1 时序两个过程。DS18B20 写 0 时序和写 1 时序的要求不同：当要写 0 时，单总线要被拉低至少 60μs，以保证 DS18B20 能够在 15～45μs 之间正确地采样 I/O 总线上的 0 电平；当要写 1 时，单总线被拉低之后，在 15μs 之内就得释放单总线。

5．DS18B20 与单片机的常见接口

DS18B20 可采用外部电源供电，也可采用内部寄生电源供电。可单片连接形成单点测温系统，也能够多片连接组网形成多点测温系统。在多片连接时，DS18B20 必须采用外部电源供电方式。DS18B20 通常与单片机有以下 3 种连接方式：

1）图 12-10 是单片寄生电源供电方式连接图。在寄生电源供电方式下，DS18B20 从单线信号线上汲取能量，在信号线 DQ 处于高电平期间把能量储存在内部电容里，在信号线处于低电平期间消耗电容上的电能工作，直到高电平到来再给寄生电源（电容）充电。寄生电源方式有 3 个好处：①进行远距离测温时，无须本地电源；②可以在没有常规电源的条件下读取 ROM；③电路更加简洁，仅用一根 I/O 接口线来实现测温。

2）图 12-11 为单片外部电源供电方式图。在外部电源供电方式下，DS18B20 工作电源由 V_{DD} 引脚接入，GND 引脚接地。

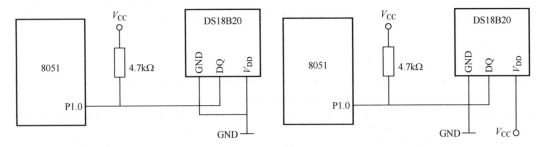

图 12-10　单片寄生电源供电图　　　　　图 12-11　单片外部电源供电图

3）图 12-12 为外部供电方式的多点测温电路图。多个 DS18B20 直接并联在唯一的三线上，实现组网多点测温。

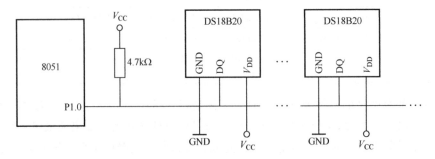

图 12-12　外部供电方式的多点测温电路图

12.3.4　硬件电路设计

单片机数字显示温度计的系统硬件电路由单片机系统、测温电路和显示电路组成，如图 12-13 所示。单片机系统由 AT89C52 单片机、复位电路和时钟电路组成，时钟采用 12MHz 的晶振。测温电路由温度传感器 DS18B20 组成，DS18B20 的 DQ 与单片机的 P1.0 相连，同时通过电阻接电源，另外，DS18B20 采用外部电源供电，V_{DD} 引脚接+5V 电源，GND 接地。显示电路采用 LCD1602，LCD1602 的数据线与 AT89C52 的 P2 口相连，RS 与 P1.7 相连，R/W 与 P1.6 相连，E 端与 P1.5 相连。

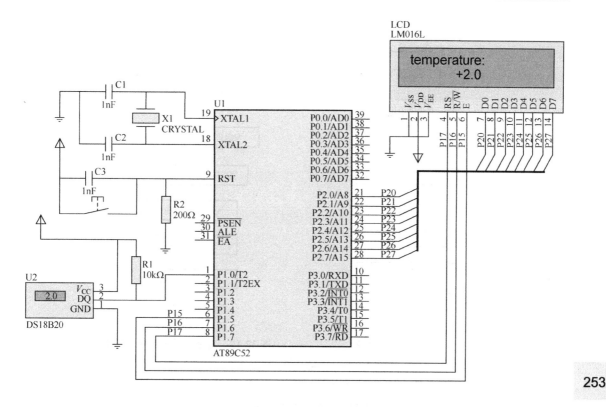

图 12-13　数字显示温度计的硬件图

12.3.5　软件程序设计

单片机数字显示温度计的软件程序主要由主程序、温度测量子程序和温度转换子程序等组成。

1．主程序

在主程序中首先初始化，检测 DS18B20 是否存在，通过调用读温度子程序读出 DS18B20 的当前值，调用温度转换子程序把从 DS18B20 中读出的值转换成对应的温度值。温度的符号显示在 LCD 上，温度值的整数部分分成十位和个位→小数点→温度值的小数部分，依此顺序循环显示。主程序流程图如图 12-14 所示。

2．温度测量子程序

温度测量子程序的功能是读出并处理 DS18B20 测量的当前温度值，读出的温度值以补码的形式存放在缓冲区，温度的正负号用一个符号标志位来表示，温度为正表示为 0，温度为负表示为 1。注意：DS18B20 每一次读/写之前都要先进行复位，复位成功后发送一条 ROM 指令，最后发送 RAM 指令，这样才能对 DS18B20 进行预定的操作。温度测量子程序流程图如图 12-15 所示。

3．温度转换子程序

温度转换子程序实现把从 DS18B20 中读出的补码值转换成对应的温度值，拆分成整数和小数的形式分别存放在相应的缓冲区中，正负号存放在符号标志位中。温度转换子程序流程图如图 12-16 所示。

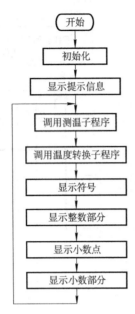

图 12-14　主程序流程图　　　　　图 12-15　温度测量子程序流程图

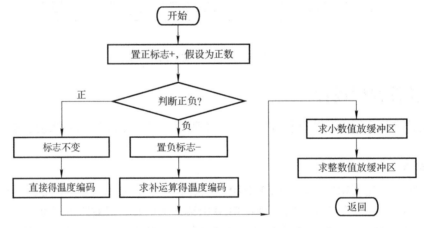

图 12-16　温度转换子程序流程图

　　这里假定系统时钟频率为 12MHz，测量的温度范围为-55～+99℃，精度为小数点后一位。具体程序如下：

　　1）汇编语言程序：

```
;*********************************************************************
;本程序适合单个 DS18B20 和 MCS-51 系列单片机的连接,晶振为 12MHz
;测量的温度范围为-55～+99℃,温度精确到小数点后一位
;*********************************************************************
TEMPER_L    EQU    30H        ;存放从 DS18B20 中读出的高、低位温度值
TEMPER_H    EQU    31H
TEMPER_NUM  EQU    32H        ;存放温度转换后的整数部分
TEMPER_POT  EQU    33H        ;存放温度转换后的小数部分
FLAG0       EQU    34H        ;FLAG0 存放温度的符号
```

```
DQ          EQU    P1.0        ;DS18B20 数据线
RS   BIT    P1.7               ;LCD1602 控制线定义
RW   BIT    P1.6
E    BIT    P1.5
SkipDs18b20    EQU    0CCH     ;DS18B20 跳过 ROM 命令
StartDs18b20   EQU    44H      ;DS18B20 温度变换命令
ReadDs         EQU    0BEH     ;DS18B20 读暂存器命令

     ORG    0000H
     SJMP   MAIN
     ORG    0040H
MAIN:
     MOV    SP,#60H
     ACALL  LCD_INIT
     MOV    A,#80H             ;LCD 第 1 行第 1 列开始显示 temperature:
     ACALL  WC51R
     MOV    A,#'t'
     ACALL  WC51DDR
     MOV    A,#'e'
     ACALL  WC51DDR
     MOV    A,#'m'
     ACALL  WC51DDR
     MOV    A,#'p'
     ACALL  WC51DDR
     MOV    A,#'e'
     ACALL  WC51DDR
     MOV    A,#'r'
     ACALL  WC51DDR
     MOV    A,#'a'
     ACALL  WC51DDR
     MOV    A,#'t'
     ACALL  WC51DDR
     MOV    A,#'u'
     ACALL  WC51DDR
     MOV    A,#'r'
     ACALL  WC51DDR
     MOV    A,#'e'
     ACALL  WC51DDR
     MOV    A,#':'
     ACALL  WC51DDR
REP:
     LCALL  GET_TEMPER         ;调测温子程序，读出转换后的数字量
     LCALL  TEMPER_COV         ;调转换子程序，转换成相应的温度值
     MOV    A,#0c6H            ;LCD 第 2 行第 7 列开始显示温度
     ACALL  WC51R
     MOV    A,FLAG0            ;显示符号
     ACALL  WC51DDR
     MOV    A,TEMPER_NUM       ;温度整数拆分成十位和个位显示
     MOV    B,#10
     DIV    AB
     ADD    A,#30H
```

255

```
        CJNE    A,#30H,REP1         ;如果十位为 0 不显示
        MOV     A,#20H
REP1:
        ACALL   WC51DDR
        MOV     A,B
        ADD     A,#30H
        ACALL   WC51DDR
        MOV     A,#'.'              ;显示小数点
        ACALL   WC51DDR
        MOV     DPTR,#TABLE
        MOV     A,TEMPER_POT        ;显示小数部分
        MOVC    A,@A+DPTR
        ACALL   WC51DDR
        LJMP    REP
;DS18B20 复位程序
DS18B20_INIT:SETB
        DQ
        NOP
        NOP
        CLR     DQ
        MOV     R7,#9
INIT_DELAY: CALL
        DELAY60US
        DJNZ    R7,INIT_DELAY
        SETB    DQ
        CALL    DELAY60US
        CALL    DELAY60US
        MOV     C,DQ
        JC      ERROR
        CALL    DELAY60US
        CALL    DELAY60US
        CALL    DELAY60US
        CALL    DELAY60US
        RET
ERROR:
        CLR     DQ
        SJMP    DS18B20_INIT
        RET
;读 DS18B20 一个字节到累加器 A
READ_BYTE: MOV
        R7,#08H
        SETB    DQ
        NOP
        NOP
LOOP:
        CLR     DQ
        NOP
        NOP
        NOP
        SETB    DQ
        MOV     R6,#07H
```

```
        DJNZ    R6,$
        MOV     C,DQ
        CALL    DELAY60US
        RRC     A
        SETB    DQ
        DJNZ    R7,LOOP
        CALL    DELAY60US
        CALL    DELAY60US
        RET
;累加器 A 写到 DS18B20
WRITE_BYTE:
        MOV     R7,#08H
        SETB    DQ
        NOP
        NOP
LOOP1:
        CLR     DQ
        MOV     R6,#07H
        DJNZ    R6,$
        RRC     A
        MOV     DQ,C
        CALL    DELAY60US
        SETB    DQ
        DJNZ    R7,LOOP1
        RET
DELAY60US:
        MOV     R6,#1EH
        DJNZ    R6,$
        RET
;读温度程序
GET_TEMPER:
        CALL    DS18B20_INIT    ;DS18B20 复位程序
        MOV     A,#0CCH         ;DS18B20 跳过 ROM 命令
        CALL    WRITE_BYTE
        CALL    DELAY60US
        CALL    DELAY60US
        MOV     A,#44H          ;DS18B20 温度变换命令
        CALL    WRITE_BYTE
        CALL    DELAY60US
        CALL    DS18B20_INIT    ;DS18B20 复位程序
        MOV     A,#0CCH         ;DS18B20 跳过 ROM 命令
        CALL    WRITE_BYTE
        CALL    DELAY60US
        MOV     A,#0BEH         ;DS18B20 读暂存器命令
        CALL    WRITE_BYTE
        CALL    DELAY60US
        CALL    READ_BYTE       ;读温度低字节
        MOV     TEMPER_L,A
        CALL    READ_BYTE       ;读温度高字节
        MOV     TEMPER_H,A
        RET
```

257

```
;将从 DS18B20 中读出的温度拆分成整数和小数
TEMPER_COV:
    MOV     FLAG0,#'+'          ;设当前温度为正
    MOV     A,TEMPER_H
    SUBB    A,#0F8H
    JC      TEM0                ;判断温度值是否为负。不是,转
    MOV     FLAG0,#'-'          ;是,置 FLAG0 为'-'
    MOV     A,TEMPER_L
    CPL     A
    ADD     A,#01
    MOV     TEMPER_L,A
    MOV     A,TEMPER_H
    CPL     A
    ADDC    A,#00
    MOV     TEMPER_H,A
TEM0:
    MOV     A,TEMPER_L          ;存放小数部分到 TEMPER_POT
    ANL     A,#0FH
    MOV     TEMPER_POT,A
    MOV     A,TEMPER_L          ;存放整数部分到 TEMPER_NUM
    ANL     A,#0F0H
    SWAP    A
    MOV     TEMPER_NUM,A
    MOV     A,TEMPER_H
    SWAP    A
    ORL     A,TEMPER_NUM
    MOV     TEMPER_NUM,A
    RET
;LCD 初始化子程序
LCD_INIT:
    MOV     A,#00000001H        ;清屏
    ACALL   WC51R
    MOV     A,#00111000B        ;使用 8 位数据,显示两行,使用 5×7 的点阵
    LCALL   WC51R
    MOV     A,#00001100B        ;显示器开,光标关,字符不闪烁
    LCALL   WC51R
    MOV     A,#00000110B        ;字符不动,光标自动右移一格
    LCALL   WC51R
    RET
;检查忙子程序
F_BUSY:
    PUSH    ACC                 ;保护现场
    MOV     P2,#0FFH
    CLR     RS
    SETB    RW
WAIT:
    CLR     E
    SETB    E
    JB      P2.7,WAIT           ;忙,等待
    POP     ACC                 ;不忙,恢复现场
    RET
```

258

```
;写入命令子程序
WC51R:
    ACALL   F_BUSY
    CLR     E
    CLR     RS
    CLR     RW
    SETB    E
    MOV     P2,ACC
    CLR     E
    RET
;写入数据子程序
WC51DDR:
    ACALL   F_BUSY
    CLR     E
    SETB    RS
    CLR     RW
    SETB    E
    MOV     P2,ACC
    CLR     E
    RET
TABLE:
    DB      30H,31H,31H,32H,33H,33H,34H,34H
    DB      35H,36H,36H,37H,38H,38H,39H,39H   ;小数温度转换表
    END
```

259

2）C 语言程序：

```
//本程序适合单个 DS18B20 和 MCS-51 系列单片机的连接，晶振为 12MHz
//测量的温度范围为-55～+99℃，温度精确到小数点后一位

#include <REG52.H>
#define uchar unsigned char
#define uint unsigned int
sbit DQ=P1^0;                  //定义端口
sbit RS=P1^7;
sbit RW=P1^6;
sbit EN=P1^5;
union{
    uchar c[2];
    uint x;
}temp;
uchar flag;     //flag 为温度值的正负号标志单元，1 表示为负值，0 时表示为正值
uint cc,cc2;    //变量 cc 中保存读出的温度值
float cc1;
uchar buff1[13]={"temperature:"};
uchar buff2[6]={"+00.0"};
//检查忙函数
void fbusy()
{
    P2=0xFF;
    RS=0;
    RW=1;
```

```
        EN=1;
        EN=0;
        while((P2 & 0x80))
        {
          EN=0;
          EN=1;
        }
}
//写命令函数
void wc51r(uchar  j)
{
        fbusy();
        EN=0;
        RS=0;
        RW=0;
        EN=1;
        P2=j;
        EN=0;
}
//写数据函数
void wc51ddr(uchar  j)
{
        fbusy();                 //读状态
        EN=0;
        RS=1;
        RW=0;
        EN=1;
        P2=j;
        EN=0;
}
void  init()
{
        wc51r(0x01);             //清屏
        wc51r(0x38);             //使用 8 位数据，显示两行，使用 5×7 的点阵
        wc51r(0x0C);             //显示器开，光标开，字符不闪烁
        wc51r(0x06);             //字符不动，光标自动右移一格
}
void delay(uint useconds)        //延时程序
{
        for(;useconds>0;useconds--);
}
uchar ow_reset(void)             //复位
{
        uchar presence;
        DQ=0;                    //DQ 低电平
        delay(50);               //480ms
        DQ=1;                    //DQ 高电平
        delay(3);                //等待
        presence=DQ;             //presence 信号
        delay(25);
        return(presence);        //0 允许，1 禁止
```

```
    }
uchar read_byte(void)              //从单总线上读取一个字节
{
    uchar i;
    uchar value=0;
  for (i=8;i>0;i--)
  {
    value>>=1;
    DQ=0;
    DQ=1;
    delay(1);
    if(DQ)value|=0x80;
    delay(6);
  }
  return(value);
}
void write_byte(uchar val)         //向单总线上写一个字节
{
  uchar i;
  for (i=8; i>0; i--)              //一次写一字节
  {
    DQ=0;
    DQ=val&0x01;
    delay(5);
    DQ=1;
    val=val/2;
  }
  delay(5);
}


void Read_Temperature(void)        //读取温度
{
  ow_reset();
  write_byte(0xCC);                //跳过 ROM
  write_byte(0xBE);                //读
  temp.c[1]=read_byte();
  temp.c[0]=read_byte();
  ow_reset();
  write_byte(0xCC);
  write_byte(0x44);                //开始
  return;
}
void main()                        //主程序
{
  uchar  k;
  delay(10);
  EA=0;
  flag=0;
  init();
  wc51r(0x80);                     //写入显示缓冲区起始地址为第 1 行第 1 列
  for (k=0;k<13;k++)               //第一行显示提示信息"current temp is:"
```

```
    { wc51ddr(buff1[k]);}
  while(1)
  {
    delay(10000);
    Read_Temperature();             //读取双字节温度
    cc=temp.c[0]*256.0+temp.c[1];
    if(temp.c[0]>0xF8) {flag=1;cc=~cc+1;}else flag=0;
    cc1=cc*0.0625;                  //计算出温度值
    cc2=cc1*100;                    //放大 100 倍，放在整型变量中便于取数字
    buff2[1]=cc2/1000+0x30;if ( buff2[1]==0x30) buff2[1]=0x20;
                                    //取出十位，转换成字符，如果十位是 0 不显示
    buff2[2]=cc2/100-(cc2/1000)*10+0x30;    //取出个位，转换成字符
    buff2[4]=cc2/10-(cc2/100)*10+0x30;      //取出小数点后一位，转换成字符
    if (flag==1) buff2[0]='-';else buff2[0]='+';
    wc51r(0xC5);                    //写入显示缓冲区起始地址为第 2 行第 6 列
    for (k=0;k<6;k++)               //第二行显示温度
      { wc51ddr(buff2[k]);}
  }
}
```

思考题与习题

12-1 说明单片机应用系统设计开发的步骤。

12-2 简要介绍硬件系统设计时通常要考虑的问题。

12-3 简要介绍软件设计时如何合理地分配系统资源。

12-4 对 12.2 节的单片机电子时钟改进，如添加温度显示、增加定闹功能等。

12-5 对 12.3 节的单片机数显温度计改进，添加温度上/下限报警功能等。

12-6 利用 DS18B20 设计单片机多点温度采集系统。

12-7 利用 ADC0809 设计一 8 路温度采集系统，可通过按键控制显示各路电压值。

第13章　Keil C51 集成环境的使用

导读

基本内容：Keil C51 是单片机应用系统开发中使用较多的一款开发工具，它功能强大、简单易用，特别适合于初学者。本书的所有程序都是在 Keil C51 集成环境中编译通过的。内容包括：Keil C51 简介，Keil μVision4 IDE 的使用方法，Keil C51 的调试技巧。

学习要点：认识 Keil C51 集成环境，掌握 Keil μVision4 IDE 的使用方法，了解 Keil C51 的调试技巧。

13.1　Keil C51 简介

Keil C51 是美国 Keil Software 公司出品的 51 系列单片机开发软件，它集成了源程序编辑、编译、仿真调试于一体，支持汇编、C、PL/M 多种语言。系统提供丰富的库函数和功能强大的集成开发调试工具，界面友好，易学易用。Keil C51 产生到现在经历了多个版本。下面以 Keil μVision4 IDE 版为例：详细介绍系统各部分的功能和使用。

1．Keil μVision4 IDE 的安装

Keil μVision4 IDE 的安装与其他软件的安装方法相同，安装过程比较简单。运行 Keil μVision4 IDE 的安装程序，然后按默认的安装目录或设置新的安装目录，确定后根据提示依次填入相应的信息，即可将 Keil μVision4 IDE 软件安装到计算机上，同时在桌面上建立了一个快捷启动方式。

2．Keil μVision4 IDE 的界面

单击 Keil μVision4 IDE 图标，启动 Keil μVision4 IDE 程序，就可以看到如图 13-1 所示的 Keil μVision4 IDE 的主界面。下面对μVision4 IDE 的界面做简要说明。

窗口标题栏下紧接着是菜单栏，菜单栏下面是工具栏，工具栏下面的左边是项目管理器窗口，右边是编辑窗口，它们的下面是信息和输出窗口，对于这些窗口可以通过 View 菜单下面的命令打开或关闭。

菜单栏中提供了各种操作菜单，如文件操作、编辑操作、项目维护、开发工具选项设置、调试程序、窗口选择和处理在线帮助等。工具栏中的工具按钮提供键盘快捷键（用户可自行设置），允许快速执行 Keil μVision4 IDE 命令。

μVision4 有两种操作模式：编辑模式和调试模式。通过 Debug 菜单下的 Start/Stop Debugging（开始/停止调试模式）命令进行切换。编辑模式可以建立项目、文件，编译项目、文件产生可执行程序；调试模式提供一个非常强劲的调试器，可以来调试项目。两种模式的菜单命令有一定的区别。

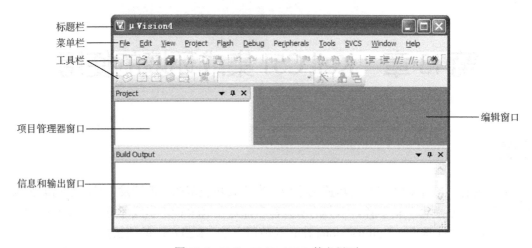

标题栏

菜单栏

工具栏

项目管理器窗口

信息和输出窗口

编辑窗口

图 13-1　Keil μVision4 IDE 的主界面

13.2　Keil μVision4 IDE 的使用方法

Keil μVision4 IDE 是一个集项目管理、源代码编辑、程序调试仿真于一体的集成开发环境。可用来编译 C 源码，汇编源程序，连接和重定位目标文件和库文件，创建 HEX 文件，调试目标程序。

Keil μVision4 IDE 中文件采用项目方式管理，各种 C51 源程序、汇编源程序、头文件等都放在项目文件里进行统一管理。一般操作步骤如下：

1）建立项目文件。

2）给项目添加程序文件。

3）编译、连接项目，形成目标文件。

4）仿真运行调试观察结果。

13.2.1　建立项目文件

μVision4 采用项目方式管理，一个项目用一个文件夹存放。建项目时要先建一文件夹，文件夹建好后，启动μVision4，通过用 Project 菜单下的 New μvision Project 命令建立项目文件。具体过程如下：

1）在编辑模式下，选择 Project 菜单下的 New μvision Project 命令，弹出如图 13-2 所示的 Create new Project 对话框。

2）在 Create New Project 对话框中选择新建项目文件的位置（设项目文件夹为 d:\newproject），输入新建项目文件的名称（设项目文件名为 example），项目文件类型固定为.uvproj。单击"保存"按钮将弹出如图 13-3 所示的 Select Device for Target 'Target 1'对话框。用户可以根据使用情况选择单片机型号，这里选择 AT89C51。Keil μVision4 IDE 几乎支持所有的 51 系列核心的单片机，并以列表的形式给出。选中芯片后，在右边的 Description 文本框中将同时显示选中的芯片的相关信息以供用户参考。

3）选择好单片机芯片后，单击"确定"按钮，这时弹出如图 13-4 所示的 Copy Standard 8051 Startup Code to Project Folder and Add File to Project？确认对话框，问是否把启动代码文件复

制到项目文件夹并添加到项目中。如果程序用 C51 语言编写要单击"是"按钮,用汇编语言编写单击"否"按钮,单击按钮后,项目文件就创建好了。项目文件创建后,左边的项目管理器窗口中可以看到新建的项目,这时的项目只是一个框架,下面需要向项目文件中添加程序文件内容。

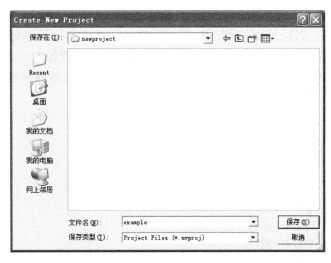

图 13-2　Create New Project 对话框

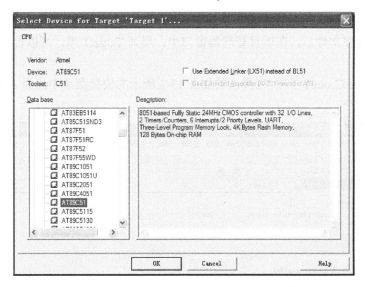

图 13-3　Select Device for Target 'Target 1'对话框

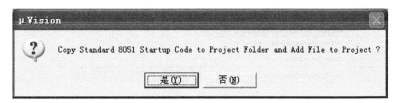

图 13-4　Copy Standard 8051 Startup Code to Project

Folder and Add File to Project 确认框

13.2.2 给项目添加程序文件

当项目文件建立好后,就可以给项目文件加入程序文件了,Keil μVision4 支持 C 语言程序,也支持汇编语言程序。若程序文件已经建立好了可直接添加,若还没有程序文件,须先建立程序文件再添加。具体过程如下:

1) 如果没有程序文件,则应先用 File 菜单下的 New 命令建立程序文件,输入文件内容,存盘(注意汇编程序扩展名为.asm,C 语言程序扩展名为.c)。例如,这里新建一个控制并行口 P2 滚动输出高电平的汇编语言程序,存盘为 IO.asm 文件。文件内容如下:

```
        ORG    0000H
        LJMP   MAIN
        ORG    0100H
MAIN:   MOV    A,#01H
LOOP:   MOV    P2,A
        LCALL  DELAY
        RL     A
        SJMP   LOOP
        SJMP   $
DELAY:  MOV    R2,#10H
DELAY1: MOV    R3,#0FFH
        DJNZ   R3,$
        DJNZ   R2,DELAY1
        RET
        END
```

2) 建立好程序文件后,在项目管理器窗口中,展开 Target1 项,可以看到 Source Group1 子项。

3)右击 Source Group1 子项,在弹出的如图 13-5 所示的快捷菜单中选择 Add Files to Group 'Source Group1'命令。

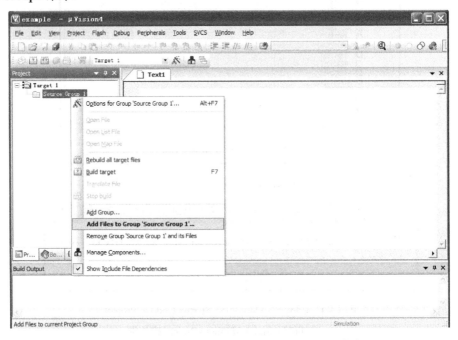

图 13-5 选择 Add Files to Group 'Source Group1' 命令

4）弹出如图 13-6 所示的 Add Files to Group 'Source Group1'对话框。在该对话框中选择需要添加的程序文件，单击 Add 按钮，把所选文件添加到项目文件中。一次可连续添加多个文件，添加的文件在项目管理器的 Source Group 1 子项下面可以看见。当不再添加文件时，单击 Close 按钮，结束添加程序文件。

注意：在该对话框中文件类型默认为*.c，如果是汇编程序，需在"文件类型"下拉列表框选择*.a*类型才看得到。如果文件添加得不对，可在项目管理器的 Source Group 1 子项，下面选中对应的文件，用右键菜单中的 Remove File 命令把它移出去。如果某个文件添加后要再次添加，将给出提示，如图 13-7 所示，提示文件已经添加了，只需单击"确定"按钮即可。

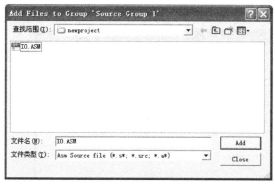

图 13-6　Add Files to Group 'Source Group 1'对话框

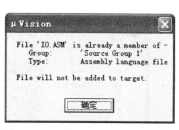

图 13-7　文件已经添加提示对话框

267

13.2.3　编译、连接项目，形成目标文件

当把程序文件添加到项目文件中，并且程序文件已经建立好并存盘后，就可以进行编译、连接，形成目标文件了。编译、连接用 Project 菜单下的 Built Target 命令（或快捷键[F7]）完成，如图 13-8 所示。

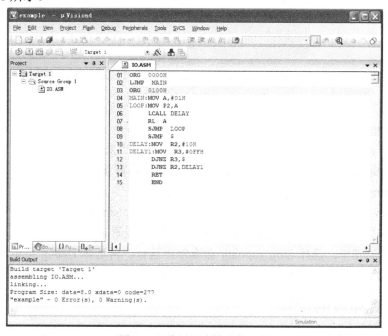

图 13-8　编译、连接后的界面

编译、连接时，如果程序有错，则编译不成功，并在下面的信息窗口中给出相应的出错提示信息，以便用户进行修改。修改后再编译、连接，这个过程可能会重复多次。如果没有错误，则编译、连接成功，并且在信息窗口给出提示信息。

13.2.4 运行调试观察结果

当项目编译、连接成功后，就可以进入调试模式，通过仿真运行来观察结果。运行调试过程如下：

1）选择 Debug 菜单下的 Start/Stop Debug Session 命令（或按快捷键[Ctrl+F5]）进入调试模式，如图 13-9 所示。

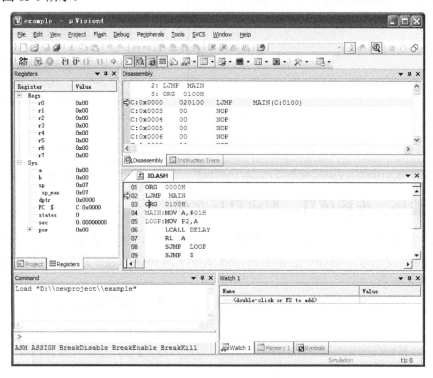

图 13-9　启动调试过程界面

2）用 Debug 菜单下的 Go 命令连续运行。

3）用 Debug 菜单下的 Step 命令单步运行。子函数中也要一步一步地运行。

4）用 Debug 菜单下的 Step Over 命令单步运行。子函数体一步直接完成。

5）用 Debug 菜单下的 Stop running 命令停止运行。

6）用 View 菜单调出各种输出窗口观察结果，用 Peripherals 菜单中的命令观察单片机内部资源。图 13-10 所示为选择 Peripherals 菜单下的 P2 口观察命令的结果。

7）运行调试完毕，选择 Stop running 命令停止运行，再选择 Debug 菜单下的 Start/Stop Debug Session 命令退出调试模式，结束仿真运行过程，回到编辑模式。

13.2.5 仿真环境的设置

当 Keil μVision4 IDE 用于软件仿真和硬件仿真时，如果不是工作在默认情况下，就需要在编译、连接之前对它进行设置。设置须在编辑模式下，右击项目窗口中当前项目的 Target 1，在弹出的快捷菜单中选择 Options for Target 'Target 1'命令，弹出如图 13-11 所示的 Options for Target 'Target 1'对话框。

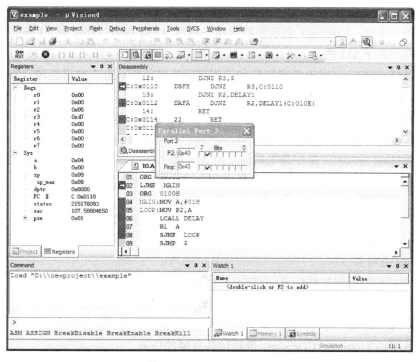

图 13-10   P2 口仿真窗口

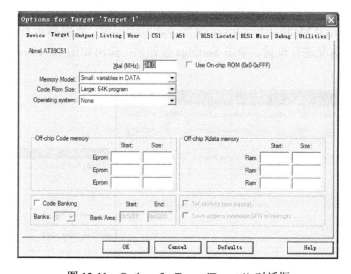

图 13-11   Options for Target 'Target 1' 对话框

269

Options for Target 'Target 1'对话框有 10 个选项卡，默认为 Target 选项卡。常用的选项卡有以下几个：

1．Target 选项卡

Target 选项卡用于设置芯片的相关信息。

- Xtal（MHz）：用于设置单片机的工作频率。已经有一个已选芯片的默认值。
- Use On-chip ROM(0x0-0xFFF)：选中该复选框表示使用芯片内部的 Flash ROM。8051 系列内部有 4KB 的 Flash ROM。要根据单片机 EA 引脚的连接情况来选取该项。
- Memory Model：用于设置变量存储方式。有 3 个可选项：Small 表示变量存储在内部 RAM 中，Compact 表示变量存储在外部 RAM 的低 256B 中，Large 表示变量存储在外部 RAM 的 64KB 中。
- Code Rom Size：用于设置程序和子程序的长度范围。有 3 个可选项：Small:program 2K or less 表示子程序和程序只限于 2KB；Compact: 2K functions,64K program 表示子程序只限于 2KB，程序可为 64KB；Large: 64K program 表示子程序和程序都可为 64KB。
- Operating system：操作系统选项，有 3 个选项可供选择。
- Off-chip Code memory：表示片外 ROM 的开始地址和大小。可以输入 3 段，如果没有，则不填。
- Off-chip Xdata memory：表示片外 RAM 的开始地址和大小。可以输入 3 段，如果没有，则不填。

2．Debug 选项卡

Debug 选项卡用于对软件仿真和硬件仿真进行设置，左边选项区域是对软件仿真进行设置，右边选项区域是对硬件仿真进行设置，如图 13-12 所示。主要设定选项如下：

- Use Simulator：纯软件仿真单选按钮，默认被选中为纯软件仿真。
- Use: Keil Monitor-51 Driver：带硬件仿真器的仿真。
- Load Application at Startup：Keil C51 自动装载程序代码选项。
- Run to main：调试 C 语言程序，自动运行 main 函数。

如果选中 Use: Keil Monitor-51 Driver 硬件仿真单选按钮，还可单击右边的 Settings 按钮，对硬件仿真器连接情况进行设置。单击 Settings 按钮后，弹出如图 13-13 所示的对话框。相关选项说明如下：

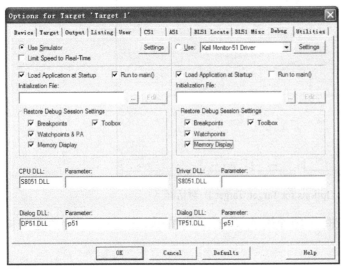

图 13-12　Debug 选项卡设置　　　　　图 13-13　仿真器连接设置

Port：串行口号设置。仿真器与计算机连接的串行口号。

Baudrate：波特率设置，与仿真器串行通信的波特率，仿真器上的设置必须与它一致。一般仿真使用的波特率为 9600。

Serial Interrupt：选中该复选框允许单片机串行中断。

Cache Options：缓存选项。可选可不选，选择可加快程序的运行速度。

3．Output 选项卡

Output 选项卡用于对编译后形成的目标文件输出进行设置，如图 13-14 所示。

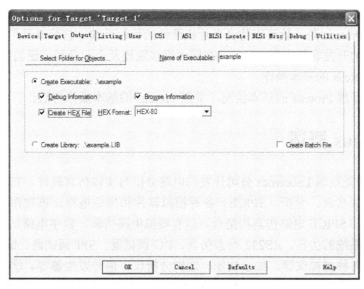

图 13-14 Output 选项卡设置

- Select Folder for Objects：单击该按钮用于设置编译后生成的目标文件的存储目录。如果不设置，默认存在项目文件所在的目录。
- Name of Executable：设置生成的目标文件的名字，默认情况下和项目文件名相同。可以生成库或.obj、HEX 格式的目标文件。
- Create Executable：选中该单选按钮，则生成.obj、HEX 格式的目标文件。
- Create HEX File：选中该复选框生成 HEX 文件。
- Create Library：选中该单选按钮生成库。

思考题与习题

13-1 简述 Keil C51 的一般操作步骤。

13-2 在 Keil C51 环境下如何设置和删除断点？在计算机上实现。

13-3 在 Keil C51 环境下如何查看和修改寄存器的内容？调试一个程序并修改寄存器的内容。

13-4 在 Keil C51 环境下如何观察和修改变量？如何观察存储器区域？在 Keil C51 环境下编程测试。

第14章　Proteus 软件的使用

导读

基本内容：Proteus 是一款可以仿真单片机硬件的软件系统。它简单易用，使用方便，对单片机应用系统的开发非常有用，目前已在国内很多院校及企业获得广泛的应用。内容包括：Proteus 概述，Proteus 的基本操作。

学习要点：了解 Proteus 的基本情况；掌握 Proteus 的基本操作方法。

14.1　Proteus 概述

Proteus ISIS 是英国 Labcenter 公司开发的电路分析与实物仿真软件。它运行于 Windows 操作系统上，可以仿真、分析（SPICE）各种模拟器件和集成电路，该软件的特点是：①实现了单片机仿真和 SPICE 电路仿真相结合。具有模拟电路仿真、数字电路仿真、单片机及其外围电路组成的系统的仿真、RS232 动态仿真、I^2C 调试器、SPI 调试器、键盘和 LCD 系统仿真的功能；有各种虚拟仪器，如示波器、逻辑分析仪、信号发生器等。②支持主流单片机系统的仿真。目前支持的单片机型号有：68000 系列、8051 系列、AVR 系列、PIC12 系列、PIC16 系列、PIC18 系列、Z80 系列、HC11 系列以及各种外围芯片。③提供软件调试功能。在硬件仿真系统中具有全速、单步、设置断点等调试功能，同时可以观察各个变量、寄存器等的当前状态；同时支持第三方的软件编译和调试环境，如 Keil C51 μVision4 等软件。④具有强大的原理图绘制功能。总之，该软件是一款集单片机和 SPICE 于一身的仿真软件，功能极其强大。Proteus 发展很快，现在已有多个版本，本章以 7.8 Professional 版介绍 Proteus ISIS 软件的工作环境和一些基本操作。

14.1.1　Proteus 的进入

双击桌面上的 ISIS Professional 快捷图标，或者选择"开始"→"程序"→Proteus Professional→ISIS Professional 命令，出现如图 14-1 所示界面，表明进入 Proteus ISIS 集成环境。

图 14-1　启动时的屏幕

14.1.2　Proteus 的界面

Proteus ISIS 的工作界面是一种标准的 Windows 界面，如图 14-2 所示。包括：标题栏、菜单栏、主工具栏、绘图工具栏、状态栏、对象选择按钮、方向控制按钮、仿真进程控制按钮、预览窗口、对象选择器窗口、原理图编辑窗口等。

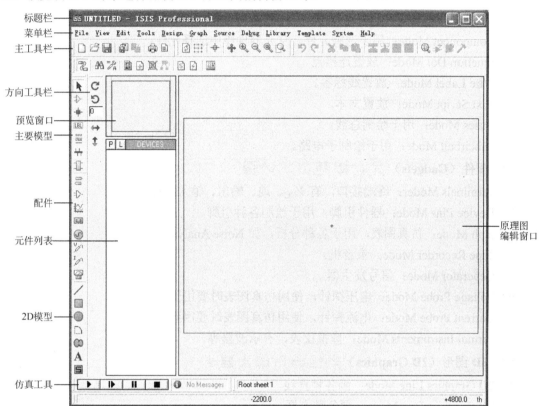

图 14-2　Proteus ISIS 的工作界面

1．菜单栏

菜单栏包括 File（文件）、View（查看）、Edit（编辑）、Tools（工具）、Design（设计）、Graph（图形）、Source（源）、Debug（调试）、Library（库）、Template（模板）、System（系统）和 Help（帮助）。

2．主工具栏

主工具栏包括 File 工具栏、View 工具栏、Edit 工具栏和 Design 工具栏等。每个工具栏都可以打开和关闭，可通过 View→Toolbars 命令进行设置。

3．原理图编辑窗口

顾名思义，它是用来绘制原理图的。蓝色方框内为可编辑区，元件要放到它里面。注意：这个窗口是没有滚动条的，可用预览窗口来改变原理图的可视范围。

4．预览窗口

它可显示两个内容，一个是当在元件列表中选中一个元件时，它会显示该元件的预览图；另一个是，当光标落在原理图编辑窗口时（即放置元件到原理图编辑窗口后或在原理图编辑窗口中单击后），它会显示整张原理图的缩略图，并会显示一个绿色的方框，绿色方框里面的内容就是当前原理图窗口中显示的内容，因此，可用鼠标在它上面单击来改变绿色的方框的位置，从而改变原理图的可视范围。

5．模型选择工具栏

（1）主要模型（Main Modes）

1）Selection Mode：用于选中元件，选中原理图编辑窗口中的元件。

2）Component Mode：用于选择元件，从元器件库中选择元件。

3）Junction Dot Mode：放置连接点。

4）Wire Label Mode：放置线标签。

5）Text Script Mode：放置文本。

6）Buses Mode：用于绘制总线。

7）Subcircuit Mode：用于绘制子电路。

（2）配件（Gadgets）

1）Terminals Moder：终端接口，有 V_{CC}、地、输出、输入等接口。

2）Device Pins Mode：器件引脚，用于绘制各种引脚。

3）raph Mode：仿真图表，用于各种分析，如 Noise Analysis。

4）Tape Recorder Mode：录音机。

5）Generator Mode：信号发生器。

6）Voltage Probe Mode：电压探针，使用仿真图表时要用到。

7）Current Probe Mode：电流探针，使用仿真图表时要用到。

8）Virtual Instruments Mode：虚拟仪表，有示波器等。

（3）2D 图形（2D Graphics）

1）2D Graphics Line Mode：画各种直线。

2）2D Graphics Box Mode：画各种方框。

3）2D Graphics Circle Mode：画各种圆。

4）2D Graphics Are Mode：画各种圆弧。

5）2D Graphics Closed Path Mode：画各种多边形。

6）2D Graphics Text Mode：画各种文本。

7）2D Graphics Symbols Mode：画符号。

8）2D Graphics Markers Mode：画原点等。

6．元件列表（The Object Selector）：

用于挑选元件（Component）、终端接口（Terminals）、信号发生器（Generators）、仿真图表（Graph）、虚拟仪表（Virtual Instruments）等。例如，当你选择"元件（Components）"工具，单击 P 按钮会打开选择元件对话框，选择了一个元件后（单击了 OK 按钮后），该元件会在元件列表中显示，以后要用到该元件时，只需在元件列表中选择即可。

7．方向工具栏（Orientation Toolbar）

依次为向右旋转 90°，向左旋转 90°，水平翻转和垂直翻转。使用方法：先右键单击元件，再单击（左击）相应的旋转图标。

8. 仿真工具栏

仿真控制按钮：①运行，②单步运行，③暂停，④停止。

14.2　Proteus 的基本操作

下面以一个简单的实例来完整地介绍 Proteus ISIS 的处理过程和基本操作。

在 AT89C51 单片机小系统的基础上 P2 口连接 8 个发光二极管指示灯，编程实现流水灯的控制，从低位到高位轮流点亮指示灯，一直重复。在 Keil C51 中编写程序，形成 HEX 文件，在 Proteus 中设计硬件，下载程序，运行查看结果。

14.2.1　新建电路和选择元件

1）Proteus ISIS 软件打开后，系统默认新建一个名为 UNTITLED（没有存盘的文件）的原理图文件，如图 14-3 所示。用户要存盘，则可用 File 菜单下的 Save 或 Save as 命令，这里设文件保存到 d:\newproject 文件夹下面（最好与 Keil C51 编写的程序放在同一文件夹，这样使用方便），文件名为 example，扩展名为默认。

2）在主要模型下选中 Component Mode 选择元件工具，然后再单击图 14-3 中的 P 按钮，打开元件选择对话框，如图 14-4 所示。

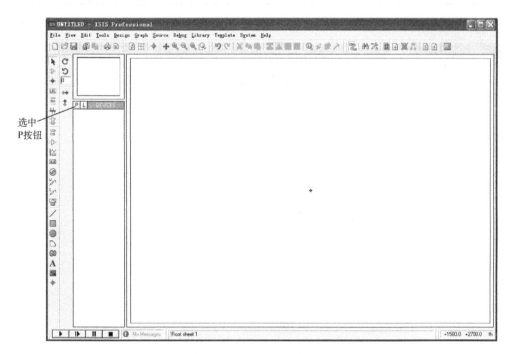

选中
P按钮

图 14-3　Proteus ISIS 窗口图

3）在元件选择对话框的 Keywords 文本框中输入元件关键字，搜索元件，找到元件后，双击元件则可选中该元件，添加元件到 DEVICES 元件列表栏。本实例中，需要的元件依次为：AT89C51（单片机）、RES（电阻）、CAP（电容）、BUTTON（按键）、CRYSTAL（晶振）、LED-RED（发光二极管）。添加后如图 14-5 所示，选择了的元件列于 DEVICES 元件列表栏。

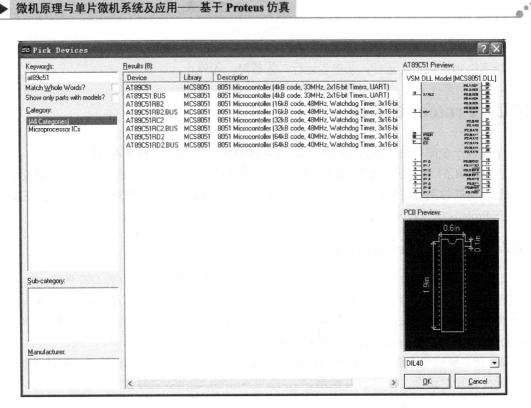

图 14-4　元件选择对话框

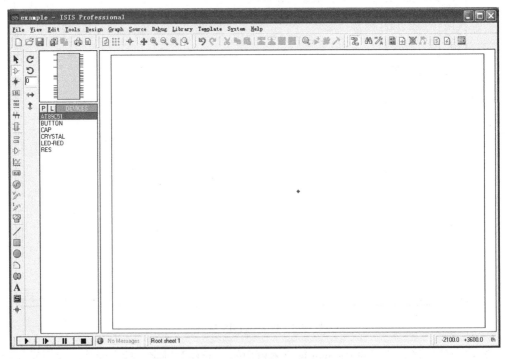

图 14-5　添加元件到 DEVICES 元件列表栏

　　注意：在选择元件时一定要知道元件的名字或名字的一部分，这样才能找到元件。表 14-1 给出 Proteus 中部分常见的元件及相关名称。

表 14-1　Proteus 中部分常见元件表

元件名称	中文名说明	元件名称	中文名说明
7407	驱动门	BATTERY	电池/电池组
1N914	二极管	CAP	电容
74Ls00	与非门	CAPACITOR	电容器
74LS04	非门	CLOCK	时钟信号源
74LS08	与门	CRYSTAL	晶振
74LS390	TTL 双十进制计数器	FUSE	保险丝
7SEG	7 段式数码管开始字符	LAMP	灯
LED	发光二极管	POT-HG	三引线可变电阻器
LM016L	2 行 16 列液晶	RES	电阻
MOTOR	马达	RESISTOR	电阻器
SWITCH	开关	RESPACK	排阻
BUTTON	按钮	8051	51 系列单片机
INDUCTOR	电感	ARM	ARM 系列
SPEAKERS & SOUNDERS	扬声器	PIC	PIC 系列单片机
ALTERNATOR	交流发电机	AVR	AVR 系列单片机

14.2.2　放置和编辑元件

（1）放置元件

放置元件的过程如下：

1）选择 Component Mode 工具，这时 DEVICES 元件列表将出现元件列表单，如图 14-5 所示。

2）单击 DEVICES 元件列表中的元件名称选中元件，此时在预览窗口将出现该元件的形状，这时选择方向工具，可改变元件的放置方向。移动光标到编辑窗口，单击，在光标处会出现元件形状，再拖动鼠标，将元件移动到合适的位置，单击，元件就被放在相应的位置上。通过相同的方法把所有元件放置到编辑窗口中相应的位置，电源和地是在配件的终端接口 中。本实例放置情况如图 14-6 所示。

（2）编辑元件

元件放置后，如果元件位置不合适或不对，可通过移动、旋转、删除、属性修改等操作对元件进行编辑。

对元件编辑时首先要选中元件，元件的选中方法有以下几种：①用鼠标左键单击选中；②对于活动元件，如开关 BUTTON 等，通过用鼠标左键拖动选中；③对于一组元件的选择，可以通过按住鼠标左键进行拖动，选中选择框内的所有元件，也可按住[Ctrl]键再依次单击要选中的元件。

选中元件后，如果要移动元件，则按住鼠标左键进行拖动所选元件即可；如要删除元件，按[Delete]键删除，或者在选中的元件上右击，在弹出的右键菜单中选择 Delete Object 命令；如果要旋转，则在右键菜单中选择相应的旋转命令。如果要修改属性，则在右键菜单下选择 Edit Properties 命令，在弹出的元件属性对话框中进行修改。不同的元件，其属性不同，弹出的元件属性对话框也不一样。图 14-7 是电阻属性对话框。

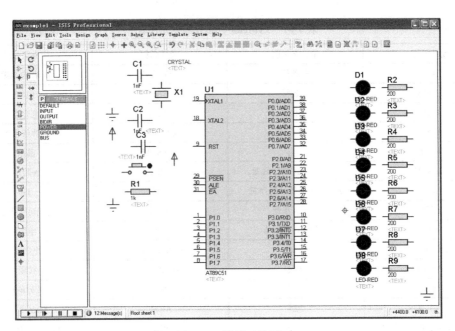

图 14-6　放置元件图

电阻属性对话框中包含如下信息：

Component Reference：件参考号。

Resistance：电阻阻值。

Model Type：模型方式。

PCB Package：PCB 封装。

Other Properties：其他属性。

14.2.3　连接导线

通过导线把电路图中放置的元件连接起来，形成电路图。在 Proteus 中元件引脚间的连接一般有两种方式：导线连接方式和总线连接方式。导线连接方式简单，但电路复杂时连接不方便：总线

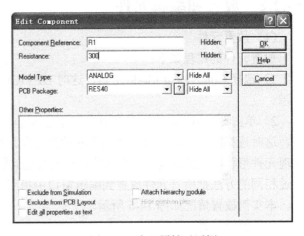

图 14-7　电阻属性对话框

方式连接较复杂，但连接的电路美观，特别适合连线较多的时候。

1. 导线连接方式

导线连接方式过程如下：

1）将光标移动到第一个元件的连接点，光标前会出现□图标，单击，这时会从连接点引出一条导线。

2）移动光标到第二个元件的连接点，在第二个元件的连接点时，光标前也会出现□图标，单击，则两个元件连接上导线，这时导线的走线方式是系统自动设定而且是走直线。如果用户要控制走线路径，只需在相应的拐点处单击即可，如图 14-8 所示。

用户也可用 Tools（工具）菜单下面的自动 Wire Auto Router（走线）命令取消自动走线，这时连接形成的就是直接从起点到终点的导线。另外，如果没有到第二个元件的连接点就双

击，则会从第一个元件的连接点引出一段导线。

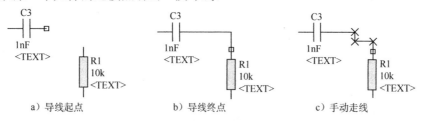

图 14-8　导线的连接

对于导线的连接，也可通过加标签的方法。给导线加标签用主要模型中的放置线标签 <u>LBL</u> 工具。处理过程如下：单击放置线标签 <u>LBL</u> 按钮，移动光标到需要加标签的导线上，这时光标

前会出现×图标，单击，弹出编辑线标签对话框，如图 14-9 所示。在 String 文本框中输入线标签名。

在一个电路图中，标签名相同的导线在逻辑上是连接在一起的。

2. 总线连接方式

总线用于元件中间段的连接，便于减少电路导线的连接，而元件引脚端的连接必须用一般的导线。因此，使用总线时主要涉及绘制总线和导线与总线的连接。

（1）绘制总线

绘制总线通过主要模型中的绘制总线（Buses Mode）┷工具。选中该工具后，移动光标到编辑窗口，在需要绘制总线的开始位置单击，移动光标，在结束位置再单击，便可绘制出一条总线。

（2）导线与总线的连接

导线与总线的连接一般是从导线向总线方向

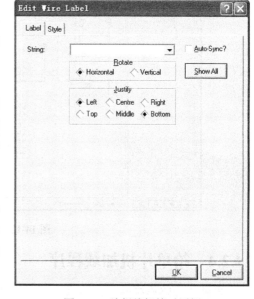

图 14-9　编辑线标签对话框

279

连线，连接时一般有直线和斜线两种，如图 14-10 所示，斜线连接时一般要取消自动走线。

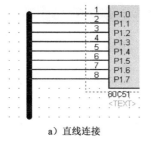

a）直线连接

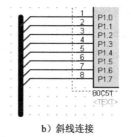

b）斜线连接

图 14-10　导线与总线的连接

总线绘制好后，也可用放置线标签 <u>LBL</u> 工具给总线加标签。给总线加标签时，可同时给总线中的一组信号线加标签。处理过程与导线的一样，只是标签用 A[0…7]的形式，这时就给总线中的 8 根信号线加了标签，8 根信号线的标签名分别为 A0，A1、…、A7。连接在总线上的导线标签名相同，则它们在逻辑关系上是连接在一起的，如图 14-11 所示。

在本实例中，电阻 R1 的阻值改为 1kΩ，R2～R9 是 LED 的限流电阻，改为 200Ω。由于线路比较简单，所以我们用导线方式连接，根据 AT89C51 单片机小系统和本实例 P2 接发光二极管的连接要求连接导线，连接后电路如图 14-12 所示。

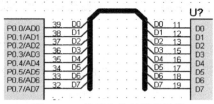

图 14-11　总线上信号线的连接

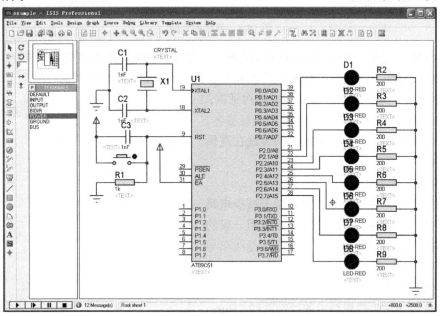

图 14-12　实例导线连接图

14.2.4　给单片机加载程序

当硬件线路连接好，元件属性也调整好后，就可以给单片机加载程序了。加载的程序只能是 HEX 文件，可以在 Keil C51 软件中进行设计，形成 HEX 文件。处理时软件程序文件最好与硬件电路文件保存在一个文件夹下面，在本实例中，我们都保存在 d:\newproject 文件夹下面。软件源程序在第 13 章已介绍。

假定在 Keil C51 中我们已经编译形成了名为 example.hex 的十六进制文件，则加载过程如下：在 Proteus 电路图中，单击单片机 AT89C52 芯片，选中，再次单击（或右击选择 Edit Properties 命令），打开单片机 AT89C52 的属性对话框。在属性对话框中的 Program File 文本框中选择加载到 AT89C52 芯片中的程序，这里选择的是同一个文件夹下面的 example.hex 文件，如图 14-13 所示。

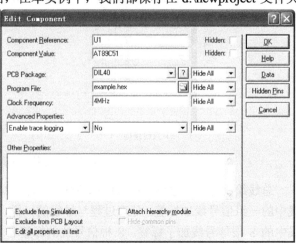

图 14-13　加载程序到单片机

14.2.5　运行仿真查看结果

程序加载以后，就可以通过仿真工具中的运行按钮 ▶ 在单片机中运行程序，运行后可以在 Proteus ISIS 中看到运行的结果。本实例结果如图 14-14 所示。如果要查看单片机的特殊功能寄存器、存储器中的内容，则可用暂停按钮 ❚❚ 使程序暂停下来，然后通过 Debug（调试）菜单下面的相应命令打开特殊功能寄存器窗口或存储器窗口进行查看。

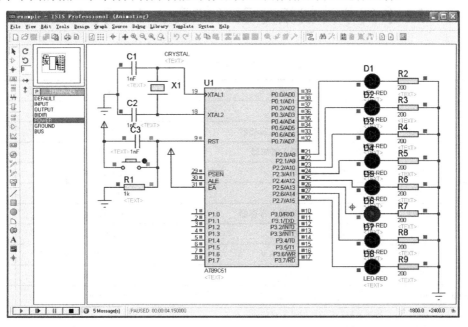

图 14-14　仿真结果图

最后需要说明的是，在仿真调试时，如果因为程序有错，仿真不能得到相应的结果，则要在 Keil μVision IDE 中修改程序，程序修改后再对程序进行重新编译连接形成 HEX 文件，但在 Proteus 中不用再重新加载，因为前面已经加载了，直接运行即可，非常方便。因而现在 Keil μVision IDE 和 Proteus 仿真单片机应用系统使用得非常广泛。

思考题与习题

14-1　简述 Proteus ISIS 的一般处理过程。

14-2　在 Proteus 中，导线的连接方式有几种？

14-3　在 Proteus 中，如何将程序加载到单片机中？

附　　录

附录 A　51 系列单片机指令表（如表 A-1～表 A-5）

表 A-1　数据传送类指令表

助记符		功能说明	机器码	字节数	机器周期
MOV A,	Rn	寄存器内容送入累加器	E8～EF	1	1
	direct	直接地址单元中的内容送入累加器	E5(direct)	2	1
	@Ri	间接 RAM 中的数据送入累加器	E6～E7	1	1
	#data8	8 位立即数送入累加器	74 direct	2	1
MOV Rn,	A	累加器内容送入寄存器	F8～FF	1	1
	direct	直接地址单元中的内容送入寄存器	A8(direct)	2	2
	#data8	8 位立即数送入寄存器	78(data8)	2	1
MOV direct,	A	累加器内容送入直接地址单元	F5(direct)	2	1
	Rn	寄存器内容送入直接地址单元	88～8F(direct)	2	2
	direct	直接地址单元中的内容送入另一个直接地址单元	85(direct)(direct)	3	2
	@Ri	间接 RAM 中的数据送入直接地址单元	86 87(direct)	2	2
	#data8	8 位立即数送入直接地址单元	75(direct)(data8)	3	2
MOV @Ri,	A	累加器内容送入间接 RAM 单元	F6 F7	1	1
	direct	直接地址单元中的内容送入间接 RAM 单元	A6 A7(direct)	2	2
	#data8	8 位立即数送入间接 RAM 单元	76 76(data8)	2	1
MOV DPTR,#data16		16 位立即数送入数据指针	90(directH)(directL)	3	2
MOVX A,	@Ri	外部 RAM（8 位地址）送入 A	E2 E3	1	2
	@DPTR	外部 RAM（16 位地址）送入 A	E0	1	2
MOVX @Ri,A		A 送入外部 RAM（8 位地址）	F2 F3	1	2
MOVX @DPTR,A		A 送入外部 RAM（16 位地址）	F0	1	2
SWAP A		累加器高 4 位与低 4 位互换	C4	1	1
XCHD A,@Ri		间接 RAM 与 A 进行低半字节交换	D6 D7	1	1
XCH A,	Rn	寄存器与累加器交换	C8～CF	1	1
	direct	直接地址单元与累加器交换	C5(direct)	2	1
	@Ri	间接 RAM 与累加器交换	C6 C7	1	1
MOVC A,@A+DPTR		以 DPTR 为基址变址寻址单元中的数据送入累加器	93	1	2
MOVC A,@A+PC		以 PC 为基址变址寻址单元中的数据送入累加器	83	1	2
PUSH direct		直接地址单元中的数据入栈	D0(direct)	2	2
POP direct		栈底数据弹出送入直接地址单元	C0(direct)	2	2

表 A-2　算术操作类指令表

助记符		功能说明	机器码	字节数	机器周期
ADD A,	Rn	寄存器内容加到累加器	28~2F	1	1
	direct	直接地址单元中的数据加到累加器	25(direct)	2	1
	@Ri	间接 RAM 中的数据加到累加器	26 27	1	1
	#data8	8 位立即数加到累加器	24(data8)	2	1
ADDC A,	Rn	寄存器内容带进位加到累加器	38~3F	1	1
	direct	直接地址单元中的数据带进位加到累加器	35(direct)	2	1
	@Ri	间接 RAM 内容带进位加到累加器	36 37	1	1
	#data8	8 位立即数带进位加到累加器	34(data8)	2	1
INC	A	累加器加 1	04	1	1
	Rn	寄存器加 1	08~0F	1	1
	direct	直接地址单元内容加 1	05(direct)	2	1
	@Ri	间接 RAM 内容加 1	06 07	1	1
	DPTR	地址寄存器 DPTR 加 1	A3	1	2
DA A		累加器进行十进制转换	D4	1	4
SUBB A,	Rn	累加器带借位减寄存器内容	98~9F	1	1
	direct	累加器带借位减直接地址单元内容	95(direct)	2	1
	@Ri	累加器带借位减间接 RAM 内容	96 97	1	1
	#data8	累加器带借位减 8 位立即数	94(data8)	2	1
DEC	A	累加器减 1	14	1	1
	Rn	寄存器减 1	18~1F	1	1
	direct	直接地址单元内容减 1	15(direct)	2	1
	@Ri	间接 RAM 内容减 1	16 17	1	1
MUL A,B		A 乘以 B	A4	1	4
DIV A,B		A 除以 B	84	1	4

表 A-3　逻辑操作类指令表

助记符		功能说明	机器码	字节数	机器周期
CLR A		累加器清零	E4	1	1
CPL A		累加器求反	F4	1	1
ANL A,	Rn	累加器与寄存器相与	58~5F	1	1
	direct	累加器与直接地址单元相与	55(direct)	2	1
	@Ri	累加器与间接 RAM 内容相与	56 57	1	1
	#data8	累加器与 8 位立即数相与	54(data8)	2	1
ANL direct,	A	直接地址单元与累加器相与	52(direct)	2	1
	#data8	直接地址单元与 8 位立即数相与	53(direct)(data8)	3	2
ORL A,	Rn	累加器与寄存器相或	48~4F	1	1

283

（续）

助记符		功能说明	机器码	字节数	机器周期
ORL A,	direct	累加器与直接地址单元相或	45(direct)	2	1
	@Ri	累加器与间接 RAM 内容相或	46 47	1	1
	#data8	累加器与 8 位立即数相或	44(data8)	2	1
ORL direct,	A	直接地址单元与累加器相或	42(direct)	2	1
	#data8	直接地址单元与 8 位立即数相或	43(direct)(data8)	3	2
XRL A,	Rn	累加器与寄存器相异或	68～6F	1	1
	direct	累加器与直接地址单元相异或	65(direct)	2	1
	@Ri	累加器与间接 RAM 相异或	66 67	1	1
	#data8	累加器与 8 位立即数相异或	64(data8)	2	1
XRL direct,	A	直接地址单元与累加器相异或	62(direct)	2	1
	#data8	直接地址单元与 8 位立即数相异或	63(direct)(data8)	3	2
循环/移位类指令					
RL A		累加器循环左移	23	1	1
RLC A		累加器带进位循环左移	33	1	1
RR A		累加器循环右移	03	1	1
RRC A		累加器带进位循环右移	13	1	1

表 A-4 控制转移类指令表

助记符	功能说明	机器码	字节数	机器周期
LJMP addr16	长转移	02(addrH)(addrL)	3	2
AJMP addr11	绝对短转移	(addrH*20+1)(addrL)	2	2
SJMP rel	相对转移	80(rel)	2	2
JMP @A+DPTR	相对于 DPTR 的间接转移	73	1	2
JZ rel	累加器为零转移	60(rel)	2	2
JNZ rel	累加器非零转移	70(rel)	2	2
CJNE A,direct,rel	累加器与直接地址单元比较不等则转移	B5(direct)(rel)	3	2
CJNE A,#data8,rel	累加器与 8 位立即数比较不等则转移	B4(data8)(rel)	3	2
CJNE Rn,#data8,rel	寄存器与 8 位立即数比较不等则转移	B8～BF(data8)(rel)	3	2
CJNE @Ri,#data8,rel	间接 RAM 单元与 8 位立即数比较不等则转移	B6 B7(data8)(rel)	3	2
DJNZ Rn,rel	寄存器减 1，非零转移	D8～DF(rel)	2	2
DJNZ direct,rel	直接地址单元减 1，非零转移	D5(direct)(rel)	3	2
ACALL addr11	绝对短调用子程序	(addrH*20+11)(addrL)	2	2
LACLL addr16	长调用子程序	12(addrH)(addrL)	3	2
RET	子程序返回	22	1	2
RETI	中断返回	32	1	2
NOP	空操作	00	1	1

表 A-5　位操作类指令表

助记符	功能说明	机器码	字节数	机器周期
CLR C	进位位清零	C3	1	1
CLR bit	直接地址位清零	C2(bit)	2	1
SETB C	进位位置 1	D3	1	1
SETB bit	直接地址位置 1	D2(bit)	2	1
CPL C	进位位求反	B3	1	1
CPL bit	直接地址位求反	B2(bit)	2	1
ANL C,bit	进位位和直接地址位相与	82(bit)	2	2
ANL C,/bit	进位位和直接地址位的反码相与	B0(bit)	2	2
ORL C,bit	进位位和直接地址位相或	72(bit)	2	2
ORL C,/bit	进位位和直接地址位的反码相或	A0(bit)	2	2
MOV C,bit	直接地址位送入进位位	A2(bit)	2	1
MOV bit,C	进位位送入直接地址位	92(bit)	2	2
JC rel	进位位为 1 则转移	40(rel)	2	2
JNC rel	进位位为 0 则转移	50(rel)	2	2
JB bit,rel	直接地址位为 1 则转移	20(bit)(rel)	3	2
JNB bit,rel	直接地址位为 0 则转移	10(bit)(rel)	3	2
JBC bit,rel	直接地址位为 1 则转移，该位清零	30(bit)(rel)	3	2

285

附录 B　C51 的库函数

　　C51 编译器提供了丰富的库函数，使用库函数可以大大简化用户的程序设计工作从而提高编程效率。基于 51 系列单片机本身的特点，某些库函数的参数和调用格式与 ANSIC 标准有所不同。

　　每个库函数都在相应的头文件中给出了函数原型声明，用户如果需要使用库函数，必须在源程序的开始处采用预处理命令#include，将有关的头文件包含进来。下面是 C51 中常见的库函数。

B.1　寄存器库函数 reg×××.h

　　在 reg×××.h 的头文件中定义了 51 系列单片机的所有特殊功能寄存器和相应的位，定义时都用大写字母。当在程序的头部把寄存器库函数 reg×××.h 包含后，在程序中就可以直接使用 51 系列单片机中的特殊功能寄存器和相应的位。

B.2　字符函数 ctype.h

　　函数原型：extern　bit　isalpha (char　c);
　　再入属性：reentrant
　　功能：检查参数字符是否为英文字母，是则返回 1，否则返回 0。

函数原型：extern bit isalnum(char c);

再入属性：reentrant

功能：检查参数字符是否为英文字母或数字字符，是则返回 1，否则返回 0。

函数原型：extern bit iscntrl (char c);

再入属性：reentrant

功能：检查参数字符是否在 0x00～0x1F 之间或等于 0x7F，是则返回 1，否则返回 0。

函数原型：extern bit isdigit(char c);

再入属性：reentrant

功能：检查参数字符是否为数字字符，是则返回 1，否则返回 0。

函数原型：extern bit isgraph (char c);

再入属性：reentrant

功能：检查参数字符是否为可打印字符，可打印字符的 ASCII 值为 0x21～0x7E，不包括空格、是则返回 1，否则返回 0。

函数原型：extern bit isprint (char c);

再入属性：reentrant

功能：除了与 isgraph 相同之外，还接收空格符（0x20）。

函数原型：extern bit ispunct (char c);

再入属性：reentrant

功能：检查参数字符是否为标点和格式字符，是则返回 1，否则返回 0。

函数原型：extern bit islower (char c);

再入属性：reentrant

功能：检查参数字符是否为小写英文字母，是则返回 1，否则返回 0。

函数原型：extern bit isupper (char c);

再入属性：reentrant

功能：检查参数字符是否为大写英文字母，是则返回 1，否则返回 0。

函数原型：extern bit isspace (char c);

再入属性：reentrant

功能：检查参数字符是否为空格、制表符、回车、换行、垂直制表符和送纸之一，是则返回 1，否则返回 0。

函数原型：extern bit isxdigit (char c);

再入属性：reentrant

功能：检查参数字符是否为十六进制数字字符，是则返回 1，否则返回 0。

函数原型：extern char toint (char c);

再入属性：reentrant

功能：将 ASCII 字符的 0～9、A～F 转换为十六进制数，返回值为 0～F。

函数原型：extern char tolower (char c);

再入属性：reentrant

功能：将大写字母转换成小写字母，如果不是大写字母，则不做转换直接返回相应的内容。

函数原型：extern char toupper (char c);

再入属性：reentrant

功能：将小写字母转换成大写字母，如果不是小写字母，则不做转换直接返回相应的内容。

B.3 一般输入/输出函数 stdio.h

C51 库中包含的输入/输出函数 stdio.h 是通过 51 系列单片机的串行口工作的。在使用输入/输出函数 stdio.h 库中的函数之前，应先对串行口进行初始化。例如，以 2400 比特率（时钟频率为 12MHz），初始化程序为

```
SCON=0x52;
TMOD=0x20;
TH1=0xF3;
TR1=1;
```

当然也可以用其他的波特率。

在输入/输出函数 stdio.h 中，库中的所有其他的函数都依赖 getkey()和 putchar()函数，如果希望支持其他 I/O 接口，只需修改这两个函数。

函数原型：extern char _getkey(void);

再入属性：reentrant

功能：从串口读入一个字符，不显示。

函数原型：extern char getkey(void);

再入属性：reentrant

功能：从串口读入一个字符，并通过串口输出对应的字符。

函数原型：extern char putchar(char c);

再入属性：reentrant

功能：从串口输出一个字符。

函数原型：extern char *gets(char * string,int len);

再入属性：non-reentrant

功能：从串口读入一个长度为 len 的字符串存入 string 指定的位置。输入以换行符结束。输入成功则返回传入的参数指针，失败则返回 NULL。

函数原型：extern char ungetchar(char c);

再入属性：reentrant

功能：将输入的字符送到输入缓冲区并将其值返回给调用者，下次使用 gets 或 getchar 时可得到该字符，但不能返回多个字符。

函数原型：extern char ungetkey(char c);

再入属性：reentrant

功能：将输入的字符送到输入缓冲区并将其值返回给调用者，下次使用 getkey 时可得到该字符，但不能返回多个字符。

函数原型：extern int printf(const char * fmtstr[,argument]…);

再入属性：non-reentrant

功能：以一定的格式通过 51 系列单片机的串口输出数值或字符串，返回实际输出的字符数。

函数原型：extern int sprintf(char * buffer,const char*fmtstr[,argument]);

再入属性：non-reentrant

功能：sprintf 与 printf 的功能相似，但数据不是输出到串口，而是通过一个指针 buffer，送入可寻址的内存缓冲区，并以 ASCII 码形式存放。

函数原型：extern int puts (const char * string);

再入属性：reentrant

功能：将字符串和换行符写入串行口，错误时返回 EOF，否则返回一个非负数。

函数原型：extern int scanf(const char * fmtstr[,argument]…);

再入属性：non-reentrant

功能：以一定的格式通过 51 系列单片机的串口读入数据或字符串，存入指定的存储单元。注意，每个参数都必须是指针类型。scanf 返回输入的项数，错误时返回 EOF。

函数原型：extern int sscanf(char *buffer,const char * fmtstr[,argument]);

再入属性：non-reentrant

功能：sscanf 与 scanf 功能相似，但字符串的输入不是通过串口，而是通过另一个以空结束的指针。

B.4　内部函数 intrins.h

函数原型：unsigned char _crol_(unsigned char var,unsigned char n);

unsigned int _irol_(unsigned int var,unsigned char n);

unsigned long _irol_(unsigned long var,unsigned char n);

再入属性：reentrant/intrinse

功能：将变量 var 循环左移 n 位，它们与 51 系列单片机的"RL A"指令相关。这 3 个函数的不同之处在于变量的类型与返回值的类型不一样。

函数原型：unsigned char _cror_(unsigned char var,unsigned char n);

unsigned int _iror_(unsigned int var,unsigned char n);

unsigned long _iror_(unsigned long var,unsigned char n);

再入属性：reentrant/intrinse

功能：将变量 var 循环右移 n 位，它们与 51 系列单片机的"RR A"指令相关。这 3 个函数不同之处在于参数与返回值的类型不一样。

函数原型：void _nop_(void);

再入属性：reentrant/intrinse

功能：产生一个 51 系列单片机的 NOP 指令。

函数原型：bit _testbit_(bit b);

再入属性：reentrant/intrinse

功能：产生一条 51 系列单片机的 JBC 指令。该函数对字节中的一位进行测试。为 1 则返回 1，为 0 则返回 0。该函数只能对可寻址位进行测试。

B.5 标准函数 stdlib.h

函数原型：float atof(void *string);

再入属性：non-reentrant

功能：将字符串 string 转换成浮点数值并返回。

函数原型：long atol(void *string);

再入属性：non-reentrant

功能：将字符串 string 转换成长整型数值并返回。

函数原型：int atoi(void *string);

再入属性：non-reentrant

功能：将字符串 string 转换成整型数值并返回。

函数原型：void *calloc(unsigned int n,unsigned int len);

再入属性：non-reentrant

功能：返回 n 个具有 len 长度的内存指针，如果无内存空间可用，则返回 NULL。所分配的内存区域用 0 进行初始化。

函数原型：void *malloc(unsigned int size);

再入属性：non-reentrant

功能：返回一个具有 size 长度的内存指针，如果无内存空间可用，则返回 NULL。所分配的内存区域不进行初始化。

函数原型：void *realloc (void xdata *p,unsigned int size);

再入属性：non-reentrant

功能：改变指针 p 所指向的内存单元的大小，原内存单元的内容被复制到新的存储单元中，如果该内存单元的区域较大，多出的部分不进行初始化。realloc 函数返回指向新存储区的指针，如果无足够大的内存可用，则返回 NULL。

函数原型：void free(void xdata *p);

再入属性：non-reentrant

功能：释放指针 p 所指向的存储器区域，如果返回值为 NULL，则该函数无效，p 必须为以前用 callon、malloc 或 realloc 函数分配的存储器区域。

函数原型：void init_mempool(void *data *p,unsigned int size);

再入属性：non-reentrant

功能：对被 callon、malloc 或 realloc 函数分配的存储器区域进行初始化。指针 p 指向存储器区域的首地址，size 表示存储区域的大小。

B.6 字符串函数 string.h

函数原型：void   *memccpy(void *dest,void *src,char val,int len);

再入属性：non-reentrant

功能：复制字符串 src 中 len 个元素到字符串 dest 中。如果实际复制了 len 个字符，则返回 NULL。复制过程在复制完字符 val 后停止，此时返回指向 dest 中下一个元素的指针。

函数原型：void   *memmove (void *dest,void *src,int len);

再入属性：reentrant/intrinse

功能：memmove 的工作方式与 memccpy 相同，只是复制的区域可以交叠。

函数原型：void   *memchr (void *buf,char val,int len);

再入属性：reentrant/intrinse

功能：顺序搜索字符串 buf 的头 len 个字符以找出字符 val，成功后返回 buf 中指向 val 的指针，失败时返回 NULL。

函数原型：char   memcmp(void *buf1,void *buf2,int len);

再入属性：reentrant/intrinse

功能：逐个字符比较串 buf1 和 buf 2 的前 len 个字符。相等时返回 0；若 buf1 大于 buf2，则返回一个正数；若 buf1 小于 buf 2，则返回一个负数。

函数原型：void   *memcopy (void *dest,void *src,int len);

再入属性：reentrant/intrinse

功能：从 src 所指向的存储器单元复制 len 个字符到 dest 中，返回指向 dest 中最后一个字符的指针。

函数原型：void   *memset (void *buf,char val,int len);

再入属性：reentrant/intrinse

功能：用 val 来填充指针 buf 中 len 个字符。

函数原型：char   *strcat (char *dest,char *src);

再入属性：non-reentrant

功能：将串 dest 复制到串 src 的尾部。

函数原型：char   *strncat (char *dest,char *src,int len);

再入属性：non-reentrant

功能：将串 dest 的 len 个字符复制到串 src 的尾部。

函数原型：char   strcmp (char *string1,char *string2);

再入属性：reentrant/intrinse

功能：比较串 string1 和串 string2。相等则返回 0；string1>string2，则返回一个正数；

string1<string2，则返回一个负数。

函数原型：char strncmp(char *string1,char *string2,int len);

再入属性：non-reentrant

功能：比较串 string1 与串 string2 的前 len 个字符，返回值与 strcmp 相同。

函数原型：char　*strcpy (char *dest,char *src);

再入属性：reentrant/intrinse

功能：将串 src（包括结束符）复制到串 dest 中，返回指向 dest 中第一个字符的指针。

函数原型：char　strncpy (char *dest,char *src,int len);

再入属性：reentrant/intrinse

功能：strncpy 与 strcpy 相似，但它只复制 len 个字符。如果 src 的长度小于 len，则 dest 串以 0 补齐到长度 len。

函数原型：int　strlen (char *src);

再入属性：reentrant

功能：返回串 src 中的字符个数，包括结束符。

函数原型：char　*strchr (const char *string,char c);

　　　　　int　strpos (const char *string,char c);

再入属性：reentrant

功能：strchr 搜索串 string 中第一个出现的字符 c，如果找到，则返回指向该字符的指针，否则返回 NULL。被搜索的字符可以是串结束符，此时返回值是指向串结束符的指针。strpos 的功能与 strchr 类似，但返回的是字符 c 在串中第一个出现的位置值或–1，string 中首字符的位置值是 0。

函数原型：int　strspn(char *string,char *set);

　　　　　int　strcspn(char *string,char * set);

　　　　　char　*strpbrk (char *string,char *set);

　　　　　char　*strrpbrk (char *string,char *set);

再入属性：non-reentrant

功能：strspn 搜索 string 串中第一个不包括在 set 串中的字符，返回值是 string 中包括在 set 里的字符个数。如果 string 中所有的字符都包括在 set 里面，则返回 string 的长度（不包括结束符）；如果 set 是空串，则返回 0。strcspn 与 strspn 相似，但它搜索的是 string 串中第一个包含在 set 里的字符。strpbrk 与 strspn 相似，但返回指向搜索到的字符的指针，而不是个数，如果未搜索到，则返回 NULL。strrpbrk 与 strpbrk 相似，但它返回指向搜索到的字符的最后一个的字符指针。

B.7　数学函数 math.h

函数原型：extern　int　abs(int　i)

　　　　　extern　char　cabs(char　i)

　　　　　extern　float　fabs(float　i)

extern   long   labs(long   i)

再入属性：reentrant

功能：计算并返回 i 的绝对值。这 4 个函数除了参数和返回值类型不同之外，其他功能完全相同。

函数原型：extern   float   exp(float   i)

　　　　　extern   float   log(float   i)

　　　　　extern   float   log10(float   i)

再入属性：non-reentrant

功能：exp 返回以 e 为底的 i 的幂，log 返回 i 的自然对数（e = 2.718282），log10 返回以 10 为底的 i 的对数。

函数原型：extern   float   sqrt(float   i)

再入属性：non-reentrant

功能：返回 i 的正二次方根。

函数原型：extern   int   rand( )

　　　　　extern   void   srand(int   i)

再入属性：reentrant/non-reentrant

功能：rand 返回一个 0～32767 之间的伪随机数，srand 用来将随机数发生器初始化成一个已知的值，对 rand 的相继调用将产生相同序列的随机数。

函数原型：extern   float   cos(float   i)

　　　　　extern   float   sin(float   i)

　　　　　extern   float   tan(float   i)

再入属性：non-reentrant

功能：cos 返回 i 的余弦值，sin 返回 i 的正弦值，tan 返回 i 的正切值。所有函数的变量范围都是 $-\pi/2$～$+\pi/2$，变量的值必须在 ±65535 之间，否则产生一个 NaN 错误。

函数原型：extern   float   acos(float   i)

　　　　　extern   float   asin(float   i)

　　　　　extern   float   atan(float   i)

　　　　　extern   float   atan2(float   i,float   j)

再入属性：non-reentrant

功能：acos 返回 i 的反余弦值，asin 返回 i 的反正弦值，atan 返回 i 的反正切值。所有函数的值域都是 $-\pi/2$～$+\pi/2$，atan2 返回 i/j 的反正切值，其值域为 $-\pi$～$+\pi$。

函数原型：extern   float   cosh(float   i)

　　　　　extern   float   sinh(float   i)

　　　　　extern   float   tanh(float   i)

再入属性：non-reentrant

功能：cosh 返回 i 的双曲余弦值，sinh 返回 i 的双曲正弦值，tanh 返回 i 的双曲正切值。

B.8　绝对地址访问函数 absacc.h

函数原型：
#define　CBYTE((unsigned char *)0x50000L)
#define　DBYTE((unsigned char *)0x40000L)
#define　PBYTE((unsigned char *)0x30000L)
#define　XBYTE((unsigned char *)0x20000L)
#define　CWORD((unsigned int *)0x50000L)
#define　DWORD((unsigned int *)0x50000L)
#define　PWORD((unsigned int *)0x50000L)
#define　XWORD((unsigned int *)0x50000L)

再入属性：reentrant

功能：CBYTE 以字节形式对 CODE 区寻址，DBYTE 以字节形式对 DATA 区寻址，PBYTE 以字节形式对 PDATA 区寻址，XBYTE 以字节形式对 XDATA 区寻址，CWORD 以字形式对 CODE 区寻址，DWORD 以字形式对 DATA 区寻址，PWORD 以字形式对 PDATA 区寻址，XWORD 以字形式对 XDATA 区寻址。例如，XBYTE[0x0001]是以字节形式对片外 RAM 的 0001H 单元进行访问。

参 考 文 献

[1] 张迎新，胡欣杰，赵立军. 单片机与微机原理及应用[M]. 北京：电子工业出版社，2011.

[2] 顾晖，陈越，梁惺彦. 微机原理与接口技术：基于 8086 和 Proteus 仿真[M]. 北京：电子工业出版社，2015.

[3] 何宏. 微机原理与接口技术：基于 Proteus 仿真的 8086 微机系统设计及应用[M]. 北京：清华大学出版社，2015.

[4] 周明德. 微型计算机系统原理及应用[M]. 4 版. 北京：清华大学出版社，2002.

[5] BREY B B. Intel 微处理器：从 8086 到 Pentium 系列体系结构、编程与接口技术：第 5 版[M]. 影印版. 北京：高等教育出版社，2002.

[6] 马春燕. 微机原理与接口技术[M]. 北京：电子工业出版社，2007.

[7] 裘雪红，李伯成，刘凯. 微型计算机基本原理及接口技术[M]. 2 版. 西安：西安电子科技大学出版社，2007.

[8] 李广军. 微机系统原理与接口技术[M]. 成都：电子科技大学出版社，2005.

[9] 李继灿. 新编 16/32 位微型计算机原理及应用[M]. 4 版. 北京：清华大学出版社，2008.

[10] 邵鸿余. 微机原理与接口技术[M]. 北京：北京航空航天大学出版社，2005.

[11] 张培仁. 基于 C 语言编程 MCS-51 单片机原理与应用[M]. 北京：清华大学出版社，2003.

[12] 谭浩强. C 程序设计[M]. 4 版. 北京：清华大学出版社，2010.

[13] 吴延海. 微型计算机接口技术[M]. 重庆：重庆大学出版社，1997.

[14] 谢维成，杨加国. 单片机原理与应用及 C51 程序设计[M]. 3 版. 北京：清华大学出版社，2014.

[15] 李建忠. 单片机原理及应用[M]. 西安：西安电子科技大学出版社，2002.

[16] 韩克，薛迎霄. 单片机应用技术：基于 Proteus 的项目设计与仿真[M]. 北京：电子工业出版社，2013.

[17] 蒋辉平，周国雄. 基于 Proteus 的单片机系统设计与仿真实例[M]. 北京：机械工业出版社，2009.

[18] 张靖武，周灵彬，皇甫勇兵，等. 单片机原理、应用与 PROTEUS 仿真[M]. 3 版. 北京：电子工业出版社，2014.

[19] 丁元杰. 单片微机原理及应用[M]. 北京：机械工业出版社，2000.

[20] 严天峰. 单片机应用系统设计与仿真调试[M]. 北京：北京航空航天大学出版社，2005.

[21] 谢维成，杨加国. 单片机原理、接口及应用程序设计[M]. 北京：电子工业出版社，2011.

[22] 李光飞，楼然苗，胡佳文，等. 单片机课程设计实例指导[M]. 北京：北京航空航天大学出版社，2004.

[23] 周润景，张丽娜. 基于 PROTEUS 的电路及单片机系统设计与仿真[M]. 北京：北京航空航天大学出版社，2006.

[24] 张齐，等. 单片机应用系统设计技术：基于 C 语言编程[M]. 北京：电子工业出版社，2004.

[25] 王建校，杨建国. 51 系列单片机及 C51 程序设计[M]. 北京：科学出版社，2002.

[26] 马淑华，王凤文，张美金. 单片机原理与接口技术[M]. 2 版. 北京：北京邮电大学出版社，2007.